keys
CHAVES
PARA COMUNIDADES
SUSTENTÁVEIS EM
TODO PLANETA

a canção da terra

UMA VISÃO DE MUNDO CIENTÍFICA E ESPIRITUAL

ORGANIZADORES
Maddy Harland e **William Keepin**

TRADUTORES
**Bruna Maial
Cristiane Orfaliais
Esther Klausner
Wander Stayner**

Copyright © 2012 Gaia Education

Título original
The Song of the Earth: a Synthesis of the Scientific and Spiritual Worldviews

Preparação de texto
Laura Di Pietro

Coordenação editorial
Isabel Valle

Capa e Projeto Gráfico
Alexandre Pereira

Revisão
Natalie Araújo Lima
Elisabeth Lissovsky

Diagramação
Letra e Imagem

Este livro atende às normas do Novo Acordo Ortográfico em vigor desde janeiro de 2009.

DADOS INTERNACIONAIS DE CATALOGAÇÃO-NA-PUBLICAÇÃO (CIP)

C215
    A canção da Terra: uma visão de mundo científica e espiritual / organizadores Maddy Harland e William Keepin ; tradutores Bruna Maial ... [et al.]. – Rio de Janeiro : Roça Nova, 2016.
    336 p. ; 23 cm. – (Coleção 4 keys)

    Tradução de: The Song of the Earth: a synthesis of the scientific and spiritual worldviews.
    ISBN 978-85-62064-20-3

    1. Ecologia humana – Aspectos religiosos. 2. Sustentabilidade. 3. Natureza – Influência do homem. 4. Comunidades cooperativas. 5. Educação ambiental. 6. Conservação da natureza. I. Harland, Maddy II. Keepin, William III. Série.

                                                                                                  CDD 304.2

2016

Todos os direitos desta edição reservados
à EDITORA ROÇA NOVA LTDA.
tel/fax 21 30887238
editora@rocanova.com.br
www.rocanova.com.br

a canção da terra

Introdução à coleção 4Keys

As Quatro Chaves para o Design de Comunidades Sustentáveis

Gaia Education é uma organização internacional fundada por uma equipe de educadores e designers de sustentabilidade, moradores das mais bem sucedidas iniciativas internacionais de transição e projetos comunitários regenerativos. O círculo de educadores decidiu denominar-se GEESE (que significa textualmente GANSOS, e são as iniciais em inglês de Global Ecovillage Educators for a Sustainable Earth), por reconhecer a importância da colaboração e da liderança compartilhada, observadas no comportamento de um bando de gansos voando em formação V.

O mundo hoje é caracterizado por uma forte tensão criativa. Trata-se de uma tensão entre o global e o local. O aspecto global é poderoso e influencia cada vez mais o local, enquanto a tendência crescente reforça a emergência de soluções locais. Adaptados para um mundo de rápidas transformações, os programas do Gaia Education instrumentalizam estudantes com as habilidades práticas e a competência analítica necessárias para re-desenhar a presença humana em bairros, municípios, comunidades, organizações, vilas, cidades, e até mesmo regiões inteiras.

Oferecidos atualmente em 43 países nos mais diferentes estágios de desenvolvimento, nossos programas educacionais se baseiam nos quatro pilares fundamentais do design integrado para a sustentabilidade: as dimensões **social, ecológica, econômica e visão de mundo.**

De empreendedores sociais a profissionais de planejamento, de educadores a assistentes sociais, cooperativistas, pessoas em fase de reorientação ou estudantes, mais de 11.000 alunos de 93 países já se engajaram na jornada holística de aprendizado oferecida pelos programas certificados pelo Gaia Education.

A coleção 4Keys chega ao Brasil e aos países de língua lusófona no momento que mais precisamos de inpiração e ferramentas para re-desenhar nossa presença em nossos territórios e para compreender que todos nós temos um papel a desempenhar na transição à frente.

Os quatro volumes são coletâneas independentes, e complementam os programas de ensino do Gaia Education.

A Canção da Terra: uma visão de mundo científica e espiritual (Dimensão Visão de Mundo) é o quarto volume dessa série de quatro livros que complementam o currículo.

Os outros três títulos da série são:

Além de você e de mim: inspiração e sabedoria para construir uma comunidade (Dimensão Social)
Organizadores: Kosha Anja Joubert e Robin Alfred (Permanent Publications, UK, 2007)

Economia de Gaia: viver bem nos limites planetários (Dimensão Econômica)
Organizadores: Jonathan Dawson, Ross Jackson e Helena Norberg-Hodge-Maddy (Permanent Publications, UK, 2010)

Desenhando Ambientes Ecológicos: criando o sentido do lugar (Dimensão Ecológica)
Organizadores: E. Chris Mare, Max O. Lindegger e Maddy Harland (The Ecological Key, Permanent Publications, UK, nyp)

Os editores globais do 4Keys são Maddy e Tim Harland, da Permanent Publications, Reino Unido, enquanto a inspiradora e coordenadora geral do projeto é Hildur Jackson, do Gaia Trust, Dinamarca.

O projeto 4Keys é patrocinado pelo Gaia Trust Dinamarca (www.gaia.org) e pela Permanent Publications (www.permaculture.co.uk)

Desfrutem!

MAY EAST, CHIEF EXECUTIVE, GAIA EDUCATION
ROSS JACKSON, GAIA TRUST

Sob a chancela de

United Nations Educational, Scientific and Cultural Organization

United Nations Decade of Education for Sustainable Development 2005 – 2014

A CANÇÃO DA TERRA é um dos quatro livros da coleção 4Keys - Chaves para Comunidades Sustentáveis em Todo o Planeta, que dá suporte ao currículo do curso Design em Sustentabilidade, desenvolvido pelo Gaia Education.

O Gaia Education foi um parceiro ativo da Década da Educação para o Desenvolvimento Sustentável (DEDS, 2005-2014), das Nações Unidas, desde seu lançamento, em 2005. As dimensões Social, Econômica e Ecológica deste programa exploram meios práticos pelos quais a humanidade pode aprender a conviver de forma sustentável e enriquecedora: conservando a biodiversidade, promovendo a restauração da Terra, o equilíbrio ecológico, a harmonia social, a estabilidade financeira global e um equilíbrio entre o consumo e a riqueza de recursos naturais nas nações industriais e em desenvolvimento. Trata-se de ideias, tecnologias e técnicas explícitas, testadas e comprovadas, que as ecovilas de todo o mundo vêm experimentando com êxito ao longo de várias décadas.

Este livro, *A Canção da Terra*, que faz referência à dimensão Visão de Mundo do Gaia Education, traz um ponto de vista mais implícito. Ele explora uma visão de mundo emergente, compartilhada entre diferentes culturas em todo o planeta, celebrando a percepção perene de que a humanidade é parte da teia interconectada da vida, dentro de um sistema planetário dinâmico. O livro levanta importantes questões: como esse discernimento molda nossos pensamentos e as decisões e ações deles decorrentes? Como podemos não apenas sobreviver, mas também prosperar juntos, enquanto protegemos os recursos finitos do planeta para as próximas gerações? Como criar um mundo mais justo, mais igual, capaz de gerar paz?

Tais perguntas-chave são exploradas pelas vozes de autores de todas as partes do mundo. O que é unânime em todas as contribuições é a percepção de que modos de pensar sistêmicos e integrados resultarão, naturalmente, em meios de vida mais sustentáveis. Quando nossa profunda interconexão com outros seres humanos, com outras espécies e com nosso planeta se tornar uma realidade, não será mais possível danificar a Teia da Vida.

Disso surge uma compreensão da união entre todos os povos e da nossa dependência em relação ao nosso lar, a Terra. Este é um passo importante para a humanidade: não estamos mais "no domínio", mas somos parte de todo um sistema planetário. Como disse o teólogo Thomas Berry: "Temos de nos reinventar enquanto espécie". E há evidências de que este grande passo vem sendo dado – lentamente, mas progressivamente – desde o século passado e em todo o mundo.

A ONU tem sido uma grande pioneira desse trabalho desde 1945, unindo a humanidade para promover os direitos humanos e a paz mundial. A Década da Educação para o Desenvolvimento Sustentável, das Nações Unidas, segue essa visão, buscando inserir, em todas as áreas da educação e do aprendizado, um conceito fundamental de educação: todo ser humano deve receber uma educação que ofereça a competência, o conhecimento, as habilidades e os valores necessários para moldar um futuro alinhado com as exigências do desenvolvimento sustentável.

Portanto, é estimulante ver uma convergência de pensamentos integradores, e observar os inúmeros exemplos práticos de como tais valores já moldam comunidades sustentáveis em todos os continentes e ajudam a criar cidadãos ativos e responsáveis, prontos para lidar com os desafios da sustentabilidade global e atuar em um mundo cada vez mais complexo. Este é um livro criterioso, que traz uma mensagem cheia de esperança.

MARK RICHMOND
Diretor da Divisão de Educação para a Paz
e o Desenvolvimento Sustentável – UNESCO

Sumário

Organizadores 12
Introdução 13
    Maddy Harland e William Keepin – organizadores

Módulo 1. Visão holística de mundo

Teia interna do coração: a emergente visão de mundo da Unidade 19
    William Keepin, PhD
Rumo a uma cultura de cooperação biomimética 39
    Elisabet Sahtouris, PhD
Uma visão de mundo gaiana 48
    Ross Jackson
A origem dual do universo 62
    May East
Viver a nova visão de mundo: justiça global e salvando 3 bilhões
de anos de evolução 68
    Hildur Jackson
O ser humano como uma galáxia em miniatura 76
    William Keepin, PhD

Módulo 2. O despertar e a transformação da consciência

A Terra como comunidade sagrada 83
    Thomas Berry
A necessidade urgente do despertar espiritual 90
    Jetsunma Tenzin Palmo
Responsabilidade espiritual em tempos de crise global 96
    Llewellyn Vaughan-Lee
Viver em Auroville: um laboratório de evolução 108
    Marti
Quem sou eu? Por que estou aqui? Vivendo a nova visão de mundo 119
    Hildur Jackson
A grande transformação: a oportunidade 132
    David Korten

A Grande Virada 135
    Joanna Macy e Chris Johnstone
O guerreiro Shambhala 142
    Venerável Dugu Choegyal Rinpoche

MÓDULO 3. Reconectar-se com a natureza

As profecias antigas e a busca de visão como um caminho para a Unidade 147
    Hanne Marstrand Strong
A Declaração da Terra Sagrada 154
    Pelo Conselho dos Guardiões da Sabedoria,
    Conferência Eco-92, Rio de Janeiro, junho de 1992.
Manejando o paradoxo: um caminho do meio colorido 156
    Pracha Hutanuwatr e Jane Rasbash
A visão biorregional 164
    Gene Marshall
Vozes de nossos ancestrais..166
    Dhyani Ywahoo
Caminhos para a integração: redescobrindo a Canção da Terra 168
    Maddy Harland
Sentindo o planeta redondo 177
    Stephan Harding
Haikai japonês 179
    Marti

MÓDULO 4. Saúde e cura

O mundo como uma onda holográfica: a teoria da cura global 183
    Dieter Duhm
Cura planetária: uma nova narrativa 193
    Maddy Harland
Curar a nós mesmos...201
    Maddy Harland
O poder da reconciliação e do perdão 210
    Duane Elgin
O coração inteligente.. 221
    Michael Stubberup e Matias Ignatius

Diálogos do círculo de paz: eu sou porque você é 229
    Karambu Ringera
O espelho partido 235
    Wangari Maathai
Maher – nascendo para uma nova vida: uma entrevista com Lucy Kurien 241
    William Keepin
Saúde no Sul Global 249
    Rashmi Mayur
Um estilo de vida saudável 252
    Dra. Cornelia Featherstone
O sonho das crianças 255
    Sabine Lichtenfels

MÓDULO 5. Espiritualidade socialmente engajada

Interespiritualidade: estreitando os laços entre as tradições religiosas
e espirituais do mundo 259
    William Keepin
O imperativo espiritual 269
    Satish Kumar
Diretrizes para uma espiritualidade socialmente engajada 284
    William Keepin
O silêncio e o sagrado: entrevista com Craig Gibsone e Robin Alfred 291
    William Keepin
Espiritualidade em Damanhur 309
    Macaco Tamerice
Um breve retrato de Auroville, Índia 317
    Marti
Plum Village: uma perspectiva espiritual da vida em comunidade................... 319
    Marti
O despertar da pessoa, da vila, da nação e do mundo:
a visão *sarvodaya* para o futuro global 321
    Hildur Jackson
Um ancião Hopi fala 331
    The Elders Oraibi

Organizadores

Maddy Harland foi cofundadora da Permanent Publications, junto com seu marido Tim, em 1990. Eles lançaram a revista *Permaculture* em 1992 para promover soluções em pequena escala, positivas, de baixo teor de carbono. Maddy se tornou editora em 1994 e a revista é hoje lida em 77 países por mais de 100.000 pessoas. A empresa ganhou muitos prêmios por seu trabalho, particularmente, o Queen's Award for Enterprises em 2008 por "sua dedicação desenfreada para promover internacionalmente o desenvolvimento sustentável". Maddy também foi cofundadora do Sustainability Centre em 1995, uma antiga base Naval, que agora é uma instituição de caridade próspera em South Downs, Hampshire, Inglaterra. Maddy é Membro da Sociedade Real das Artes e uma professora autorizada da International Network of Esoteric Healing. Ela mora em South Downs e tem duas filhas. Quando não está envolvida na permacultura de seu jardim, seus textos podem ser encontrados com certa regularidade em www.permaculture.co.uk.

William Keepin, PhD, é cofundador do Instituto Satyana e fundador do projeto internacional Gender Reconciliation, que lidera programas intensivos de treinamento em vários países para cura e reconciliação entre homens e mulheres (www.grworld.org). Um físico matemático, com trinta publicações científicas em energia sustentável e aquecimento global, William se tornou um denunciante das políticas de ciências nucleares (relatado em *The Cultural Creatives*, de Ray e Anderson). Participou extensivamente de treinamentos em tradições espirituais do Oriente e do Ocidente e foi facilitador de Respiração Holotrópica por 25 anos (Treinamento Transpessoal Grof). William é Membro da Fundação Findhorn e Professor Adjunto na Holy Names University. Ele lidera retiros contemplativos sobre interespiritualidade emergente, conectando as grandes religiões à ciência (www.pathofdivinelove.org). Publicou *Divine Duality: The Power of Reconciliation Between Women and Men* (2007), *Women Healing Women* (em conjunto com Cynthia Brix, 2009) e *Belonging to God* (2016).

Introdução

Maddy Harland e William Keepin
Organizadores

Hildur Jackson concebeu, originalmente, a ideia de um livro que agregasse a sabedoria de uma visão integral de mundo a partir de vários continentes. Ele seria a essência que manteria unidos os três pilares da sustentabilidade: Ecológico, Econômico e Social. A forma como percebemos o mundo molda nossos relacionamentos e comportamentos, e, para praticar a sustentabilidade de forma verdadeira, devemos manter uma visão integral de mundo no centro do nosso ser. Desde o início, este livro visava explorar o que isso poderia significar, não apenas como um conjunto de ideias filosóficas, mas como uma experiência viva. Assim, ao coletar histórias, entrevistas, artigos e ideias provenientes de todas as partes do mundo, criaríamos um padrão dessa visão integral de mundo como ponto de partida para outras elaborações.

Decidimos chamar este livro de *A Canção da Terra* para celebrar nossa bela Mãe Terra, viva em um vasto cosmos, e assim reconhecer uma nova nota que está surgindo e soando por todo planeta. À medida que nossas civilizações pós-industriais começam a desmoronar, testemunhamos os limites de nossos recursos naturais e a incapacidade de nossos sistemas econômicos e sociais de se sustentarem. Ao mesmo tempo, há uma mudança global contundente entre aqueles que buscam novos modos de vida, menos materialistas e mais conectados.

Pessoas, no mundo inteiro, anseiam pelo que, de coração, acreditam ser possível: uma nova civilização de harmonia e cooperação entre todos os povos, coabitando em equilíbrio com a Terra. Essa visão não é um devaneio fantasioso, mas um direito inato da humanidade. Uma nova e poderosa visão de mundo surge hoje rapidamente em resposta a esse desejo profundo, acompanhada de uma gama crescente de material literário e de websites baseados em um novo paradigma. Por serem as questões inerentemente vastas e complexas, a maioria dos escritores se concentra em um ou outro aspecto dessa ampla e inspiradora mudança que está ocorrendo. A maioria dos livros sobre o tema aborda um aspecto específico – seja o espiritual, o ecológico, o político, o psicológico ou as dimensões Norte/Sul – de uma transformação muito mais abrangente. Grande parte dessa literatura analisa e defende as mudanças necessárias – o que é muito justo –, mas poucos se dedicam a investigar como efetuar, na prática, essas mudanças.

Em contrapartida, a literatura produzida por uma variedade internacional de comunidades espirituais, ecológicas e intencionais, informalmente afiliadas e coletivamente apelidadas de Movimento Ecovila (ME), oferece uma urdidura para uma visão de mundo verdadeiramente integral, tecida em vários detalhes práticos e estratégias comprovadas. Vistos em conjunto, tais projetos de ecovilas representam uma experiência global sem precedentes, de um modo de vida sustentável para este século e além. A visão de mundo que emana desta experiência global é tão prática quanto inspiradora, pois surge de diversos projetos e pessoas que estão de fato VIVENDO, hoje, a nova civilização, e não apenas preconizando-a para um futuro distante ou almejado.

Esse panorama oferece a motivação para esta série de quatro livros, a qual chamamos coleção 4Keys. Como um todo, o Movimento Ecovilas vem multiplicando uma gama de lições e descobertas práticas de uma experiência multicultural ampla e abrangente sobre vida sustentável ao longo de quarenta anos. E seus resultados são impressionantes: um assentamento comunitário ao norte da Escócia que apresenta a pegada ecológica mais baixa em toda a Europa e ainda mantém uma alta qualidade de vida; comunidades de homens e mulheres de diversas crenças religiosas que convivem em harmonia nunca vista, em meio a uma Índia altamente patriarcal e religiosamente dividida; uma comunidade ecológica, localizada nos subúrbios ao norte do estado de Nova York, que compartilha recursos, cultiva comida e tem até mesmo sua própria moeda.

De fato, o maior movimento de ecovilas está criando comunidades sustentáveis, em termos humanos, ecológicos e espirituais, de formas nunca antes sonhadas, mesmo por alguns de nossos maiores visionários. Quantas empresas e organizações ambientalistas podem alegar produzir efluentes com desperdício zero de seus escritórios e prédios? Quantas comunidades espirituais são autossuficientes em termos de consumo de energia elétrica, chegando quase a zero, contribuindo em praticamente nada com o aquecimento global? Quantos psicólogos, terapeutas e assistentes sociais estão cunhando novas modalidades de cura e transformação na comunidade, em vez de simplesmente tratar seus pacientes para se ajustarem a uma sociedade inerentemente alienada e materialista? Quantos líderes religiosos cultivam um despertar espiritual autêntico e lutam para transpor as divergências religiosas mais destrutivas em suas comunidades, em vez de promulgar doutrinas tediosas e rituais obsoletos que causam sono em suas congregações?

É claro que essas nobres aspirações e contribuições vitais de todos que lutam por uma sociedade integrada e transformada são profundamente necessárias.

Defendemos e celebramos as inúmeras soluções práticas, eficazes e inspiradoras que surgem todos os dias diante dos problemas mundiais. Precisamos de todas elas. O que torna o Movimento Ecovilas tão exclusivo, no entanto, é sua experimentação prática e contínua, ao sintetizar os aspectos de uma sociedade humana frutífera, ecologicamente mais adequada e espiritualmente enraizada. Como um todo, as ecovilas ao redor do planeta hoje atuam como pioneiras de um experimento sem precedentes da comunidade global – um laboratório vivo para a gênese de uma nova humanidade. A visão de mundo oriunda desse movimento mais amplo não é mera filosofia. É o novo paradigma, vivo e se manifestando de forma bela e plena; e é como uma semente fractal, em miniatura, da civilização vindoura.

Em contrapartida, o que isso significa para os povos em geral, e não apenas para os poucos afortunados que vivem em ecovilas como pioneiros desse paradigma? Anos atrás, Maddy ficou bastante abalada com a história que Joanna Macy lhe contou sobre um ativista da floresta tropical, John Seed. Ele enfrentava um grupo de madeireiros hostis, munidos de escavadeiras, numa floresta. Subitamente, ele teve uma epifania. Percebeu que não era um simples e solitário manifestante. Ele era a própria floresta. Ele era a própria Força Vital desse santuário belo, biodiverso e insubstituível, e a teia profunda da vida que fluía pelo terreno. A floresta tomou a forma do seu corpo; fluiu por ele, por dentro dele, por todo seu ser. Ele pôde "pensar como uma montanha", e tal força transformou seu corpo físico e também a intensidade de suas intenções. Mais tarde, escreveu: "Ali, naquele momento, fui invadido por uma compreensão intensa e imensa da profundidade dos laços que nos conectam à Terra, e de quão profundos são nossos sentimentos em relação a essas conexões. Ali eu soube que não mais agia em prol de mim mesmo ou das minhas ideias humanas, mas em prol da Terra... Em prol do meu *self* maior. Ali eu soube que era literalmente parte da floresta tropical que defendia".

Esta é a essência da verdadeira ecologia: nos darmos conta da nossa unidade com a Teia da Vida, não apenas como um aspecto da ciência dos sistemas ou como um entendimento da ecologia aplicada, mas como conhecimento autêntico, como consciência. Isso é parte da visão de mundo integrada, mas essa não é a única história. Há mais.

Enquanto Maddy trabalhava em seu livro, teve uma experiência poderosa, um sonho revelador, que abriu sua compreensão sobre a visão de mundo emergente. No meio da noite, sonhou que sua consciência tinha se fundido com a Força Vital de todas as coisas. Ela foi transportada para uma dimensão infinita, que continha tudo que conhecia em escala minúscula. Era um vasto nível de existência; algo tão diferente que não tem nenhuma relação com nosso mundo temporal. Durante esse tempo, Maddy teve uma experiência direta com a unidade interconectada de todas as coisas. Soube que, nesse local de conscientização, todas as ações fluiriam de um centro mergulhado em paz, banhado em amor, destemido e, ainda assim, inofensivo a todos os seres. Não haveria necessidade de "moral" ou de lutas por "atos corretos", uma vez que esses valores surgiriam naturalmente, a partir de uma consciência unificada. Eis o profundo segredo da Paz. Não podemos nos ferir ou ferir os outros quando estamos apaixonados pela Vida; não podemos danificar a Teia da Vida quando somos exatamente a Teia e a Vida em si. Nossas ações provêm de nossa consciência.

Foi uma experiência bastante poderosa, visto que demonstrou, de forma inesquecível, que podemos desenvolver nossa vida de forma sustentável, usando tecnologia, conhecimento e as melhores práticas nos campos da ecologia, da conservação, da agricultura, da economia de Gaia, da justiça social e da sábia governança. Se não formos capazes de extrair algo a partir da visão integral do mundo, permaneceremos juntando pedaços no velho paradigma desconexo. Precisamos urgentemente dessa visão unificadora e dessa experiência da unicidade inerente a toda Vida. Senão, seremos como crianças tentando montar um quebra-cabeças sem uma foto. Não possuímos uma síntese orquestrada e, portanto, ainda temos de reagir a partir de um ponto que contenha a consciência do Todo.

A Canção da Terra é nossa tentativa de criar essa imagem integral. É nosso chamado para explorar a maravilhosa Teia da Vida em nosso planeta, nosso cosmos, e levar tais *insights* para "casa", *oikos*. Este chamado nos pede para dar um passo na evolução humana e começar a trabalhar a partir da consciência de que somos todos um, interconectados. Pede que desenhemos, conscientemente, comunidades e estilos de vida gentis, benevolentes e sustentáveis, que honrem a diversidade em todas as suas formas: social, cultural, espiritual, assim como animal, vegetal e mineral. Esta é a canção da Terra, e ouvir sua inigualável música nunca foi tão urgente. Em vez de sermos compelidos por recursos exauridos, por limites ao crescimento e crises induzidas pelos humanos, sejamos inspirados pelas possibilidades de um novo mundo e de uma nova vida, que vem chegando rapidamente.

Módulo 1
Visão holística de mundo

Teia interna do coração: a emergente visão de mundo da Unidade

Rumo a uma cultura de cooperação biomimética

Uma visão de mundo gaiana

A origem dual do Universo

Viver a nova visão de mundo

O ser humano como uma galáxia em miniatura

A História revela que, quando a humanidade se depara com novos desafios difíceis de serem superados com pensamentos ultrapassados, novas capacidades, nos níveis mental e biológico, evoluirão. Vivemos num ponto da História em que mudar as condições de vida atingiu uma magnitude tal, que uma nova visão de mundo, com uma perspectiva transformadora, começa a surgir.

Nancy Roof, PhD, cofundadora da United Nations Values Caucus

> Este capítulo aborda uma nova visão de mundo, que cresce rapidamente e abarca uma perspectiva atualizada e unificadora quanto à existência humana, à ciência, à espiritualidade e ao lugar da humanidade na vasta Teia da Vida.

Teia interna do coração: a emergente visão de mundo da Unidade

William Keepin, PhD

NA VANGUARDA DA TECNOLOGIA ATUAL, um novo e poderoso despertar acontece em diversas disciplinas. A percepção fundamental é: além do reino físico, há padrões e princípios invisíveis que, de alguma forma, organizam o que é observado e experimentado no plano físico. A ciência vem descobrindo que "algo acontece por trás do que aparece". Esse tema surpreendente emerge nas mais distintas áreas, incluindo – para mencionar apenas algumas – a biologia, a física, a dinâmica não linear, a vida artificial, a fisiologia cerebral, a teoria da complexidade, a psicologia transpessoal, a psiconeuroimunologia e a etnobotânica. Esse desenvolvimento auspicioso coloca a ciência ocidental em uma direção notável, rumo à existência de um reino além do mundo observável, material, empírico. O palco está sendo montado, de forma contínua, para uma nova e grande revolução científica, uma revolução que finalmente unirá ciência e espiritualidade, matéria e espírito em um todo harmonioso.

Paralelamente, um despertar toma forma nas tradições espirituais e religiosas por todo o mundo. Quando o Oriente encontra o Ocidente, e o Hemisfério Norte encontra o Hemisfério Sul, a unidade de toda a vida se revela e se manifesta em formas nunca antes vistas, e a unidade essencial da consciência espiritual humana é gradualmente reconhecida. As tradições da sabedoria e as disciplinas da religião mundiais unem-se, promovendo uma convergência e uma colaboração em meio ao que, antes, eram práticas e ensinamentos díspares.

Qual o sentido dessas tendências, e para onde seguem? Não testemunhamos nada menos que uma revolução da consciência, o nascimento de uma visão de mundo vasta e integral, que une e cria uma sinergia entre o Oriente e o

Ocidente, o indígena e o moderno, o humano e o não humano, o contemporâneo e o antigo; todos levando-nos a uma profunda e coletiva compreensão de que a existência é contínua e unívoca. E essa reviravolta auspiciosa não tardará a chegar, pois o homem precisa urgentemente de uma perspectiva abrangente e unificadora, a fim de navegar pelas águas turbulentas que vêm pela frente, iniciando a construção de uma civilização de amor e harmonia. Essa não é uma visão mística fantasiosa. É nosso destino enquanto família humana, e é nosso direito inato fazer de tal destino uma manifestação concreta.

Este capítulo apresenta essa visão de mundo emergente, que é por vezes chamada de holística, ou integral, ou de novo paradigma – há muitos nomes para ela. Primeiramente, vamos analisar as tendências já mencionadas de forma mais aprofundada; sobretudo as conexões crescentes entre ciência e espiritualidade, e a correspondência notável entre algumas descobertas científicas e o conhecimento ancestral de místicos e sábios ao longo das Eras. Em seguida, consideraremos as convergências emergentes entre as tradições espirituais e religiosas do mundo, e como algumas verdades universais parecem unificá-las. Por fim, consideraremos as implicações mais significativas dessas mudanças históricas e as características-chave da nova e auspiciosa visão de mundo que essas mudanças anunciam.

A síntese emergente de ciência e espiritualidade

No Ocidente, a visão de mundo tradicional nos condicionou a acreditar que o mundo e o cosmos são compostos de objetos distintos, isolados, materiais, separados uns dos outros no espaço e postos em movimento dinâmico de acordo com leis racionais, deterministas e mecânicas. Essa visão do universo reinou suprema por séculos, reforçada pelas observações da física clássica, da biologia e de outras ciências naturais. Entretanto, no século passado, ela começou a enfraquecer, devido às inúmeras e notáveis descobertas nas fronteiras da ciência, que levaram a uma mudança de perspectiva fundamental, iniciada cem anos atrás, com o advento da teoria quântica e da teoria da relatividade na física, e avançando, por todo século XX, com reviravoltas importantes em biologia, biologia evolutiva, teoria da complexidade, psicologia transpessoal e muitas outras disciplinas.

O novo paradigma científico que está emergindo concebe o universo como uma vasta rede de sistemas energéticos vivos e interligados numa complexa teia de relações que se manifestam a partir de um campo unificado subjacente.

Os átomos, uma vez tidos como pepitas sólidas de matéria, revelaram-se como padrões de energia vibratória. A matéria é composta quase que inteiramente de espaço vazio. Uma nova visão de mundo holística ou integral está surgindo, na qual o universo e toda vida contida nele formam um todo unificado.

Essas descobertas sem precedentes estão rapidamente mudando nosso entendimento da realidade. A ciência está revelando novos e profundos níveis de interconexão entre matéria e consciência, algo que se iniciou com a descoberta de Heisenberg: nada existe em isolamento objetivo do resto da existência. Por exemplo, experimentos em física quântica mostram que toda partícula no universo está de alguma forma "ciente" de cada uma das outras partículas. Um novo princípio de interconexão conhecido como "não localidade" foi confirmado em repetidos experimentos, mostrando que, após duas partículas interagirem, suas propriedades *spin* ficam, a partir daí, fundamentalmente interconectadas. Ao medirmos o estado de *spin* de uma partícula, o estado de *spin* da outra partícula reage instantaneamente, mesmo se esta última estiver posicionada do outro lado do universo. Essa conexão imediata "não local" entre partículas transcende qualquer separação no tempo-espaço, excluindo toda possibilidade de que um tipo de "sinal", seja ele qual for, carregue informações de uma partícula a outra. Assim, todo o universo parece estar intimamente conectado, e essas descobertas dão pistas de explicações físicas possíveis para as crescentes conexões reconhecidas entre consciência e matéria.

Pesquisa da consciência nas fronteiras da ciência

Novas e extraordinárias descobertas apontam para conexões, antes desconhecidas, entre consciência e matéria. Um conjunto de evidências surpreendentes foi produzido recentemente pelo Global Consciousness Project. Detectores elétricos sensíveis, chamados de geradores de números aleatórios, foram posicionados em quarenta países ao redor do globo e monitorados de perto, 24 horas por dia, durante vários anos. A maior parte do tempo, esses detectores produzem uma corrente estável de dados aleatórios. O impressionante, porém, é que, quando eventos mundiais importantes acontecem – momentos em que a consciência de milhões de pessoas se concentra, simultaneamente, no mesmo tema –, os detectores se desviam radicalmente de seu padrão de dados usual. Assim, os detectores captaram uma gama absolutamente nova de eventos mundiais importantes enquanto estes aconteciam, tais como o funeral da princesa

Diana, ou as conturbadas eleições presidenciais dos Estados Unidos, no ano 2000. O que é mais impressionante é que os detectores parecem captar eventos de grande importância, mesmo antes de ocorrerem. Por exemplo, eles não só registraram intensamente os ataques terroristas em 11 de setembro de 2001, como também apontaram, quatro horas antes de os dois aviões atingirem as Torres Gêmeas, uma reveladora mudança de padrões de dados. Da mesma forma, em dezembro de 2004, os detectores começaram a registrar o tsunami devastador, no sudeste da Ásia, 24 horas antes de o terremoto subaquático ocorrer.

Num viés semelhante, o cientista Robert Jahn e seus colegas da Universidade de Princeton, a partir do laboratório Princeton Engineering Anomalies Research, conduziram 27 anos de experimentos rigorosos nas fronteiras da consciência e da ciência. Eles descobriram que uma intenção humana deliberada poderia desviar o comportamento aleatório de máquinas eletrônicas e físicas sensíveis para uma direção volitiva. Apesar de o resultado ter sido fraco (uma em 10 mil), teve, ainda assim, grande relevância estatística, com probabilidades de uma em um trilhão de ocorrer ao acaso. Os mesmos pesquisadores também conduziram 653 experimentos em "visão remota" – uma forma controlada do que é popularmente conhecido como clarividência – e concluíram que informações foram transferidas entre humanos telepaticamente e de forma confiável. Mais uma vez, a probabilidade de tais resultados ocorrerem ao acaso era minúscula: uma em 33 milhões. Mais espantoso ainda, é que os efeitos se mostraram independentes da separação espacial dos agentes "remetente" e "destinatário", bem como da separação temporal, em um intervalo de até vários dias. Esses resultados impressionantes parecem replicar, em escala macroscópica, a interconexão "não local" de partículas elementares, em escala microscópica, da qual já falamos aqui.

Em seu recente livro *Mentes Interligadas*, o cientista Dean Radin compilou os resultados de pesquisas experimentais oriundas de laboratórios em todo o mundo. Analisando-as em conjunto, Radin sustenta que a pesquisa científica "solucionou um século de dúvidas céticas por meio de milhares de estudos reproduzidos em laboratório". Eles demonstram a realidade dos fenômenos tradicionalmente considerados impossíveis pela ciência predominante nos dias de hoje, tais como percepção extrassensorial, psicocinese e telepatia. Para Radin, essas evoluções apontam para um despertar completamente novo do papel da consciência na realidade física. E essas descobertas estão em conformidade com o que muitas pessoas já acreditam, baseadas em experiências pessoais. De acordo com uma pesquisa Gallup de 2005, cerca de 75% dos norte-

-americanos adultos acreditam em pelo menos um desses fenômenos "paranormais", incluindo 42% que acreditam em percepção extrasensorial e 55% que acreditam que a mente tem o poder de curar o corpo. Na maioria dos casos, as pessoas chegam a essas crenças a partir de experiências pessoais ou relatos, sem estudar as evidências científicas.

Em um nível humano mais prático, uma extensa pesquisa tem medido os efeitos curativos da oração e da meditação. A psiquiatra Elisabeth Targ conduziu um estudo aleatório, duplo-cego, sobre os efeitos da oração em pacientes com AIDS, publicando-o no *Western Journal of Medicine*. Ela descobriu que os indivíduos que receberam orações tiveram uma melhora significativa e menor morbidade quando comparados àqueles que não receberam orações. O médico Larry Dossey explorou esse fenômeno mais a fundo, analisando centenas de estudos científicos sobre a eficácia da oração. Ele concluiu que a oração concentrada na tentativa de interceder pelo paciente melhora a sua saúde. Descobriu mais tarde que esse efeito curador não dependia da separação espacial entre os pacientes e aqueles que estavam orando por sua cura. Para investigar se um efeito "placebo" qualquer seria uma possível explicação para esses dados, Dossey conduziu vários experimentos sobre as conexões entre a consciência e o ritmo de reprodução na germinação de sementes e no crescimento de bactérias em laboratório. Ele descobriu que os ritmos de reprodução biológica podem ser afetados diretamente pela intenção humana. Já que as bactérias não poderiam estar cientes das orações direcionadas a elas, Dossey concluiu que deve haver uma interconexão fundamental entre orações de intercessão e processos biológicos e fisiológicos. Ao compilar descobertas de centenas de experimentos científicos com orações e meditações, Dossey concluiu que é "simplesmente impressionante que a oração à distância modifique processos físicos em uma variedade de organismos, desde as bactérias até os humanos".

O debate acerca de tais descobertas continua, e esses fenômenos incomuns ainda são difíceis de engolir para muitos cientistas convencionais, mesmo quando têm boa sustentação experimental. Porém, isso talvez resulte de uma falta generalizada de consciência sobre as evidências. Dean Radin defende que, devido a "um desconforto geral em relação à parapsicologia", e por causa da "natureza insular das disciplinas científicas, grande parte desses experimentos é desconhecida da maioria dos cientistas". Contudo, Radin está convencido de que qualquer um que fizesse uma investigação séria e honesta do conjunto completo de pesquisas teria de concordar que algo real está acontecendo, algo que não pode ser explicado pela ciência convencional.

Essas descobertas demonstram que matéria e consciência estão conectadas de uma forma intensa, que ainda não podemos entender. Elas também apontam para uma convergência incrível entre a nova compreensão científica e o saber espiritual ao longo das épocas. Parece que a ciência apenas agora descobre o que os místicos vêm afirmando por Eras: matéria e consciência estão intimamente interconectadas, e todas as coisas no universo são parte de um todo único e integral.

Unindo espírito e matéria: além do E=mc²

Para avaliar mais de perto o que está ganhando corpo nos limites da ciência, vamos examinar minuciosamente uma disciplina, a fim de enxergar a transformação essencial que vem acontecendo em tantas outras. Escolheremos a física, a "mais difícil" das ciências. O leitor pode estar certo de que nenhum conhecimento de física é necessário para acompanhar esta seção – apenas um gosto pela beleza.

Comecemos pelo trabalho do físico David Bohm (1917-1992), um pioneiro em ciência e espiritualidade. Bohm foi colega de Einstein em Princeton, e os dois compartilhavam visões semelhantes quanto aos fundamentos da teoria quântica. Bohm foi movido por uma grande paixão para entender a natureza do Universo. Ele sentia que o verdadeiro propósito da ciência era a busca pela verdade, e incomodava-o que muitos cientistas considerassem a ciência sobretudo como um meio pragmático de previsões e de controle da natureza e da tecnologia. Assim como Einstein, Bohm acreditava que a ciência era uma espécie de busca espiritual, uma procura pela verdade, ou *jnana yoga*, que se empenha em desvendar os segredos supremos da existência.

Bohm investigou de forma contundente não apenas no campo da física – onde deu suas maiores contribuições –, mas também levou sua busca muito além da ciência. Ele analisou a fundo ensinamentos e saberes espirituais, e por mais de vinte anos manteve diálogos profundos com o sábio indiano Krishnamurti e outros mestres espirituais, inclusive com o Dalai Lama. Também explorou a arte, a fim de adquirir percepções quanto à natureza da ordem e da forma. Bohm abraçou avidamente as duas formas de pesquisa – científica e espiritual – como meio de "triangular", por assim dizer, a essência verdadeira da realidade, ao levar em consideração a maior gama possível de dados e métodos de pesquisa.

Ele começou se perguntando o que os pilares gêmeos da nova física – teoria da relatividade e teoria quântica – tinham em comum, e descobriu que tratava-se da totalidade. As duas teorias propunham que o universo é um todo integral, desde os minúsculos átomos às imensas galáxias. Elaborando hipóteses sobre esse alicerce, ao longo de mais de trinta anos de trabalho científico rigoroso, Bohm propôs que a essência do universo é o que ele chamou de holomovimento. "Movimento" significa que a natureza da existência é um processo de mudança contínua, e "holo", que ela tem algum tipo de estrutura holográfica, na qual cada parte contém o todo. Nas palavras de Bohm: "O cosmos é uma totalidade singular e intacta em movimento fluido", na qual cada parte do fluxo contém o fluxo inteiro.

A ordem implícita

Bohm propôs, mais tarde, a existência de dois aspectos fundamentais para o holomovimento, que ele chamou de ordens implícita e explícita. Mas se há pouco dissemos que o holomovimento seria unicidade, por que quebrá-lo em dois? Não estaríamos impondo uma falsa dualidade sobre o que é uma unidade? Não exatamente, porque as ordens explícita e implícita apenas parecem ser distintas; na verdade, são unificadas. Aparecem, porém, convincentemente separadas, e isso se deve às limitações perceptivas do homem. Nós, humanos, temos cinco sentidos físicos, mais a mente pensante. Unidos, eles percebem apenas uma pequena porção da unicidade. Essa porção limitada – aquela que é diretamente percebida por nossas seis faculdades humanas – constitui o que Bohm chama de ordem explícita. Todo resto – tudo que não vemos, ouvimos, provamos, sentimos, tocamos ou pensamos – constitui a ordem implícita. Portanto, as limitações da percepção humana necessitam de um delineamento entre o que é diretamente perceptível aos sentidos (ordem explícita) e o que não é (ordem implícita).

Para ilustrar a relação entre as ordens implícita e explícita, Bohm deu um exemplo simples. Imagine dois cilindros concêntricos, um maior que o outro, e suponha que a coluna anular entre eles está preenchida com um líquido grosso e transparente, como glicerina. Agora, posicione uma gotícula de tinta na superfície superior da glicerina e comece a girar o cilindro interno (enquanto o cilindro externo continua fixo). À medida que a rotação segue, a gotícula de tinta se estica e se torna mais longa e mais fina, ficando cada vez mais fraca. Em um dado momento, desaparece por completo. A esta altura, a conclusão natural é de que a ordem, ou organização, da gota de tinta original se perdeu – em uma reprodução do caos –, uma vez que a tinta parece estar aleatoriamente distribuída pela glicerina em partículas microscópicas. Contudo, se você agora girar o cilindro interno na direção contrária, a estrutura da tinta voltará a aparecer, fraca de início, e, ao continuar girando, ela se torna mais grossa e mais escura, até que, finalmente, ressurge por completo; a gotícula de tinta reconstrói-se totalmente. A percepção-chave desse experimento (que já foi demonstrado em laboratório) é de que a ordem na gota de tinta original foi preservada – envolvida pela glicerina – mesmo quando não era mais visível.

Bohm usou esse exemplo como uma metáfora para enfatizar uma lição fundamental para toda ciência: "Uma ordem oculta pode estar presente no que parece ser aleatório". Essa afirmação aparentemente simples, quase óbvia, traz grandes implicações. É uma descrição científica do famoso chiste de Shakespeare, em *Hamlet*: "Há mais coisas entre o Céu e a Terra, Horácio, do que supõe sua vã filosofia".

Desenvolvendo plenamente as implicações do seu trabalho teórico, Bohm propôs que, além do que conseguimos perceber como universo físico, há um campo vasto e invisível, porém, cada parte dele é tão real quanto o próprio universo físico.

Ele chamou esse campo escondido de "ordem implícita", e demonstrou que ela não só é consistente, no que se refere aos dados da física moderna, mas também fornece uma explicação relevante e abrangente para todos os fenômenos bizarros, tanto da física quântica quanto da relativista.

À primeira vista, é natural supor que a ordem implícita é algum tipo de realidade secundária, etérea, flutuando em algum lugar no espaço, enquanto a realidade primária é o universo físico sólido, exatamente como nossos sentidos a percebem e nossa ciência a descreve. Contudo, para Bohm, o caso é justamente o contrário. A ordem implícita é a realidade fundamental, e a explícita é um fenômeno secundário. A ordem explícita é análoga à espuma das ondas do mar, e a ordem implícita é o oceano em si. A espuma do mar é definitivamente vívida, bela e vasta por si só – estendendo-se por todo o planeta. Mas, comparada ao oceano, é apenas um "fenômeno da superfície", algo pequeno e efêmero. Do mesmo modo, a ordem explícita – o universo físico com suas 100 bilhões de galáxias, cada uma delas com 100 bilhões de estrelas – é um tipo de efeito colateral ou subproduto temporário, criado pela ordem implícita, muito mais ampla. Esse fato, de forma alguma diminui a realidade, a beleza ou o sagrado do universo físico, apenas o coloca numa relação correta com a dimensão não manifesta. Faz lembrar o que Deus (Krishna) disse ao guerreiro Arjuna no *Bhagavad Gita*: "Eu percorro este vasto universo com a parte mais ínfima do meu Ser". A ordem implícita é imensa, uma espécie de campo interpenetrável de presença consciente e inteligência que transcende o universo físico, mas que cria o Universo.

Qual é a natureza da ordem implícita? Está presente em todo lugar, mas não é visível em lugar nenhum. Estende-se pelo espaço-tempo, mas também vai muito além do espaço-tempo. É crucial entender esse ponto; o espaço não é um vácuo gigante no qual a matéria se move. Em vez disso, a matéria e o espaço vazio estão intimamente interconectados, e ambos são parte da ordem explícita. A ordem implícita transcende o espaço-tempo como um todo, mesmo que interpenetre cada ponto dessa relação. Poderíamos pensar na ordem implícita como um sinônimo para o Invisível, para aquilo que não é manifesto nem acessível à nossa mente ou aos cinco sentidos – frequentemente chamada de dimensão espiritual. Não a percebemos diretamente, exceto por meio de intuições e formas contemplativas da prática espiritual.

Matéria, energia e consciência

Um aspecto vital no raciocínio de Bohm é a natureza da realidade possuir três componentes básicos. A ciência, normalmente, aborda apenas dois deles: matéria e energia. Estes são equiparados na famosa equação de Einstein: $E=mc^2$. Nela se afirma, essencialmente, que energia e matéria são formas diferentes da mesma coisa. Bohm insiste na existência de um terceiro elemento, chamado de "sentido" ou consciência (ele igualou os termos). Para o cientista, consciência é no mínimo tão importante quanto matéria e energia, o que o levou a propor uma estrutura tripartida para a realidade: matéria, energia e consciência. Além disso, cada um desses blocos básicos contém os outros dois, ou "desdobra-se" neles. Assim, a energia desdobra-se em matéria e consciência, matéria desdobra-se em energia e consciência, e consciência desdobra-se em matéria e energia. Bohm chegou a uma conclusão poderosa: "Isso significa, ao contrário da visão comum, que a consciência é uma parte inerente e essencial de toda a nossa realidade, e não uma mera qualidade, puramente abstrata e etérea, existente apenas na mente".

A consciência abrange os aspectos invisíveis da vida – propósito, anseio, intenção, amor, desespero, tudo aquilo que é intangível. Eles não são menos reais por serem intocáveis; são tão reais quanto matéria e energia, mas não podem ser medidos em um laboratório científico. Na verdade, os instrumentos científicos podem ser vistos como meras extensões tecnológicas das percepções dos nossos cinco sentidos físicos. Microscópios e telescópios são apenas olhos maiores, assim como microfones são ouvidos mecânicos e de alta tecnologia. Bohm salienta que esses e todos os instrumentos científicos operam somente na ordem explícita e registram apenas uma fração pequena da realidade. Portanto, a ciência convencional perde completamente a ordem implícita e, com ela, todo o domínio da consciência. As fronteiras da nova ciência finalmente estão se abrindo para esse domínio.

O que está no Alto é igual ao que está Embaixo

A última e talvez mais importante característica da nova teoria científica da realidade de Bohm é sua estrutura holográfica. Para ilustrar o que isso significa, consideremos um exemplo da física matemática – geometria fractal – chamado de conjunto de Mandelbrot. Nos últimos trinta anos, novas estruturas matemáticas vêm sendo descobertas e são muito úteis para criar modelos científicos de uma gama maior de fenômenos naturais. Tais estruturas são chamadas fractais, e o exemplo mais simples é o conjunto de Mandelbrot, exibido na Figura 1.

Quem é você? Um simples questionamento

Para ilustrar aqui as percepções cruciais, engajemo-nos em um exercício simples. Imagine por um momento que a imagem exibida na Figura 1 é um modelo do cosmos como um todo, um tipo de fotografia ou retrato de tudo que existe. Em algum lugar, lá dentro daquela figura está você: um simples ser humano, ali, como uma partícula minúscula no vasto universo. Obviamente, você é muito pequeno para se ver. Então, aproximemos a Figura 1 para encontrar você; queremos dar uma boa olhada em você e em sua relação com o cosmos.

Comecemos aproximando a parte que se encontra na ponta esquerda da Figura 1. Isso nos leva à Figura 2. Continuemos aproximando mais e mais. Ampliando a porção central da Figura 2, temos a Figura 3. Daí, aproximamos o centro da Figura 3, o que nos dá a Figura 4, e assim por diante. Continuando dessa forma, ampliamos a porção central de cada figura para gerar a próxima.

Como a sua forma é pequena demais se comparada ao cosmos como um todo – exibido na Figura 1 – não temos a menor pista de quem você é a não ser a partir da Figura 6. Ali finalmente captamos um vislumbre de você bem no centro da forma estelar. Mas ainda não podemos vê-lo(a) bem, então vamos aproximar novamente. Na Figura 7, apenas começamos a enxergá-lo(a): um pequeno ponto preto no centro. Então, aproximamos mais uma vez para ter uma visão melhor, e, na Figura 8, descobrimos algo impressionante, aí está você! Finalmente vemos você bem.[1]

E aqui, na Figura 8, descobrimos algo extraordinário: você é uma réplica exata da primeira figura! Você é uma versão em miniatura de todo o cosmos. Isso é um entendimento inovador, um grande "Aha!". Você descobre que sua verdadeira natureza é absolutamente idêntica à verdadeira natureza de todo o cosmos. Você e o cosmos são um!

Como pode ser? O que isso significa? Toda riqueza, mistério e profundidade do cosmos – o Infinito – estão bem aí, dentro de você. O poeta místico Rumi descreve esse entendimento da seguinte forma: "O segredo girando em seu coração é o Universo inteiro girando!".

A admirável estrutura matemática exibida nessas figuras fornece uma representação metafórica da natureza holográfica da vida e da consciência. Na ciência, esse fenômeno é descrito como "conjuntos aninhados de estruturas autossimilares". Apesar de ser algo novo na ciência, esse princípio era conhecido entre os sábios e místicos da Antiguidade como: "O que está no Alto é igual ao que está Embaixo". O fractal é, então, a descoberta científica moderna de um prin-

O Conjunto de Mandelbrot

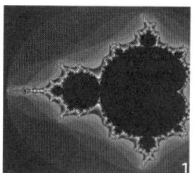
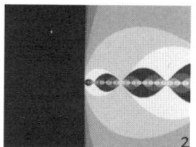
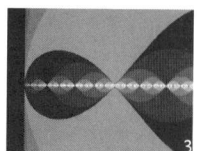
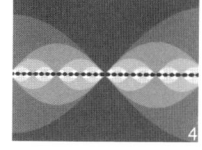
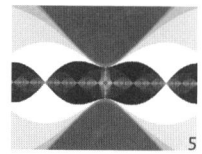

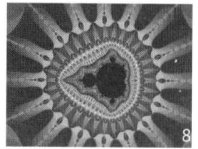

---

[1] Matematicamente, a figura em miniatura mostrada na Figura 8 é 127 milhões de vezes menor que a original mostrada na Figura 1. Se continuássemos a aproximar a Figura 8, encontraríamos ainda mais réplicas em miniatura. Na verdade, há bilhões delas embutidas no conjunto de Mandelbrot, e não há duas exatamente iguais. Então, a estrutura de um fractal é algo como um conjunto de bonecas russas, onde sucessivas bonecas menores são alojadas dentro das maiores, e cada uma é pintada de forma levemente diferente, para que não haja duas exatamente iguais.

cípio alquímico antigo, que também pode ser expressado da seguinte forma: "O que está fora é igual ao que está dentro". A percepção crucial aqui é que, embutidas nas estruturas universais, estão réplicas em miniatura do todo, em escalas muito pequenas. O microcosmo replica o macrocosmo.

É claro que no plano físico – a ordem explícita – sua forma é, de fato, apenas uma pequenina partícula. Assim, sua forma externa é uma partícula, mas sua essência interna é o vasto cosmos. E isso é um fato não apenas para você, mas também para qualquer outro ser. Nosso coração é maior que o universo.

O portal para essa consciência universal está em nosso coração, que se abre internamente para a ordem implícita que conecta todos nós. Essa unidade singular e imensa poderia se chamar "a rede interna do coração". Aqui, a analogia à "internet" [a palavra inglesa *net* significa "rede"] é intencional, porque a internet computadorizada pode ser vista como uma manifestação tecnológica desse princípio fractal na ordem explícita. Todo computador tem acesso à totalidade das informações na rede (a não ser pelas *firewalls* que bloqueiam os domínios de cibersegurança). Qualquer parte desse vasto ciberespaço está acessível com apenas alguns cliques. De fato, a própria existência da internet é fruto, na ordem explícita, de um princípio paralelo preexistente e muito mais refinado na ordem implícita. Assim como qualquer computador pode acessar todo o universo do ciberespaço através da internet, cada coração humano pode acessar o cosmos inteiro da consciência através da rede interna do coração.

Vislumbrando a unificação de ciência e religião

Quais as implicações disso? Apesar de o modelo fractal ser apenas metafórico, ele reflete percepções poderosas quando aplicado para além da ciência propriamente dita, chegando às muitas tradições espirituais e religiosas. Por exemplo, no hinduísmo, o *atman* representa a natureza espiritual do indivíduo (às vezes chamado de "Self"), e *Brahman* é a natureza espiritual do cosmos. A experiência de iluminação primordial é o entendimento de que o *atman* é o *Brahman* – ambos são idênticos. Igualmente, no *Bhagavad Gita*, "vemos o Self em todas as criaturas, e toda a criação no Self". No judaísmo, "Você é feito à imagem de Deus". Estas percepções estão espelhadas, de forma precisa, no imaginário fractal acima: o pequeno conjunto de Mandelbrot, na Figura 8, contém toda a riqueza e beleza do conjunto maior na Figura 1. A versão pequenina não sofre qualquer perda em complexidade ou em riqueza de detalhes, mesmo sendo mais de 100 milhões de vezes menor. Outra expressão desse mesmo princípio, encontrada nas mitologias budista e hindu, denomina-se Rede de Indra, na qual o universo inteiro é imaginado como uma grande treliça de joias brilhantes, cada uma refletindo todas as outras em suas próprias facetas. Então, cada joia reflete individualmente ou contém em si o universo inteiro. Essa estrutura é análoga ao conceito de "hólons", de Aldous Huxley, utilizado extensivamente no trabalho de Ken Wilber e outros.

O holomovimento de Bohm pode ser visto, essencialmente, como uma síntese de dois princípios espirituais ancestrais: 1) o ensinamento budista de impermanência, a noção de que a natureza da existência manifesta é a mudança perpétua (também apresentada por Heráclito); e 2) o microcosmo reflete o macrocosmo, como representado, por exemplo, na imagem mitológica hindu da Rede de Indra.

Paralelos semelhantes abundam, também, em outras religiões. Nos evangelhos cristãos, lemos: "Tudo que é meu é seu, e tudo que é seu é meu" (João, 17:10), e: "O Pai e eu somos um" (João 10:30). O místico cristão Julian de Norwich afirma: "Todos estamos envoltos em Deus, e Deus está envolto em nós". Note como essas imagens são, cada uma delas, expressões, no estilo fractal, da identidade do microcosmo com o macrocosmo. De forma semelhante, no islamismo, Allah diz: "O céu e a terra são muito pequenos para Me conter, mas Eu caibo facilmente no coração do Meu amado devoto". No Zen, o grande mestre Dogen diz: "Estudamos o *self* para esquecê-lo e, quando o esquecemos, nos tornamos 10 mil coisas". Aqui, o *self* que esquecemos é apenas nossa forma física e condicionada, nosso corpo, nossa personalidade, nosso ego, nossos pensamentos, nossa família, nossa vocação, todos os atributos que caracterizam nossa forma temporal, manifesta. Quando esquecemos esse *self*, tornamo-nos um com as "10 mil coisas", ou seja, tornamo-nos um com o que cria toda a existência – em outras palavras, a ordem implícita. Da mesma forma, no evangelho gnóstico de Tomé, Jesus diz: "Quando fizerdes do dois, um, e quando fizerdes o interior como o exterior, e o exterior como o interior, e quando fizerdes o de cima como o de baixo, então entrareis no Reino". E, finalmente, no budismo tântrico, o erudito Ajit Mukerjee diz inexoravelmente: "Todo drama do universo é replicado no corpo humano quando você passa a conhecer a verdade do cosmos". Isso diz respeito literalmente a um nível inconsciente, não a um nível físico. Se você explorar a natureza da consciência, descobrirá em seu próprio corpo tudo o que acontece em escala cósmica. Como o psicólogo transpessoal, Stanislav Grof, enfatiza: "Cada um de nós é tudo".

Em suma: se você se identificar com sua forma e com seus atributos, não será nada mais que um pontinho no cosmos. Mas quando você se identificar com seu Ser ou essência, o todo do Divino se fundirá com você, em toda sua profundidade e esplendor. Sua identidade verdadeira é, assim, a singularidade com tudo que é – singularidade com Deus. Como colocou Mestre Eckhart: "Torno-me todas as coisas, como Deus o é, e sou um e o mesmo ser com Ele... Tão completamente que 'Ele' e esse 'Eu' tornam-se um único ser, e atuamos nesse 'estado' como um só".

A unidade espiritual das religiões do mundo

Os paralelos entre a visão de mundo fractal na ciência e as percepções de diversas religiões do mundo citados acima refletem, também, uma unidade primordial entre as religiões. Místicos e sábios de todas as tradições religiosas apresentam uma versão dessa identidade fractal do indivíduo com o Divino (ou Deus) – cada um usando uma metáfora simbólica diferente para expressá-la. De fato, todas as religiões refletem essa unidade, de uma forma ou de outra, porque todas emanam de um único centro luminoso de verdade espiritual. A multiplicidade das religiões está, assim, unindo-se de um jeito novo, reconhecendo uma espiritualidade universal, uma unidade primordial de ensinamentos essenciais.

A percepção unificadora não é nova. Santos e sábios ao longo dos séculos vêm enfatizando a unidade essencial de todas as religiões. O *Rig Veda* postulou, de forma sucinta, milhares de anos atrás: "A verdade é uma só. Os sábios a chamam de muitos nomes". O santo sufi Al Halaj proclamou a unidade de todas as religiões por volta de 900 d.C.. O reverenciado santo hindu Ramakrishna a proclamou novamente ao final do século XIX, e nesse mesmo período uma religião totalmente nova surgiu no Oriente Médio, uma que celebra essa unidade essencial, a fé Bahai.

Atualmente, essa tendência se expressa de outras formas: a "filosofia perene", apresentada por Aldous Huxley; o Diálogo Interespiritual, iniciado por Wayne Teasdale e levado adiante por Kurt Johnson; a espiritualidade integral de Ken Wilber; o Parliament of World Religions; e a colaboração entre diferentes tipos de fé, algo que ocorre entre líderes espirituais e religiosos por todo globo. Essas evoluções auspiciosas estão ocorrendo, independentemente dos conflitos que continuam a eclodir ao redor do planeta, constelados pelas diferenças religiosas. Sempre existiram componentes políticos e fanatismos dentro das religiões, assim como políticas organizadas que deturpam e manipulam ensinamentos espirituais e religiosos para justificar perseguições, ódio, conflitos e guerra. O texto de toda grande escritura pode ser deturpado e distorcido para emprestar um apoio aparente à violência, pilhagem e profanação. Hoje em dia, essas forças destrutivas estão, infelizmente, em ascensão, particularmente na tensão crescente entre judeus-cristãos ocidentais e as nações islâmicas.

Apesar de os conflitos religiosos atuais, que são excessivamente destrutivos e que possivelmente continuarão ou irão piorar em curto prazo, a tendência subjacente mais profunda, em longo prazo, segue na direção oposta: uma mudança gradual e estável em direção à unificação das religiões mundiais, com um respeito mútuo crescente e o apreço à diversidade religiosa. Grandes avanços foram alcançados em relação a esta questão, ao longo do século XX, na medida em que as culturas mundiais mantiveram um contato próximo nunca antes visto; e avanços ainda maiores serão alcançados neste século. O espírito humano exige isso, porque a única atitude futura que realmente funcionará, em longo prazo, é a comunidade humana inteira viver em harmonia como uma família e uma espécie, ao lado de bilhões de outras espécies neste planeta.

Um exemplo importante dessa crescente unificação dos ensinamentos religiosos é o trabalho da Snowmass Conference – resumido rapidamente nas páginas 263-264 deste livro. Esse grupo de líderes espirituais de nove religiões importantes vem se reunindo há mais de trinta anos – originalmente convocados pelo sacerdote cristão Thomas Keating. Cada pessoa do grupo é a) um líder altamente respeitado e b) um praticante maduro em sua respectiva fé. Ao longo de suas reuniões, a Snowmass Conference desenvolveu oito pontos em consenso. Com efeito, esses oito pontos constituem a apresentação de uma fé espiritual universal, uma fé consistente com os ensinamentos de nove religiões importantes do mundo (budismo tibetano, budismo theravada, catolicismo, protestantismo, igreja ortodoxa oriental, hinduísmo, islamismo, crenças indígenas norte-americanas, judaísmo). Ao articular essas verdades universais comuns a todas as tradições, os membros do grupo também tornaram suas relações interpessoais mais próximas.

Embora essa conquista seja, por si só, encorajadora, o que mais impressiona na Snowmass Conference é que, após alcançarem pontos de concordância importantes, os membros iniciaram um debate sobre as diferenças entre suas religiões e práticas. Eles embarcaram nessa tarefa com alguma hesitação a princípio – cientes das diferenças marcantes entre as religiões e não querendo perturbar a sensação de união e camaradagem que já haviam conquistado. Contudo, para sua surpresa e satisfação, o que descobriram ao longo do tempo foi que se uniram ainda mais profundamente – diferenças à parte – do que quando de sua convergência de opiniões. A riqueza e a complexidade de suas diferenças acabaram sendo frutíferas para uma exploração conjunta, e esse processo os energizou e os uniu ainda mais enquanto grupo. Exemplos como esse, de colaboração e amizade verdadeiras através das diferenças religiosas, são urgentemente necessários no mundo, neste momento de conflito religioso desenfreado.

Religiões em conflito são como galhos de uma árvore lutando entre si, sem reconhecer que todas estão conectadas ao mesmo tronco. Os galhos só obtêm sua existência por meio daquele único tronco, que representa a verdade mística no cerne de cada religião. E o tronco fica ali, parado, silenciosamente apoiando e nutrindo cada galho, enquanto estes empurram uns aos outros, tentando vencer um jogo trivial, que não tem vencedores.

A experiência da Snowmass Conference é um prenúncio auspicioso para futuras relações entre as religiões do mundo. Um exemplo diferente, e igualmente inspirador, é o projeto Maher, descrito nas páginas 241-248 deste livro. Aqui, mulheres de religiões e situações sociais diferentes convivem em harmonia e apoiam o amor universal por seus colegas humanos, criando, assim, uma comunidade curadora que habilmente quebra os enraizados tabus da Índia quanto à religião, à raça e às castas. Esses tabus estão entre os mais desagregadores do mundo.

Quando líderes espirituais genuínos de religiões e tradições diferentes se unem, raramente surgem abismos intransponíveis e conflitos, mas sim um solo rico e fértil que simultaneamente a) reúne seus ensinamentos em uma única sabedoria universal e b) honra e celebra a unicidade de cada tradição. A pluralidade de religiões é algo a ser estimado como um recurso profundo e uma dádiva para a humanidade – algo que será gradualmente percebido nas próximas décadas e séculos.

A emergente unidade espiritual das religiões do mundo não significa que tradições diferentes se fundirão ou irão se unir em uma única religião mundial. Esse não é o objetivo nem o desejado. Em vez disso, cada religião tomará seu lugar de direito ao lado das outras, em respeito mútuo, a fim de formar uma tapeçaria de tradições que, em conjunto, embarcarão em um trabalho espiritual em prol da humanidade em níveis sem precedentes. Esse trabalho já começou de forma séria. De acordo com Llewellyn Vaughan-Lee (páginas 96-107), há agora um determinado trabalho de interconexão, que pode apenas ser realizado por tradições espirituais diferentes unindo-se em formas exclusivas de colaboração e sinergia.

Um mestre sufi, Pir Zia, oferece uma metáfora útil para se compreender a relação sinérgica entre as religiões do mundo. Ele compara cada religião a um órgão físico do corpo. Cada órgão – o coração, o fígado, o cérebro, etc. – é único, inteiro e completo em si, mas funciona em um concerto harmonioso com outros órgãos para sustentar um corpo vivo. Se um órgão exigisse que os outros fizessem o que ele faz, o corpo morreria. Se o coração, por exemplo, insistisse para que o fígado realizasse a mesma função que ele, o corpo não sobreviveria. Cada órgão em particular é necessário, único, vivo e completo em sua própria integridade, colaborando em sinergia com os outros para sustentar a vida no corpo. De forma análoga, Zia postula que cada religião do mundo é um órgão essencial e necessário no corpo maior da consciência espiritual humana. Se qualquer religião se impuser sobre as outras, a saúde da vida espiritual da humanidade estará ameaçada. Mas se trabalharmos juntos, a diversidade de religiões do mundo sustentará o corpo vivo, unificado e vibrante da consciência espiritual humana.

Rumo a uma nova visão de mundo integral

Ao entrelaçar esses novos avanços e percepções, testemunhamos um novo amanhecer da ciência, que envolverá consciência e interconexão. Talvez possamos chamar isso de intercomunhão. Thomas Berry resume a situação afirmando que o universo não é uma coleção de objetos, mas uma comunhão de sujeitos – um belo sinônimo para o que chamamos aqui de rede interna do coração. A ciência está começando a abraçar a consciência em si como algo essencial à realidade. Experimentos em laboratório indicam que matéria e consciência estão essencialmente interconectadas, apontando em direção a uma unidade oculta que une todos os tipos de matéria, energia e consciência. A singularidade de toda a existência, há tempos proclamada por sábios de muitas tradições, parece estar sendo apoiada pela nova ciência. Além disso, observa-se que a consciência transcende as leis comuns da física relativas à matéria, à energia, ao espaço e ao tempo. O universo físico parece diminuído pelo universo da consciência.

No entanto, antes de a ciência convencional abraçar inteiramente as promessas enriquecedoras desses novos avanços, ela terá de afrouxar as amarras quanto às doutrinas estimadas pelo materialismo e pelo racionalismo, que restringem de forma excessiva tanto sua epistemologia quanto sua ontologia. O físico Ravi Ravindra observou que "a maior descoberta da ciência moderna é a descoberta de sua própria limitação". Porém, muitos cientistas vivem, ainda hoje, como detentos inconscientes na prisão conceitual de uma visão de mundo limitada e materialista. Presunções materialistas e mecanicistas sobre a natureza da realidade limitam a capacidade de muitos cientistas de descobrir novas formas da verdade. O resultado é adequadamente resumido no chiste espirituoso de Mark Twain: "Não é o que você não sabe que lhe causa problemas, mas o que você pensa que sabe e que, afinal, não é verdadeiro".

Simultaneamente a essas descobertas nas fronteiras da ciência, as tradições espirituais e religiosas do mundo estão se aproximando de forma lenta, porém inexorável, de um tipo de espiritualidade universal. As principais vozes de diversas tradições espirituais e religiosas proclamam a unidade da sabedoria de todas as tradições.

A consciência humana vem sendo amplamente reconhecida como a consciência do universo. Isso se aplica a cada ser humano; e todas as pessoas têm o potencial de acessar essa consciência universal. Essa não é uma metáfora mística, fantasiosa, mas uma verdade literal da consciência – já conhecida por místicos há Eras. Como Rumi colocou no século XIII: "Deixe a gota d´água que você é tornar-se centenas de oceanos magníficos. Mas não pense que apenas a gota se torna o Oceano. O Oceano também se torna a gota". É direito inato de todo ser humano descobrir a rede interna do coração, dentro de si mesmo, e viver a partir do imenso alicerce interior da consciência.

Uma consequência-chave dessa visão de mundo é o fato de que nossas ações podem tornar-se profundamente transformadoras quando nos conectamos e somos levados por essa sabedoria maior da consciência universal. O homem pode ser usado por essa sabedoria maior como instrumento de seu trabalho no mundo. É o que Gandhi, Madre Tereza, Martin Luther King e muitos outros ativistas espirituais entenderam tão bem ao implementarem a lei espiritual em seu trabalho nas esferas secular e política. Isso não quer dizer que alguém tenha de se tornar Gandhi para fazer a diferença, assim como não é preciso ser um Einstein para ser um bom cientista. De fato, os princípios transformadores da mudança social e da evolução cultural que Gandhi e King aplicaram são acessíveis a todos nós. Ao nos transformarmos através de disciplinas internas da consciência, somos os instrumentos para uma sabedoria maior que trabalha através de nós, e isso serve, em contrapartida, à transformação do mundo.

Há um poder amplificado que opera em grupos ou em comunidades que trabalham com a prática da consciência. O mestre Zen Thich Nhat Hahn já disse que o próximo Buda surgirá não na forma de um indivíduo, mas de uma comunidade de pessoas vivendo em bondade amorosa e consciência atenta. Isso porque essa comunidade, trabalhando corações e mentes em torno de uma intenção compartilhada mais íntegra, cria um campo poderoso de intencionalidade que funciona como um feixe de laser de consciência coerente. Um tremendo poder pode ser canalizado, dessa forma, lá de dentro da ordem implícita. Se levado suficientemente adiante, ele poderá tocar o núcleo da criação propriamente dita. Então, enraizado nas profundezas da ordem implícita, um grupo de seres humanos, corretamente alinhados, pode trabalhar diretamente com o processo criativo do amor em si e, assim, ter efeitos poderosos nas manifestações de consciência que se desdobram. Essa é uma das maneiras pelas quais o poder da comunidade e o alinhamento consciente de grupos espirituais estão cada vez mais se tornando forças importantes na nova humanidade, pois expandem dramaticamente as potencialidades e as possibilidades para a sociedade humana.

Finalmente, caro leitor, para que você não fique esgotado com toda a conversa que está por vir sobre visões de mundo e paradigmas, física quântica e metáforas fractais, esteja certo de que não precisa acreditar neste modelo, nem em qualquer outra teoria ou filosofia. Já foi dito que "todos os modelos estão errados, mas alguns são úteis". Os modelos são apenas mapas mentais, ideias para engajar a mente, mas a verdadeira prática é silenciar a mente e ultrapassá-la completamente. Você não precisa concordar ou entender nada neste artigo, nem acreditar em nada neste livro, em nenhum outro ensinamento, escritura ou filosofia. Precisa apenas entrar em seu próprio coração, ouvi-lo atentamente e viver em total integridade com o que for revelado a você. Isso o colocará em seu caminho verdadeiro e o alinhará com a sabedoria do amor universal.

Para concluir, o místico persa Shebastari diz: "Por amor, tudo que existe apareceu". E mais adiante: "Por amor, aquilo que não existe parece existir". O amor é, de fato, o maior poder no universo. E o amor divino é a maior forma de amor. Se nos doamos ao fogo transformador desse amor, e à sua respectiva exigência de humildade radical e rendição espiritual, nossa vida inteira começará a arder de paixão e desejo pelo Divino – independentemente do caminho ou da tradição a partir da qual o abordamos. Isso nos leva diretamente à ordem implícita, onde nos reconectamos com a Fonte de toda a vida. No cerne da ordem implícita está o poder criativo do amor, movendo-nos em direção a uma alquimia misteriosa que abre, de dentro para fora, a rede interna do coração, o portal para o Infinito.

Fechamos com um poema de Rumi, que expõe tudo que falamos neste artigo, de forma mais elegante e muito mais sucinta, mais de setecentos anos atrás:

> Tudo que se pode ver tem suas raízes no mundo Invisível.
> As formas podem mudar, mas a essência se mantém a mesma.

Cada visão maravilhosa desaparecerá, cada palavra doce se apagará.
Mas não desanime,
A Fonte de onde isso vem é eterna,
Crescendo, ramificando, dando nova vida e nova alegria.

Por que você chora?
Esta Fonte está dentro de você,
E todo este mundo
Está jorrando dela.
A Fonte está cheia,
Suas águas fluem sem cessar;
Não sinta pesar, beba até saciar-se!
Nunca pense que ela secará –
Trata-se do Oceano sem fim!

Desde o momento em que você entrou neste mundo,
Uma escada foi colocada à sua frente, para que possa escapar.
Da terra, você se tornou planta,
Da planta, animal.
Então, tornou-se ser humano,
Dotado de conhecimento, intelecto e fé.
Contemple o corpo, nascido do pó – quão perfeito ficou!
Por que temer seu fim?
Quando você se tornou menor por morrer?

Quando ultrapassar essa forma humana,
Sem dúvida, você se tornará um anjo
E voará pelos Céus!
Mas não pare por aí.
Até mesmo corpos celestes envelhecem.
Passe novamente pelo reino dos céus
E mergulhe no vasto oceano da Consciência.

Deixe a gota d'água que você é tornar-se centenas de oceanos magníficos.
Mas não pense que apenas a gota
Torna-se o Oceano:
O Oceano, também, torna-se a gota!

Veja a biografia de **William Keepin** na página 12.

> A bióloga evolucionista Elisabet Sahtouris descreve como a evolução passa da competição para a cooperação em todos os âmbitos, da menor bactéria até o ser humano, chegando a sociedades completas. Otimista de nascença, ela descreve como estamos em vias de aprender a cooperar.

Rumo a uma cultura de cooperação biomimética

Elisabet Sahtouris, PhD

Três crises graves – energética, econômica e climática – nos confrontam agora de forma simultânea e global, gerando o maior desafio em toda história da humanidade. São tão grandiosas, tão sérias, que nada do que for feito sem uma revisão fundamental em nosso estilo de vida no planeta Terra será pertinente para enfrentar, com êxito, esse megadesafio.

Essa situação, sem precedentes em nossa história, na verdade faz deste um momento muito oportuno para criar o mundo que tanto queremos!

Seria um sonho vazio, uma propensão fantasiosa de "criar a própria realidade"?

Vejamos: nós, humanos, criamos a realidade que temos hoje. Ela não nos foi imposta pelo destino ou por qualquer outro agente externo. Enquanto algumas pessoas podem alegar que não tivemos nada a ver com o aquecimento global, poucos negariam que devastamos o ecossistema do planeta e que carregamos o ar com poluentes. Quantos alegariam que não tivemos escolha na maneira de produzir energia ou insistiriam que a Mãe Natureza nos impôs o nosso próprio sistema monetário? Nós humanos imaginamos e, então, concretizamos nossos sistemas econômicos, nosso percurso tecnológico por meio da exploração da natureza, nosso foco no consumismo e nossos extremos de riqueza e pobreza humanas. Somos uma espécie extremamente criativa. Mas algo deu muito errado; algo que não previmos, e temos uma séria dificuldade de entender e enfrentar esse fato.

Se realmente observarmos a Natureza, vemos de forma geral que Ela não conserta o que não está quebrado. Ela é bastante conservadora quando tudo está indo bem, e radicalmente criativa quando não está. Faríamos bem se esquecêssemos nossa política partidária e mimetizássemos essa abordagem em prol dos caprichos da vida. Vale a pena recordar o estudo clássico sobre as civilizações falidas de Arnold Toynbee (1946). Nele, a concentração extrema de riqueza e o fracasso em mudar quando necessário provaram ser os dois fatores cruciais. Essas são, em suma, as condições atuais da nossa economia global, e uma enorme mudança se faz necessária.

Houve sistemas culturais humanos criados para se manterem sustentáveis por milhares de anos, então por que a supereconomia mais avançada, pós-industrial e *high-tech*, de alcance planetário, está provando, em poucos séculos, ser insustentável? Para entender o porquê, devemos inicialmente avaliar a questão econômica como um todo.

Economia básica

O que é uma economia? Vou me aventurar a definir a essência de uma economia como a soma das relações envolvidas na aquisição de matéria-prima, sua transformação em produto final, sua distribuição e uso ou consumo, e o descarte e/ou reciclagem do que não é consumido. Essa definição – e é muito importante que se entenda isso – é aplicável tanto à economia humana como às economias de ecossistemas naturais, assim como às incrivelmente complexas economias que operam em nosso corpo.

A Terra tem 4 bilhões de anos de experiência em economia e muito possivelmente tem algo a nos ensinar. Só para começar, a natureza recicla tudo o que não é consumido, razão pela qual conseguiu criar diversidade e resiliência em níveis infindáveis, de complexidade espantosa, utilizando sempre o mesmo conjunto das mesmas matérias-primas finitas. Além disso, com ou sem a nossa presença, a natureza possivelmente continuará fazendo isso enquanto o sol benevolente brilhar, embora – ou talvez porque – sofra crises periódicas que a levam à criatividade. Vejamos como o planeta enfrenta essas crises.

Observe que a economia da Terra, assim como a nossa, é uma economia verdadeiramente global, composta de várias economias ecossistêmicas locais interconectadas e entrelaçadas por um sistema global formado por ar, água, clima/meteorologia, placas tectônicas, migrações, e não menos importante, um conjunto genético único.

A crise como oportunidade na natureza

Enfrentamos uma Era do Fogo iminente. Cerca de 55 milhões de anos atrás, a Terra passou pela sua última Era do Fogo. Nesse meio-tempo, desde o surgimento da humanidade, nossa espécie enfrentou e sobreviveu a, no mínimo, uma dezena de Eras do Gelo. Apenas a partir da última delas é que conseguimos desfrutar – perante uma perspectiva humana – de um clima estável, favorável, no qual civilizações humanas evoluíram. Isso foi possível porque a última Era do Fogo e um meteoro que chacoalhou a Terra extinguiram os répteis gigantescos e deram o pontapé inicial para uma onda de evolução de mamíferos. A crise para alguns foi a oportunidade para outros, no jeito inventivo da natureza.

Nos Xistos de Burgess, localizados entre dois picos nas Montanhas Canadenses, próximas a Banff, Canadá, jaz um testemunho fóssil da Era Cambriana, 520 milhões de anos mais velha que a nossa. Ali ocorreu uma das reações mais "oportunas" a uma crise na história da Terra. O interessante é que isso aconteceu durante um período de mares mornos e nenhum gelo polar – parecido com o que nós, talvez, estejamos enfrentando –, relativamente pouco depois de um clima "Terra bola de neve". Neste período cambriano, antes das plantas e dos animais terrestres aparecerem, a vida marinha invertebrada já havia atingido uma variedade anatômica básica, que mais de 500 milhões de anos de evolução subsequente não ampliaram. O registro fóssil desta "Explosão Cambriana" mostra uma propagação de animais ocupando esses nichos vagos, esvaziados pela extinção da fauna preexistente. Mais uma vez, crise para alguns, oportunidade para outros.

Vamos adentrar mais ainda no passado. Na Era Cambriana, a vida terrestre já havia ultrapassado muito mais da metade de sua trajetória evolucionária. Na verdade, na primeira metade da evolução biológica na Terra – aproximadamente 2 milhões de anos –, as *archaea* (arqueobactérias) tiveram o mundo todo para si. Evoluíram para uma diversidade maravilhosa de estilos de vida na sua maciça proliferação, desde as profundezas do oceano aos picos das montanhas mais altas. Alcançaram até mesmo a vida nas maiores alturas do céu; transformaram, dramática e completamente, paisagens e superfícies marinhas mais rasas, assim como a composição química da atmosfera. Fora do mundo científico, o impacto das *archaea* ainda está para ser compreendido de fato, embora tenham sido pioneiras de situações econômicas e tecnológicas, tais como o aproveitamento da energia solar, a construção de motores elétricos e o desenvolvimento da primeira rede mundial de troca de informações

(World Wide Web), cujo crédito é atribuído aos humanos, como descreverei a seguir. (Observe nossa biomimética inconsciente!) Meu argumento aqui é que as arqueobactérias, nos primórdios da evolução da vida terrestre, foram as primeiras a responderem de forma extraordinária às crises globais – crises geradas por elas mesmas, devemos observar, diferentemente das grandes extinções mais recentes.

A primeira destas reações foi direcionada a uma escassez mundial de comida, que ocorreu porque as primeiras arqueobactérias, após se espalharem pelo planeta inteiro, comeram toda comida disponível – açúcares e ácidos quimicamente produzidos via radiação solar UV. O espantoso em sua reação foi o fato de terem utilizado sua própria cadeia genética para modificar suas vias metabólicas a fim de aproveitar a luz solar e produzir comida, num processo que conhecemos como fotossíntese. Se pudéssemos copiar isso em escala humana, segundo Daniel Nocera, do Instituto de Tecnologia de Massachusetts (M.I.T.), nossas necessidades energéticas seriam supridas enquanto a Terra e nós vivêssemos. (Observe nossa necessidade de biomimética nesse aspecto!)

Antes da fotossíntese, as bactérias tinham de viver na água do mar ou no subsolo, longe da luz solar escaldante. Para operar na luz solar, os organismos fotossintetizantes recém-formados foram forçados a inventar enzimas que funcionassem como protetor solar, enquanto viviam dos raios solares, dos minerais e da água que havia em abundância. Infelizmente, embora tenham se saído extremamente bem nesse aspecto, criaram, inadvertidamente, a grande crise global seguinte, gerando poluição atmosférica e levando-nos ao próximo exemplo notável de como usar a crise como oportunidade.

Assim como as plantas dos dias atuais – herdeiras de seu estilo de vida –, as arqueobactérias fotossintetizantes liberavam oxigênio como gás residual. Não havia, até então, nenhuma criatura dependente de oxigênio, e, assim, este gás, altamente corrosivo, após ter sido absorvido o máximo possível pelos mares, pelas rochas e pelo solo avermelhado, acumulou-se na atmosfera em quantidades significativas e perigosas. Somada aos perigos diretos da corrosão assassina, essa poluição criou a camada de ozônio, que causou uma diminuição ainda mais acentuada do antigo suprimento de alimentos de açúcares e ácidos, que demandam a passagem livre dos raios UV pela atmosfera.

Mais uma vez, a existência reage inventando um novo e espantoso estilo de vida: uma forma completamente nova de viver, usando o próprio oxigênio para quebrar moléculas de alimento, no estilo de vida biológico mais *high-tech* inventado até o momento, o qual nós mesmos herdamos e chamamos de "respiração". As bactérias que respiravam oxigênio liberavam o dióxido de carbono necessário às fotossintetizantes, completando assim um ciclo de troca do qual seus herdeiros, plantas e animais, inclusive nós, ainda participamos.

A vida tem um jeito dinâmico de oscilar entre problemas e soluções, o que parece manter a evolução em curso. As "respirantes" precisavam de moléculas de alimento para quebrar à medida que ele escasseava. Solução: elas inventaram motores elétricos arquitetados dentro de suas membranas, muito mais engenhosos que as máquinas desenhadas pelo homem até o presente, anexando a eles flagelos para atuar como propulsores. Essas respirantes *high--tech* abriam caminho por entre grandes e vagarosas bactérias em fermentação, que denominei "borbulhantes" (Sahtouris, 2000). Isso deu início ao colonialismo bacteriano, no qual respirantes invadiam borbulhantes atrás de suas moléculas de "matéria-prima". Ao se reproduzirem, por divisão, dentro das borbulhantes, estas eram literalmente ocupadas por aquelas, que exploravam e drenavam seus recursos, deixando-as enfraquecidas ou mesmo mortas. (O colonialismo humano é biomimética?)

Nesse mundo primitivo, podemos imaginar que os muitos conflitos resultantes da escassez de alimento e da superpopulação causaram estragos, mas eles, ao mesmo tempo, levaram à inovação. Por fim, nesses encontros, as arqueobactérias de alguma forma descobriram as vantagens da cooperação sobre a competição: alimentar seus inimigos é mais eficiente no quesito energia (leia-se: menos dispendioso) do que matá-los.

Leia a última frase novamente, pois ela é a descoberta mais importante que qualquer espécie em fase de maturação pode fazer, e está em nossa ordem do dia nesse momento!

Desde o começo, nos estilos de vida em evolução, as *archaea* eram capazes de trocar genes livremente entre si, independentemente do seu tipo, em uma grande rede mundial de troca de informação (World Wide Web), na qual qualquer bactéria teria acesso às informações do DNA de qualquer outra. Elas, então, desenvolveram uma miríade especial de formas e estilos de vida ou funções celulares como: fixar nitrogênio, locomover-se com propulsão de flagelos e viver entre milhões.

A glória suprema de todas as conquistas foi a evolução das comunidades coletivas gigantescas, com divisões de tarefa extremamente sofisticadas, e que acabou gerando o único tipo de célula que jamais conseguiu honrar o cenário evolutivo: as células nucleadas, das quais nós mesmos somos compostos. Isso pode ter começado – como descobriu o microbiólogo Lynn Margulis e outros pesquisadores – quando invasoras respirantes sentiram que suas hospedeiras borbulhantes enfraqueciam e empregaram as azul-esverdeadas (fotossintetizadoras) na produção de alimento para a colônia inteira. Os motores das respirantes ofereciam transporte ao trabalhar em uníssono com a membrana celular das borbulhantes, levando a colônia até a luz solar. Ali as azul-esverdeadas poderiam trabalhar o necessário (Margulis, 1998).

Nessas cooperações, aparentemente, cada bactéria especializada doou DNA do qual não precisava para completar sua função especial em uma biblioteca de genes coletiva, que se tornou o novo núcleo celular. Até hoje, nossas células, assim como as de plantas, animais e fungos, contêm descendentes dessas arqueobactérias na forma de mitocôndrias (respirantes) e cloroplastos (fotossintetizadoras).

Células nucleadas passaram por outro bilhão de anos repetindo os ciclos de competição e criatividade juvenis até amadurecerem para a cooperação na forma de criaturas multicelulares. Esse foi o último grande salto na evolução, por volta de 1 milhão de anos atrás, unindo-nos ao Período Cambriano, quando esse modelo evolutivo realmente deslanchou – como descrito anteriormente. Desde então, criaturas multicelulares vêm competindo na juventude e cooperando na maturidade.

Amadurecimento durante a crise

Na minha visão de bióloga evolucionista, então, o padrão essencial na evolução de todas as espécies desde tempos imemoriais é, justamente, a curva de amadurecimento, partindo das economias competitivas, expansivas e jovens e chegando às economias cooperativas, estáveis e maduras. Pode-se observar isso no que ecologistas, hoje em dia, classificam como os ecossistemas Pioneiros Tipo I e ecossistemas Clímax Tipo III, assim como ao observar o histórico das economias das espécies, ao longo de 4 milhões de anos.

Algumas espécies nunca atingem a maturidade. Boa parte da humanidade conseguiu, mas apenas em nível tribal: inúmeros grupos humanos amadureceram em cooperação interna e com seus vizinhos, algumas vezes desenvolvendo economias complexas, com grandes cidades e muitos artefatos, como se pode encontrar em Catal Huyuk, na Turquia, e em muitos outros lugares na África, Ásia, Américas do Norte e do Sul. Cooperação madura, com outros humanos, assim como com grandes animais, foi, sem dúvida, algo que desempenhou um importante papel na sobrevivência a uma dezena de Eras do Gelo. Em torno dos últimos 6 mil anos, construímos civilizações: sistemas políticos e socioeconômicos de porte relativamente grande, com infraestruturas complexas, tendo sido, em sua maioria, cooperativos internamente, independentemente de insurreições ocasionais. Porém, essas cooperações maduras – como a célula nucleada e a criatura multinucleada antes delas – eram entidades novas em outra escala de grandeza e, portanto, seguiram, no modo jovem de expansionismo, em competição. E, então, a Era dos Impérios – que se transformaram, ao longo do tempo, em impérios nacionais e, depois, corporativos – havia se iniciado.

Portanto, impérios humanos imitam relativamente bem a fase expansiva e competitiva das espécies jovens na natureza, desde as *archaea* às gramíneas – que evoluíram em paralelo com os humanos e ainda estão na fase juvenil de conquistar e transformar qualquer coisa para se manter no jogo, como Darwin descreveu tão bem. O interessante é que os humanos e aquelas jovens gramíneas – chamadas pelos humanos de "grãos" ou "milho" – passaram a depender um do outro.

Sim, a evolução darwiniana descreve a fase juvenil, e essa é precisamente a razão pela qual os empreendedores da nossa Era Industrial amavam essa teoria, tanto quanto a União Soviética amava a versão evolutiva de Kropotkins, conhecida como Apoio Mútuo, que racionalizava o coletivismo, tendo tudo a ver com as fases cooperativas da evolução das espécies. Na primeira, a comunidade foi sacrificada em prol dos interesses pessoais; na segunda, os interesses individuais foram sacrificados para manter a coletividade. Duas meio-teorias que fazem um todo quando unidas e formam as conexões entre os diferentes tipos de ecossistemas dos ecologistas. A curva de amadurecimento do aprendizado reúne tudo em uma elegante unidade.

Reconhecer que nosso estilo de vida é insustentável (literalmente sugerindo que devemos viver de forma diferente) é uma percepção nova e vital, sem a qual não veríamos nenhuma necessidade de modificar o modo como vivemos no que pareceria ser um planeta infinitamente provedor. Este lugar agora foi claramente devastado e levado a um ponto crítico, se não além, por nosso jovem império.

Toda a nossa tecnologia veio da biomimética – desde fiar como o bicho-da-seda, tecer como as aranhas, até construir como os cupins, criar túneis como as toupeiras, voar como pássaros, calcular como o cérebro, usar radares como os dos morcegos e sonares como os dos golfinhos, e assim por diante. Mas chegou a hora do maior e mais grandioso feito evolucionário biomimético de todos: recuar um pouco em nossa expansão econômica – muito parecido com o que nosso corpo fez ao atingir o tamanho maduro – e transformarmo-nos, de forma a manter uma sustentabilidade estável.

Observando nossa história recente, vemos várias experiências de cooperação nos empurrando em direção à maturidade cooperativa verdadeiramente global: eles vão dos Estados Unidos à União Europeia, da OTAN à Organização do Tratado do Sudeste Asiático (SEATO), de alianças ao Parlamento Mundial das Religiões, de uma Corte Mundial, de Estações Espaciais Internacionais, de vistos que atravessam culturas e moedas mistas ao Controle de Tráfego Aéreo Internacional, e assim por diante.

A internet é o maior sistema vivo auto-organizável criado pelo homem e está modificando tudo. As hierarquias verticalizadas que trabalharam para manter e expandir impérios estão dando espaço a sistemas vivos mais democráticos e, até mesmo, a meios mais maduros de nos organizarmos e governarmos; e as economias da dádiva surgindo por toda a internet, assim como nas comunidades locais, biomimetizam economias de espécies maduras.

Se há um sistema biológico que pode nos dar pistas de um modelo mais próximo e pessoal disponível para todos, esse sistema é o nosso próprio corpo. Quando se trata de pensar no futuro, não há economia mais incrível e madura para imitar do que o corpo no qual cada um de nós, independentemente da convicção política, perambula por aí – corpo no qual nenhum órgão explora o outro para benefício próprio ou interfere na diversidade, tentando fazer dos outros órgãos algo parecido consigo mesmo.

Cada uma das mais de 1 trilhão de células do corpo humano tem algo em torno de 30 mil centros de reciclagem, apenas para manter saudáveis as proteínas das quais ele é feito. Cada um deles é tão sofisticado quanto uma máquina trituradora seria se nela fosse possível inserir uma árvore morta ou danificada para extrair, do outro lado, uma árvore viva e saudável, e não um monte de lascas de madeira. Eles existem em conjunto com milhares de bancos mitocondriais, liberando seus cartões de débito gratuitamente, 24 horas por dia, sem juros, não exigindo nem mesmo a devolução do que foi gasto – eis aí um sistema monetário que poderíamos muito bem imitar o quanto antes, em vez de ficarmos com nossa moeda concentradora de bens e dívidas.

É claro, para mim, que a fase cooperativa madura das espécies é normalmente trazida pelas crises, e sou grata por observar como a grande maioria dos humanos se torna extremamente cooperativa em tempos de desastres, sobrevivendo à predação dos poucos para criar bem-estar para muitos. A colaboração está em nossos genes, em nosso sangue e em nossos ossos. Já passamos por isso antes, só que nunca em nível global.

As espécies que se tornam sustentáveis – que sobrevivem por um longo tempo – alcançam sua fase madura colaborativa, enquanto outras, presas em comportamentos adolescentes que não lhes são mais úteis, acabam morrendo. A humanidade está agora à beira da maturidade, em meio a desastres provocados por ela mesma. Vamos nos inspirar no exemplo das nossas ancestrais terrestres mais antigas, as arqueobactérias – as únicas outras criaturas da Terra a criar desastres globais por seu próprio comportamento e a solucioná-los. Vejamos se podemos nos sair tão bem quanto elas! Deixemos que uma economia global cooperativa e madura seja nosso objetivo, e façamos com que isso seja tão eficiente e flexível quanto nosso próprio corpo altamente evoluído.

A economia global que criamos, àvida por recursos, em um jogo de monopólio competitivo baseado na dívida e alimentado por combustíveis fósseis, foi uma fase jovem necessária. Estamos prontos agora para dar um salto rumo à maturidade. Nós, as pessoas, podemos declarar nossa solidariedade umas para com as outras por todo globo, podemos parar de fazer guerra umas contra as outras, arregaçar as mangas e trabalhar pelo desenvolvimento positivo de fontes limpas de energia; podemos levar cidades costeiras para o topo das montanhas, reinventar a moeda, tornar verdes os desertos e cooperar em toda nossa diversidade cultural e religiosa, a fim de criar um mundo que sirva para todos – sigam ou não nossos governos nessa direção.

Como Rumi questionou: "Por que permanecer na prisão se a porta está escancarada?".

Elisabet Sahtouris, PhD, é uma bióloga evolucionista conhecida mundialmente, futurista, escritora, palestrante e vive em Mallorca. Com pós-doutorado pelo Museu Americano de História Natural, lecionou no M. I. T. e na Universidade de Massachusetts, contribuiu com a série de TV da NOVA-Horizon, é parceira da World Business Academy e membro do World Widsom Council. Os locais onde palestrou incluem Banco Mundial, ONU, Boeing, Siemens, Hewlett-Packard, South African Rand Bank, Caux Round Table, Fórum Internacional de Tóquio, os governos da Austrália, Nova Zelândia e Holanda, escolas de negócios em São Paulo e em Fóruns Mundiais. É autora de *A Dança da Terra: Sistemas Vivos em Evolução*; *A Walk Through Time: From Stardust to Us*; e *Biologia Revisada*, com Willis Harman. Muitos de seus livros e artigos podem ser baixados gratuitamente de seu site www.sahtouris.com.

> Ross Jackson aborda as causas que entorpecem nossa capacidade de evoluir em direção a uma civilização ecológica ou global gaiana. Ele apresenta uma visão prática de como podemos mudar nossos sistemas político e econômico para transformar o mundo.

Uma visão de mundo gaiana

Ross Jackson

IMAGINE COMO SERÁ uma sociedade global – política e economicamente –, se conseguirmos evoluir em direção a uma civilização justa e verdadeiramente sustentável, baseada na visão de mundo holística emergente, algo que eu chamo de paradigma gaiano. Em que ela será diferente da sociedade atual e por quê? Quais são as barreiras a ultrapassar se quisermos fazer algum progresso em direção à utopia desejada? Quais são as causas mais profundas que impedem esse movimento de ir na direção certa? A seguir, vou resumir minhas respostas a essas questões e concluir com o esboço geral de uma proposta para uma possível iniciativa política, a qual denomino "estratégia de separação". Espero que ela seja capaz de superar as barreiras identificadas e, assim, colocar nossa civilização em uma trajetória que possa levar, em longo prazo, ao objetivo desejado.

A crise global

Nossa civilização planetária está em uma condição precária e vulnerável nesse momento, quando várias ameaças globais nos confrontam, e algumas delas, se não forem enfrentadas, serão fatais para a humanidade. A ameaça na qual a maioria das pessoas pensa é, provavelmente, o aquecimento global. A realidade da ameaça ao nosso clima, causada principalmente pela queima de combustíveis fósseis, não só tem um amplo apoio científico, como também foi recebida e aceita como real pela maioria dos cidadãos e líderes políticos. Porém, outras ameaças são igualmente importantes e ainda não foram amplamente reconhecidas.

Mesmo se pudéssemos resolver o problema do aquecimento global imediatamente, balançando uma varinha mágica, ainda teríamos de enfrentar problemas críticos extremos, como o consumo excessivo de nosso capital natural (água, aquíferos, camada superficial do solo, micro-organismos e biomassa). Nossa "pegada ecológica" mede a área de terra necessária para fornecer os recursos renováveis consumidos pela população de uma região e os sumidouros para absorver o lixo produzido. No mundo, foram necessários aproximadamente 2,7 hectares por pessoa em 2005 de acordo com medidas mais recentes do WWF.[2] Contudo, o espaço de terra e oceano disponíveis era somente de 2,1 hectares per capita para uma população de 6,6 bilhões de pessoas. Isso significa que tivemos um consumo excessivo ou que "ultrapassamos" 30% do limite em 2005, e essa "ultrapassagem" está ficando maior a cada ano, com o crescimento econômico e populacional. A distribuição dessa ultrapassagem está distorcida, e os países mais industrializados têm maior peso. Essa situação não é sustentável. Estamos consumindo o capital natural que nos sustenta. Ninguém sabe ao certo qual a sobrecarga que o ecossistema pode suportar antes de desmoronar, mas a manutenção das políticas atuais levará a algum desastre, cedo ou tarde. Entretanto, em vez de lidar com essa ameaça reduzindo o consumo, todos os países estão fazendo exatamente o contrário, adotando como principal objetivo político um maior crescimento econômico.

Em uma conferência internacional sobre fertilidade, realizada em junho de 2007, um dos líderes mundiais em pesquisa de fertilidade, Niels Skakkebaek, da Dinamarca, alertou sobre o fenômeno do declínio da fertilidade masculina devido aos disruptores endócrinos que agem como estrogênio e aos resíduos de pesticida no leite materno – uma ameaça, segundo ele, tão séria quanto o aquecimento global.[3]

Mae-Wan Ho, uma especialista britânica em bioquímica genética, publicou um grave alerta no que tange às tecnologias de engenharia genética: os cientistas removeram as barreiras, que estavam fechadas há milênios, da recombinação dos vírus e da transferência de genes; uma abertura que, no pior dos casos, segundo ela, pode ameaçar a existência humana. Ela chama esse campo de "uma aliança sem precedentes entre a ciência ruim e os grandes negócios".[4]

---

2 "Living Planet Report 2006"; World Wildlife Fund; acesse www.panda.org.
3 "Forsker advarer: Som art er vi I fare"; *Politiken*; Copenhagen, 1 de junho, 2007.
4 Mae-Wan Ho. *Genetic Engineering, Dream or Nightmare*, 2ª edição. Dublin: Gateway, 1999.

Enquanto as ameaças acima são potencialmente fatais para a humanidade, uma ameaça diferente pode, apesar de não ser fatal, mostrar-se muito mais importante, em curto prazo, e ela se chama "pico do petróleo". Os geólogos de petróleo concordam que a produção global dessa matéria-prima logo chegará ao seu pico, para depois entrar em permanente declínio, enquanto a demanda de petróleo aumentará inexoravelmente devido ao foco político no crescimento econômico. Pela primeira vez, a demanda logo excederá o estoque. O perigo é que a explosão no preço do petróleo levará a economia global a um longo período de caos, recessão e crescimento negativo.

Como chegamos a essa confusão?

Todas as ameaças acima têm as mesmas causas subjacentes. Nós experimentamos o lado sombrio de uma visão de mundo secular que separa o Homem da Natureza e vê o mundo como uma máquina composta por partes individuais que podem ser manipuladas isoladamente. A natureza seria algo que está fora de nós, sem valor intrínseco, e que precisa ser conquistado. Essa maneira reducionista de ver o mundo tem sido a base da ciência moderna e tem gerado, a princípio, um aumento na qualidade de vida. Ela é geralmente considerada um sucesso pela maioria das pessoas. Contudo, começamos a nos dar conta de que havia muitos custos ocultos, e que a conta vai vencer.

Enquanto éramos relativamente poucos e nossa tecnologia relativamente inofensiva, o futuro parecia ser um horizonte de crescimento e progresso material sem fim. Mas, nos anos recentes, começamos a conhecer os limites do crescimento em um planeta finito, ao mesmo tempo que desenvolvemos tecnologias poderosas com efeitos de longo alcance. Agora podemos explorar minerais se explodirmos os topos das montanhas, e pescar raspando o leito do mar de forma violenta, destruindo indiscriminadamente boa parte da flora e da fauna marinhas.

Estamos aprendendo, coletivamente, uma importante lição nesses anos: que o sistema ecológico é muito mais complexo e imprevisível do que percebemos. Um desenvolvimento aparentemente racional em uma área, como a queima de combustíveis fósseis, por exemplo, resulta em uma ameaça em outro lugar, como a mudança climática. Passar dos materiais naturais para sintéticos, apesar da aparente economia, pode resultar em uma ameaça à fertilidade a partir de algo simples como o revestimento de plástico de uma lata de feijão. As plantas geneticamente modificadas podem ser mais fortes, mas trazem consigo o alto preço de incapacitar as defesas antivíroticas da natureza. Estamos descobrindo que somos parte integral de um organismo vivo – Gaia – e que aqui cada componente está interconectado de uma forma que não compreendemos totalmente.

Ainda assim, nosso sistema político parece incapaz de tomar uma atitude global coordenada para lidar com a crise multidimensional que enfrentamos. Por quê? Porque a organização política reflete a mesma visão de mundo separatista. Cada país cuida de seus próprios interesses. Não há uma governança global, uma instituição internacional que tenha interesse em se encarregar do planeta e o poder de fazer algo a respeito.

Economia neoliberal

Uma visão separatista de mundo leva a um pensamento unidimensional – foco em um aspecto, pela exclusão de todos os outros –, o que, na realidade, é uma forma de extremismo. A economia moderna é um exemplo disso, principalmente a economia neoliberal, que tem dominado o cenário desde os anos 1980. Na economia neoliberal não há espaço para considerações ecológicas ou sociais. A natureza é vista como um recurso livre para ser explorado sem restrições. Os efeitos sociais são "externalizados", ficando de fora do balanço corporativo. O capital é visto como algo livre para se mover rumo a qualquer lugar, de forma imediata e sem restrições. Os acionistas de empresas privadas são vistos como os regentes supremos, livres para fazerem o que quiserem a fim de maximizar seus lucros em um mundo de "livre comércio", privatização e desregulamentação; a alegação básica é que isso beneficiará a todos. Na prática, como mostram estudos independentes, isso só beneficia os que já são ricos, nos países industrializados e em desenvolvimento, à custa de todas as outras pessoas e do meio ambiente. Em minha opinião, se nosso objetivo fosse levar a civilização global à ruína ecológica, nós não poderíamos ter achado um modo mais eficiente de fazê-lo do que inventar a economia neoliberal.

A falácia do crescimento

Apesar do excessivo consumo global já registrado, cada país tem o objetivo político de maximizar seu crescimento. Essa é uma missão impossível. Se todos os países atingissem o mesmo nível de consumo dos Estados Unidos, a ultrapassagem seria de 360%, o que corresponde à necessidade de quatro planetas adicionais. Evidentemente, a humanidade estaria morta – junto com o ecossistema – muito antes de chegarmos a esse ponto. Como qualquer biólogo irá confirmar, o crescimento sempre termina em colapso ou em um estado estável de "clímax", como uma floresta tropical. À medida que uma civilização cresce, o custo desse crescimento irá sempre aumentar, visto que implementamos primeiro as soluções mais baratas, e depois as mais caras. Em algum momento, os custos marginais irão exceder os benefícios marginais. Foi nesse ponto que muitas civilizações passadas entraram em colapso, segundo o historiador Joseph Tainter.[5]

Muitos economistas alternativos começaram a medir os reais benefícios, para a sociedade, do crescimento econômico, deduzindo do produto interno bruto (PIB) os componentes que não trazem contribuição positiva ao nosso bem-estar, sendo mais parecidos com subprodutos negativos (limpeza da poluição, sequestro de carbono, acidentes rodoviários, custos estourados na área de saúde, etc). No gráfico abaixo, vemos as médias dos Estados Unidos no período de 1950-2002 no que diz respeito ao benefício líquido, chamado aqui de Indicador de Progresso Genuíno.[6]

Repare que os benefícios líquidos obtidos entraram em declínio por volta dos anos 1970. Desde então, o crescimento econômico não tem gerado benefícios líquidos para a sociedade americana. Os autores estimam que, em 2002, o PIB americano superestimou os benefícios reais em 25 mil dólares por pessoa. Um padrão similar foi medido em vários outros países, incluindo Reino Unido, Holanda, Alemanha, Áustria e Suécia. Infelizmente, nossa civilização já pode estar no meio de um colapso.

A OMC e a governança global

A primeira instituição a implementar a economia neoliberal foi a Organização Mundial de Comércio (OMC), que em 1995 substituiu o antigo regime, o

---

5 Tainter, Joseph. *The Collapse of Complex Societies*. Cambridge: Cambridge University Press, 1988.
6 "The Genuine Progress Indicator, 1950-2002 (2004 update)". Disponível em www.redefiningprogress.org/publications.

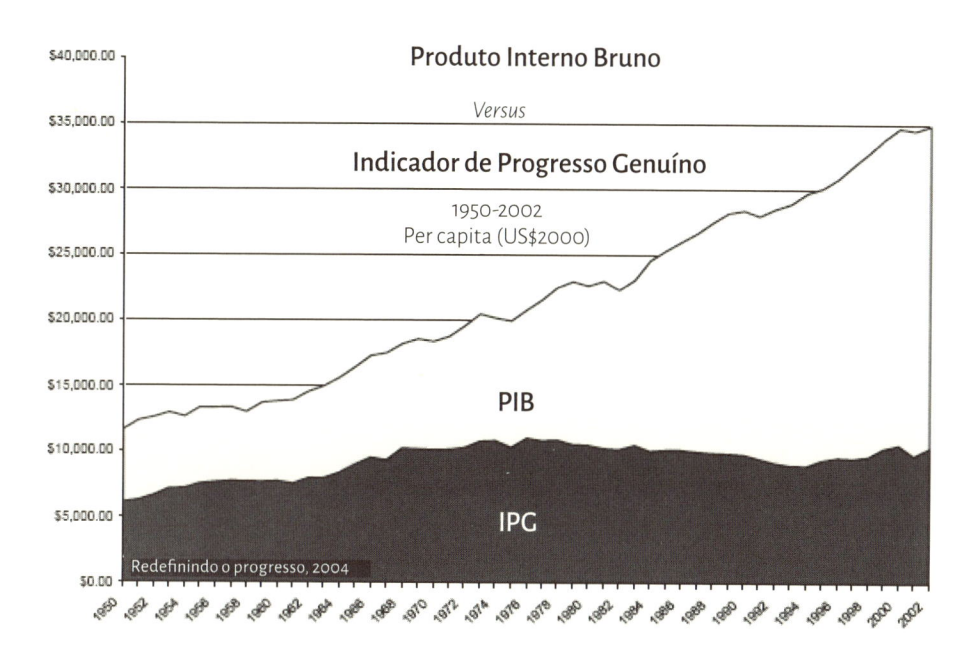

Produto Interno Bruno
Versus
Indicador de Progresso Genuíno
1950-2002
Per capita (US$2000)

PIB

IPG

Redefinindo o progresso, 2004

General Agreement on Tariffs and Trade (GATT), sem nenhuma discussão e a despeito dos protestos dos países em desenvolvimento. A maior diferença foi a implantação de regras vinculativas para resolver conflitos entre nações e o fato de o controle ter saído das mãos dos estados nacionais, passando a ser regido por interesses comerciais estrangeiros. A OMC foi apropriadamente chamada de carta empresarial, escrita por empresas e para empresas. Nela não há lugar para assuntos ecológicos ou sociais e nenhuma democracia, com os países em desenvolvimento no papel de fornecedores de mão de obra e matéria-prima baratas para os países ricos industrializados, que reservam a si mesmos subsídios enormes e proteção às indústrias nacionais. A OMC é o que temos de mais próximo, hoje em dia, de uma instituição de governança global.

O paradigma gaiano

Se formos até a raiz do problema e procurarmos por soluções, precisamos começar descartando a antiga visão mecanicista de mundo – algumas vezes chamada de paradigma newtoniano/cartesiano em homenagem a Isaac

Newton e René Descartes. Precisamos substituí-la por uma que reflita melhor as realidades da vida no planeta. Felizmente, isso vem acontecendo de forma gradual. Uma nova visão de mundo holística, de interconectividade e solidariedade está surgindo. Nós a chamamos de paradigma gaiano, no qual se reconhece a Terra como um organismo vivo, e a humanidade como parte integrante desse organismo, desempenhando um papel muito especial. Uma visão de mundo como essa deve ser bem abrangente. Não podemos mais rejeitar uma minoria da sociedade humana, ou da vida animal e vegetal, assim como não podemos rejeitar uma parte do nosso corpo.

O golpe mortal para a antiga visão de mundo pode ser rastreado até a década de 20, do século passado, quando a teoria da física quântica afirmou que todas as partículas do universo estavam "entrelaçadas" ou interconectadas, desmentindo, assim, a ideia de Descartes de que podemos separar o observador do observado. Desse modo, não podemos separar o homem da natureza, como René Descartes acreditava. Tudo está interconectado de maneiras imprevisíveis. São necessárias muitas décadas para que uma percepção como essa trilhe seu caminho pela sociedade, mas isso está acontecendo pouco a pouco. Em cada campo de atuação, uma minoria de pessoas com visão de futuro fez a mudança. Como serão as coisas quando a sociedade como um todo fizer o mesmo?

Uma sociedade gaiana: cem anos no futuro

Uma sociedade global baseada em uma visão de mundo gaiana seria muito diferente do mundo de hoje. Vamos imaginar como as coisas seriam em um mundo organizado conforme os princípios do paradigma gaiano, digamos, daqui a cem anos.

A economia gaiana

A economia está no centro de várias crises que o mundo enfrenta no começo do século XXI. Quando não levamos em conta os custos ecológicos e sociais, e quando nos permitimos trabalhar com enormes subsídios, distorcemos toda a estrutura de preço e tomamos decisões completamente erradas e potencialmente desastrosas. Além disso, qualquer visão da sociedade baseada na vida reconhece que existem muitos aspectos que estão além da economia de mercado, mesmo levando em conta corretamente o preço ecológico, como por exemplo, o setor informal e as necessidades sociais. Uma sociedade de mercado não é uma solução aceitável. Por outro lado, seres racionais irão defender que a livre atuação de interesses pessoais sempre leva a soluções mais inovadoras e mais eficientes do que aquelas implementadas por qualquer planejamento centralizado.

Assim, na sociedade gaiana, a economia não será capitalista nem socialista, mas "gaiana". Nenhum capitalismo desregulado será encontrado aqui, assim como nenhum regime centralizado ineficiente. As empresas terão grande liberdade para encontrar soluções corretas, mas dentro de uma estrutura de regras estabelecidas que incentivem inovações capazes de proteger o meio ambiente e estabeleçam penalidades para o contrário – como, por exemplo, taxar a emissão de CO_2. Será preciso também uma estrutura similar para as necessidades sociais; por exemplo, uma garantia mínima global das necessidades básicas de cada ser humano, incluindo água limpa, solo e ar, e a participação em uma rede social. Serão feitas exigências legais às empresas como, por exemplo, cumprir com suas responsabilidades sociais e respeitar os interesses de todas as partes interessadas.

Localização

A sociedade gaiana será caracterizada por uma mudança da centralização para a localização, por várias razões. Um dos fatores determinantes será a retração no consumo de energia após o pico de petróleo. O alto preço do petróleo terá grande impacto na agricultura industrial e no transporte, ambos bastante dependentes do petróleo barato. A escalada nos preços dos alimentos e os custos dos transportes, assim como os aspectos relacionados à saúde, resultarão em uma explosão da produção local de comida no mundo todo e na redução das viagens. O aumento da produção local de comida fará surgir algumas empresas secundárias e permitirá o reaparecimento de comunidades locais como a espinha dorsal de cada nação. Isso será incrementado pela descentralização das fontes de energia – em particular da energia solar – e por uma migração das cidades para os campos, com cidadãos procurando uma vida melhor em ecovilas e em outras comunidades locais com bom funcionamento. A democracia local irá florescer com a mudança de poder das instituições centralizadas para regiões e comunidades autônomas.

Vamos agora considerar rapidamente algumas das mais importantes instituições políticas e econômicas que podem se desenvolver em uma sociedade gaiana.

A Liga Gaiana

Minha visão do mundo ideal gaiano incluiria, como peça central, uma organização internacional da qual seriam membros todos os estados soberanos. Vamos chamá-la de Liga Gaiana, uma organização projetada para proteger e promover os interesses de todos os cidadãos do mundo, não como um governo mundial centralizado, mas como uma organização, coordenando algumas atividades de centenas de estados soberanos, que, fora isso, podem conduzir seu país como acharem melhor, ou seja, sem interferência externa, em um mundo de culturas diversas. As áreas em que os estados membros precisam ceder um grau limitado de soberania são duas apenas: sustentabilidade ecológica e respeito aos direitos humanos. Somente dessa forma, respeitando-se a justiça social, a continuação indefinida das espécies será garantida. Para levar a cabo seus objetivos, a Liga Gaiana terá de criar novas instituições, incluindo – mas não se limitando – as seguintes:

O Congresso Gaiano (CG)

Uma nova legislatura internacional, com grande foco na sustentabilidade ecológica, será estabelecida. Vamos chamá-la de Congresso Gaiano, no qual cada estado soberano está representado, e resoluções vinculativas podem ser tomadas por uma maioria qualificada. As resoluções e diretrizes adotadas seriam, por definição, parte do direito internacional a ser aplicado nos estados. Isso pode vir a ser a primeira tentativa de se estabelecer normas formais de direito internacional com consequências econômicas.

Tal iniciativa seria possível pela introdução de um "Protocolo de Sanções Econômicas", por exemplo, que iria se sobrepor não apenas à legislação nacional, mas a qualquer acordo feito por alianças internacionais, inclusive acordos comerciais. Na prática, o Protocolo de Sanções Econômicas significaria que uma nação pode exigir e receber compensação por qualquer perda causada pela não obediência de outro estado. Com certeza, a magnitude e a duração das sanções, assim como as compensações, devem ser razoáveis e adequadas.

A Organização Gaiana de Comércio (OGC)

No regime da OMC, os estados cederam, de fato, uma parte de sua soberania para a instituição, cujos peritos em comércio podem interpretar e impingir as regras em qualquer conflito. Essas regras vinculativas incluem não fazer exigências às corporações, permitir que empresas estrangeiras vendam seus produtos sem revelar como foram produzidos, atribuir o ônus da prova dos riscos sanitários ao consumidor e conceder às empresas estrangeiras o mesmo direito de vantagem dado às empresas nacionais. É preciso que fique claro que essas regras deverão ser revertidas caso os estados soberanos venham a ter um controle real de seu país, inclusive no que se refere às suas economias, à segurança alimentar, ao meio ambiente e aos custos sociais das decisões corporativas.

Na sociedade gaiana, o comércio será organizado de acordo com o paradigma gaiano. Por uma questão de referência, vamos chamar a nova organização de Organização Gaiana de Comércio (OGC). Essa entidade será baseada em um conjunto de princípios que estarão de acordo com a necessidade de uma civilização verdadeiramente sustentável. Os princípios fundamentais da OGC podem ser enunciados de maneira simples, e são basicamente uma inversão de três princípios da OMC/FMI. Efetua-se assim uma espécie de volta às normas seguidas até 1995 pelo regime GATT, que consideramos extremamente bem-sucedido:

- Estados soberanos têm a palavra final nas questões de comércio.
- Controles de capitais devem ser reintegrados nos fluxos de investimentos.
- Países em desenvolvimento voltam a ser discriminados positivamente.

As corporações funcionarão livremente, dentro das regras que protegem o meio ambiente e as estruturas sociais, e essas regras serão estabelecidas pela OGC. O racionamento dos recursos – como, por exemplo, a criação de um limite permitido para a emissão global de CO_2 – e uma melhor atribuição do preço ecológico irá estimular o desenvolvimento de tecnologias de produção bem mais eficientes. Novas tecnologias surgirão baseadas no princípio de aprender com a natureza, produzindo com pouca energia, em temperatura ambiente e sem desperdício. O padrão de reciclagem chegará a aproximadamente 100%, a fim de que não se tire da terra mais do que é reposto.

No regime OGC, não haverá regras vinculativas no que se refere às atividades econômicas, apenas orientações voluntárias. Certamente, acordos bilaterais e multilaterais com outros membros e não membros serão introduzidos pelos integrantes da OGC, e isso pode envolver arbitragem e regras vinculativas em bases individuais, mas nada pode ser imposto ao estado soberano.

O Banco de Desenvolvimento Gaiano

Essa instituição, de propriedade dos membros e financiada pelo conjunto de reservas cambiais, substituiria o Banco Mundial e o FMI. Sua atividade principal seria estabelecer uma rede de bancos sem fins lucrativos nos países em desenvolvimento. Essa rede teria como objetivo fazer investimentos e empréstimos com moeda local a fim de promover o desenvolvimento de estados sustentáveis autossuficientes, que pudessem produzir para suas necessidades básicas com o mínimo de interferência estrangeira.

O Conselho Gaiano

O Conselho Gaiano será composto por alguns indivíduos altamente respeitados, oriundos das principais regiões da Terra. Eles farão o papel de uma instituição de governança global e terão um mandato para agir em nome dos interesses de toda a comunidade global. Sua elegibilidade será determinada pela dedicação junto aos maiores objetivos da humanidade e pelo grau de evolução espiritual. O poder do Conselho Gaiano terá direito de vetar qualquer resolução adotada pelo Congresso Gaiano que não seja considerada de interesse comum. O mandato da assembleia também tem a função de proteger todas as minorias, por menor que sejam, e de mediar conflitos entre regiões ou estados.

O Conselho Gaiano não será um órgão executivo nem uma legislatura, muito menos um tribunal. Sua função será resolver os conflitos entre os estados membros e enunciar os princípios almejados e a orientação geral do desenvolvimento da nossa civilização global, baseando-se em uma ampla consulta. Particularmente, sua tarefa será assegurar um futuro sustentável, respeitando os direitos humanos. Na prática, seus poderes formais seriam usados idealmente, com moderação. A combinação entre seu poder de veto e suas diretrizes, juntamente com as ações do Congresso Gaiano, como as instruções em práticas de sustentabilidade e em direitos humanos, devem fornecer as ferramentas necessárias para guiar a sociedade global.

O Conselho Gaiano não deve ser confundido com um governo mundial. Um governo mundial centralizado seria algo bem diferente e, provavelmente, desastroso, uma vez que levaria somente um grupo específico – forte o bastante para promover seus próprios interesses – à hegemonia. A sociedade gaiana será muito mais descentralizada do que se imagina hoje, com muitos estados nacionais pequenos cooperando, tendo estrutura diversificada, tradições e culturas de natureza semelhante ao da própria organização. Contudo, a proteção centralizada do meio ambiente, os direitos humanos universais e o direito das minorias são questões diferentes e definiriam a função mais importante do Conselho Gaiano.

Como chegaremos até lá?

Seria praticamente impossível que qualquer organização existente ou um grupo de estados poderosos – como o G20, a Organização para a Cooperação e Desenvolvimento Econômico (OCDE) ou as Nações Unidas – assumisse a liderança, para promover uma ordem mundial similar à sociedade gaiana descrita aqui. Além da enorme dificuldade que tantos participantes distintos teriam de chegar a um acordo, uma iniciativa como essa entraria em conflito com os interesses dos estados mais poderosos. Eles se sentem obrigados a defender o status quo, mesmo que isso leve ao pior resultado possível e ao desastre para todos, inclusive para eles mesmos – uma situação conhecida na teoria dos jogos como o "dilema do prisioneiro".

Porém, existe outra possibilidade. Sabemos que, pelo mundo todo, em cada país e em cada estilo de vida existem pessoas que apoiariam uma iniciativa política visionária baseada no paradigma gaiano. Muitas delas são encontradas em milhares de ONGs que trabalham em prol de várias questões específicas. Muitas são encontradas em movimentos que praticam um novo estilo de vida, como a Voluntary Simplicity, a Engaged Spirituality e o Ecovillage Movement. Mas muitas são encontradas nos círculos acadêmicos e no mundo dos negócios, e entre cidadãos comuns, nas ruas, como o Occupy Movement. Elas estão em todo lugar, inclusive nos estados mais poderosos, como os Estados Unidos e a União Europeia. São uma minoria, mas uma minoria grande, e estão crescendo. O sociólogo Paul Ray estima que em torno de 35% da população nos estados ocidentais – os chamados "criativos culturais" – compartilham valores que são bem semelhantes aos da sociedade gaiana.[7] Poderiam essas minorias ser mobilizadas? Talvez.

---

7 Ray, Paul H. e Anderson, Sherry Ruth. *The Cultural Creatives*. Nova York: Harmony Books, 2000.

A estratégia de separação

Minha estratégia recomendada é, em princípio, muito simples. Um pequeno grupo de nações começa uma iniciativa política conjunta. Elas deixam a OMC e anunciam a formação de uma nova organização, a Liga Gaiana, baseada nos princípios do paradigma gaiano. Elas então criam novas instituições como parte da Liga Gaiana, incluindo o Congresso Gaiano, a Organização de Comércio Gaiano, o Banco de Desenvolvimento Gaiano e o Conselho Gaiano – como descritos acima –, introduzindo, pela primeira vez, um sistema formal de direito internacional com consequências significativas para os estados membros. Os precursores devem enfatizar que a Liga Gaiana está planejada para atender às necessidades de uma civilização global baseada na democracia, na sustentabilidade e na justiça, e não somente nos seus interesses próprios. Outros estados serão convidados a aderir quando sentirem que estão prontos.

A iniciativa de separação precisará de muito diálogo e planejamento antes de sua implantação. Existem muitos aspectos a ser considerados, inclusive os riscos de reações negativas vindas do exterior. Nenhum país irá além da fase do diálogo sem uma cuidadosa consideração de todos os aspectos da decisão. Assim, o primeiro passo será um diálogo informal entre um pequeno grupo de nações dispostas a analisar a ideia.

É pura especulação supor de onde poderá vir uma resposta positiva à separação. Isso dependerá das personalidades. Um líder muito carismático e visionário de grande integridade poderá fazer toda a diferença. Alguns dos menores países do norte europeu têm a combinação ideal de alto nível de consciência global e capacidade de arcar com os custos. Mas será que são corajosos o suficiente para dar esse passo? Um país como a Dinamarca, meu lar adotivo, estaria nesse grupo. Contudo, isso é improvável devido à UE. A Dinamarca, assim como a Suécia, a Finlândia e a Holanda teriam de deixar não só a OMC, mas também a UE, a fim de se juntar à Organização Gaiana de Comércio – considerando que a UE impede um país membro de usar tarifas para proteger o meio ambiente e outros interesses nacionais. Na fase atual, esse é provavelmente um passo muito grande para esses países. Entretanto, a Noruega e a Islândia são possibilidades interessantes. A Islândia tem o objetivo declarado de ser o primeiro país completamente independente de petróleo (graças a fontes de energia geotérmicas) e está trabalhando conscientemente para desenvolver um perfil mais "verde".

Em outras partes do mundo, países como Costa Rica (sem exército) e Butão (que maximiza a felicidade nacional bruta) mostraram que compartilham de muitos valores do paradigma gaiano. Na África, o governo do Senegal foi o primeiro a apoiar o Movimento Ecovila. No Sri Lanka, o Buddhist Sarvodaya Movement conecta 15 mil vilas em um movimento que compartilha muitos valores do paradigma gaiano. Na América do Sul, 33 estados recentemente formaram uma aliança regional, a Comunidade dos Estados Latino-Americanos e Caribenhos (CELAC), que possui objetivos similares, em muitos aspectos, aos da OGC.

Se a iniciativa for corretamente lançada, receberá o apoio dos criativos culturais do mundo. Na verdade, o apoio popular é definitivo para o sucesso. Nas manifestações de rua, cidadãos de estados não membros insistirão em um referendo na questão de unir-se à Liga Gaiana, mesmo em oposição aos seus líderes eleitos. Com o passar do tempo, conforme as falhas do antigo paradigma ficarem cada vez mais óbvias, outras nações irão aderir. Elas irão contribuir com esse novo ponto de vista e ajudar a mover o mundo em direção a uma sociedade global verdadeiramente justa e sustentável.

Ross Jackson, PhD, nasceu no Canadá, mas viveu a maior parte da sua vida adulta na Dinamarca. Sua formação inclui Engenharia Física, Gestão de Negócios e Economia. Por muitos anos, foi consultor em tecnologia da informação com sua própria empresa, especializando-se, mais tarde, em finanças internacionais e em mercado cambial. Ele é fundador e presidente d o Gaia Trust (criado em 1987), uma associação beneficente dinamarquesa que tem sido o principal apoio financeiro da rede de ecovilas globais e do Gaia Education, assim como de centenas de outros projetos mundiais de sustentabilidade ecológica. Seus livros incluem *And We Are Doing It: Building an Ecovillage Future*; *Kali Yuga Odyssey: A Spiritual Journey*; *Shaker of the Speare: the Francis Bacon Story*; seu título mais recente é *Occupy World Street: A Global Roadmap for Radical Economic and Political Reform*. Seu site é www.ross-jackson.com

> May East explica por que a restauração do princípio feminino da criação, em uma relação complementar com o masculino, é um aspecto importante da evolução, e como isso revela uma nova mitologia do universo.

A origem dual do universo

May East

INCRÍVEL, MISTERIOSO, INSPIRADOR. Há tantas estrelas na Via Láctea quanto há maneiras de descrever o universo ilimitado onde nosso mundo reside, a matriz do Grande Mistério.

O universo que se auto-origina, que se cria continuamente, uma totalidade não local e indivisível. O universo, a soma de todos os estados de consciência e atividades, oculto pelas barreiras do espaço e do tempo, sempre existiu, desconhecido e inexplorado, para além do nosso alcance.

Agora, finalmente, essas barreiras cósmicas começaram a se dissipar, e conseguimos ter os primeiros vislumbres daqueles domínios antes secretos. E o que vimos nos deixou perplexos... A primeira compreensão vaga do universo, tão bizarra e desconcertante, desafia as próprias noções de matéria e energia. Desafia o próprio cerne de nossas visões de mundo, de nossos sistemas de crenças e também de nossa racionalidade.

Os melhores cosmólogos de nossa época acreditam que o universo começou com uma grande explosão, entre 10 e 20 bilhões de anos atrás, quando uma massa primordial explodiu em um holocausto titânico. Essa bola de fogo esfriou gradualmente, à medida que se expandia. Nuvens gigantes de gases em turbilhão deram origem a corpos celestes. Galáxias inteiras ganharam forma. Esse mundo do *big bang*, também conhecido como o grande nascimento, pode se expandir eternamente. E de dentro dessa expiração da força Vital, dois grandes fluxos de energia viva se manifestaram, animando, desde então, toda Vida, visível ou não.

Essas duas correntes cósmicas são chamadas, por mestres espirituais, visionários e intuitivos de todas as épocas, de A Origem Dual do Universo – os princípios feminino e masculino da criação. Essas correntes, conhecidas como yin e yang pelos chineses e identificadas como onda e partícula, férmion e bóson por nossos físicos contemporâneos, permeiam o próprio tecido do universo.

Nossa geração está enxergando, aos poucos, a majestosa lei cósmica da equivalência, a lei da Origem Dual, como o fundamento da existência. A predominância de uma origem sobre a outra criou destruição e desequilíbrio, observados agora em toda parte. O sábio Vivekananda afirmou: "O pássaro do espírito só pode voar com duas asas". Já a sábia Helena Roerich disse: "Como podemos priorizar uma energia em detrimento de outra quando a tensão flamejante só pode acontecer quando há uma fusão? O reconhecimento das duas origens é a base do cosmos".

Desde tempos imemoriais, a existência e o mito da Mãe do Mundo têm nos contado a história da humanidade. O mito, a porta secreta, a passagem misteriosa pela qual as energias do cosmos lançam-se à expressão cultural humana. "Sua mão estabelece um laço indestrutível." Ao longo de todas as civilizações, o princípio feminino da criação assumiu múltiplas feições.

Os antigos diriam: a Montanha da Mãe se estende da Terra aos Céus, revelando a unidade de tudo o que existe. Parece que as primeiras imagens de poder divino da humanidade eram de grandes deusas mães com quadris largos, ventres férteis e seios fartos. Essas representações estavam focadas no drama do nascimento, da nutrição e da fertilidade. A história da grande deusa primordial é contada nas cavernas paleolíticas antigas, o lugar mais sagrado, o santuário, o útero e a fonte do poder regenerativo da Grande Mãe.

Na Europa, as primeiras imagens apareceram ao longo de vastas extensões de terra, indo dos Pireneus até o Lago Baikal, na Sibéria, dando a entender que havia uma continuidade na estrutura religiosa da região que hoje compreende um território que vai da França até a Rússia. Descobertas recentes na Bacia Amazônica mostraram que toda a região abrigou uma sociedade numerosa e sofisticada que venerava o divino feminino, na qual as mulheres eram líderes, e o mundo interconectado era vivido como um fluxo constante.

A Deusa Mãe, no Neolítico, aparece em uma imagem que, de forma mais óbvia do que antes, inspira uma percepção do universo como uma totalidade orgânica, viva e sagrada, na qual a humanidade, a Terra e todas as criaturas terrestres participam como Seus filhos. Assim como a Grande Mãe, ela preside toda criação como a deusa da vida, da morte e da regeneração, possuindo dentro de si a vida das plantas, assim como a dos animais e dos seres humanos. A Mãe Divina, em toda a sua manifestação, era o símbolo da unidade de toda a vida na Natureza. Seu poder estava na água e na pedra, na tumba e na caverna, nos animais e nos pássaros, nas cobras e nos peixes, nas montanhas, nas árvores, nas flores e nos grãos.

Na Idade do Bronze, a Mãe Divina foi a base dos cultos a Inanna, da Suméria; a Cibele, de Anatólia; a Astarte, de Canaã; e a Atena, de Creta. O divino Feminino foi manifestado através do panteão de Deusas Gregas e Indianas: Aditi, Parvati, Durga, Saraswati e Kali. Ela foi venerada como Tara, Tian Hou, Fuji, Hu Tu, Yu Nu e Kwan Yin, no Oriente. Na tradição guarani brasileira, foi conhecida como Aracy, a mãe do dia. A manifestação mais elevada do Princípio Feminino foi chamada de vários nomes, entre eles: Mãe do Mundo, Mãe do Universo, Ishtar e Sophia. Também foi conhecida como Amaterasu, a Mulher vestida com o Sol. Ísis foi a deusa mais importante do Egito e foi venerada por mais de 3 mil anos, até o século II d.C., quando seu culto e muitas de suas imagens passaram diretamente para a forma de Maria. Maria é a Deusa Mãe não reconhecida da tradição cristã. Entre os gnósticos cristãos, ela era conhecida como Espírito Santo, uma parte da Trindade Divina – enquanto o cristianismo eclesiástico considerava a Santíssima Trindade inteiramente masculina.

A teia de espaço e tempo que a Deusa Mãe um dia teceu de seu ventre eterno – desde as imagens das deusas do Neolítico, enterradas com fusaiolas, passando pelas fiandeiras do destino gregas, até Maria – tornou-se a teia cósmica na qual toda vida estava relacionada. A bandeira da paz, nas mãos de Madonna Oriflama, sugere o encontro do passado, do presente e do futuro dentro do anel da eternidade sustentado pelo divino feminino.

Representação étnico-tribal pré-histórica de sacerdote.
© Artemiy Bogdanoff/Shutterstock

Muitas das deusas mães nasceram do mar, desde a Nammu suméria, a Ísis egípcia e a Afrodite grega até Maria (cujo nome em latim significa mar). Agora, essa imagem voltou à imaginação como o "oceano de energia" da ordem implícita apontado pela Nova Física (veja a página 25).

Então onde, atualmente, conseguimos encontrar o mito do Feminino Eterno? Se recorrermos às descobertas das novas ciências, ele aparecerá para nós de forma surpreendente, como se as deusas antigas estivessem ressurgindo em uma nova configuração, não como uma imagem personalizada de uma divindade feminina, mas como o que essa imagem representa: uma visão da vida como uma totalidade interconectada, na qual toda vida participa em uma relação mútua e todos os participantes estão dinamicamente vivos.

Descobrindo o princípio feminino interior

O conto que mais profundamente influenciou minha vida veio da minha trisavó, que era uma mulher guarani livre. Ela vivia em grande intimidade com as florestas subtropicais do Brasil até o dia em que meu trisavô, um europeu da Península Ibérica, a enlaçou. Ela foi desenraizada e recebeu um nome cristão, Maria.

Era muito desconfortável ouvir os mais velhos da minha família compartilharem essa história em meio a risadas e piadas. À medida que fui crescendo, aprendi que podia me identificar e tirar proveito de ambas as linhagens: o opressor e o oprimido, o aventureiro e o prisioneiro. Mesmo assim, meu impulso evolutivo me convidou a ir além dos papéis polarizados e a usar meu sangue mestiço como um dom para estreitar os laços entre os mundos, incentivando minha busca pelo Princípio Feminino da Criação.

Comecei essa busca a partir do início dos tempos, e percorri as Eras, encontrando algumas mulheres pioneiras em suas respectivas épocas. Elas não foram consideradas assim por causa de suas conquistas pessoais, mas pelo efeito que seus esforços tiveram sobre a vida de muitas outras pessoas. De ousados feitos de bravura até os caminhos de um coração cheio de compaixão, de um estado de lucidez até atos inesperados de beleza e inclusão, elas promoveram o progresso da feminilidade no mundo, sendo catalisadoras da mudança. São o que chamo de pérolas no colar da Mãe do Mundo.

Helena Blavatsky: "O conhecimento cresce na mesma proporção de seu uso; ou seja, quanto mais ensinamos, mais aprendemos".

Eleanor Roosevelt: "Não é justo exigir dos outros aquilo que você mesmo não está disposto a fazer".

Alice Bailey: "Se você está inspirado, é obrigado a inspirar os outros. Caso contrário, você irá inchar e explodir".

Susan Anthony: "Ainda virá o dia em que o homem reconhecerá a mulher como sua companheira, não apenas em frente à lareira, mas nos conselhos da nação. Então, e somente então, haverá uma perfeita camaradagem, a união ideal entre os sexos, algo que deverá resultar no desenvolvimento mais elevado da raça".

Madre Teresa: "Não podemos fazer grandes coisas, só coisas pequenas com grande amor".

Marie Curie: "Você não pode ter a esperança de construir um mundo melhor sem aperfeiçoar os indivíduos. Para isso, cada um de nós deve trabalhar em seu próprio aperfeiçoamento e, ao mesmo tempo, partilhar uma responsabilidade geral com toda a humanidade, tendo como dever ajudar aqueles para os quais achamos que podemos ser mais úteis".

Margaret Mead: "Estamos vivendo além de nossas capacidades. Como pessoas, desenvolvemos um estilo de vida que suga os recursos inestimáveis e insubstituíveis da Terra, sem nos importarmos com o futuro de nossos filhos e das pessoas ao redor do mundo".

Inspirada por essas mulheres e por muitas outras, deparei-me com o ecofeminismo na década de 1990, um movimento social que surgiu a partir da liberação feminina e de movimentos políticos e ambientalistas que apareceram simultaneamente na década de 1960 e continuaram a influenciar as décadas posteriores. A palavra ecofeminismo foi usada pela primeira vez em 1974 pela escritora francesa Françoise D'Eaubonne, em seu livro *Le Féminisme ou la Mort*. Nele ela discorre sobre o potencial que as mulheres têm de gerar uma revolução ecológica. A tese fundamental do ecofeminismo é a de que a dominação e a destruição da natureza, assim como a opressão às mulheres, originam-se da mesma causa principal, da mesma visão de mundo.

O ecofeminismo requer o fim de todas as opressões, alegando que nenhuma tentativa de liberação das mulheres, ou de qualquer outro grupo oprimido, será bem-sucedida sem uma tentativa equivalente de liberar a natureza. A ação ecofeminista surgiu ao mesmo tempo no Hemisfério Sul e no Hemisfério Norte. Porém, apenas de uns tempos para cá, as mulheres dos dois hemisférios se uniram, e os movimentos globais feministas e ambientalistas se tornaram uma grande força para a mudança nos níveis local, regional e internacional.

Um exemplo é o movimento amazonense denominado Movimento Fraterno das Mulheres Lutadoras de Anapu. Desde 1995, ele tenta reverter alguns dos efeitos nocivos do desenvolvimento em Anapu, um município da Amazônia. Seus focos principais são as abordagens da sustentabilidade ambiental e as questões de igualdade entre os gêneros.

As mulheres de Anapu arrecadaram fundos internacionalmente e, com as doações recebidas, estão recuperando áreas agrícolas degradadas através da reintrodução de espécies de plantas nativas e da recuperação da biodiversidade. Elas envolvem tanto as mulheres quanto os homens em seus esforços para conservar sua terra, o que, por sua vez, ajuda a prevenir mais migrações e destruição florestal. Até agora, o trabalho resultou no aumento acentuado do conhecimento e da compreensão, entre os produtores, de que a degradação de áreas florestais leva a um empobrecimento maior. Elas são guardiãs ferozes da diversidade genética da floresta.

Este momento da História suscita o que há de melhor e mais forte dentro de cada um de nós. O grande deslocamento de sociedades com crescimento industrial insustentável para comunidades sustentáveis, e a rebelião contra a marginalidade social, econômica e intelectual das mulheres no Hemisfério Sul estão ocorrendo com a força das cheias da primavera, irrompendo das pedras e do solo em diferentes lugares e em uma enorme variedade de cursos.

Com a restauração do feminino em uma relação complementar com o masculino, surge uma nova mitologia do universo, caracterizada por uma totalidade viva e harmônica. Desse modo, o Cosmos existe na grandeza da Origem Dual. Estamos restabelecendo o senso de deslumbramento e admiração à medida que expandimos e aprofundamos nosso conhecimento a respeito do universo – que se torna novamente sagrado e luminoso. O universo e sua estrutura de ondas e partículas. O universo, a morada elevada dos princípios feminino e masculino da criação.

Extraído das palestras inspiradoras de May East na Winter School of Ecofeminism.

MAY EAST é brasileira e ativista da mudança social. Passou os últimos trinta anos trabalhando internacionalmente com música, povos indígenas, mulheres e movimentos antinucleares, ambientalistas, de ecovilas e de transição. Ela é diretora do programa do Gaia Education e lidera uma geração inteira de designers e educadores da sustentabilidade, que oferecem cursos em trinta países, nos mais diversos estágios de desenvolvimento, tanto em contextos rurais quanto urbanos.

> Hildur Jackson descreve os valores de uma nova visão de mundo e as consequências globais que podem provocar. Esses valores são intrínsecos ao movimento das ecovilas.

Viver a nova visão de mundo: justiça global e salvando 3 bilhões de anos de evolução

Hildur Jackson

DURANTE O PROGRAMA DAS NAÇÕES UNIDAS para os Assentamentos Humanos (ONU-Habitat) realizado em Istambul, em 1996, entrevistei, para um filme sobre sua vida, o dr. Rashmi Mayur, do International Institute for Sustainable Future, localizado em Mumbai, na Índia. Eu e Ross já o havíamos encontrado no Social Summit, que ocorreu em Copenhague, em 1995, e desenvolvido com ele, a partir daí, uma estreita amizade e cooperação mútua. Víamos nossa relação com Rashmi como uma garantia e uma referência de que nosso pensamento era realmente global. Ele participou da fundação da Global Ecovillage Network (GEN). Permanecemos em contato próximo com ele até sua morte, em 2004.

Perguntei a Rashmi qual era o propósito de sua vida. Ele respondeu, imediatamente, em seu estilo franco característico, como se a resposta estivesse desde sempre em sua mente: "Número 1: quero ajudar os pobres do Sul Global a criar justiça global. Número 2: realmente quero saber: Por que estamos aqui? Quem somos? Qual é o propósito? Número 3: mais do que tudo, quero salvar 3 bilhões de anos de evolução da Terra". Essas afirmações ficaram ressoando em mim desde então. Vou adotar suas observações como ponto de partida para dois artigos: este aqui, *Viver a nova visão de mundo* (visão de mundo externo) e *Quem sou eu?* (visão de mundo interno), no Módulo 2 deste livro. Acredito que Rashmi tinha uma forma direta e clara de definir a essência do que seria viver a nova visão de mundo em diversos níveis.

A necessidade de justiça global

A nova visão de mundo ensina que somos todos uma humanidade indivisível. Estamos interconectados. Não podemos ferir os outros ou a natureza sem nos ferirmos. Em muitas tradições ao redor do mundo, líderes espirituais proclamam essas verdades eternas. No entanto, parece que relativamente poucos de nós adotam, na prática, esses ensinamentos elevados como uma nova visão de mundo, mesmo quando acreditamos neles, ou fingimos acreditar.

O que a Unidade da humanidade significa na prática? Significa que todas as pessoas, em qualquer lugar do mundo, têm os mesmos direitos a uma vida satisfatória como a que tenho, mesmo não sendo elas provenientes do Norte/Ocidente privilegiado, de onde venho. Significa que as disparidades atuais – com o Norte Global usufruindo de mais recursos, energia e riquezas materiais do que deveria – são, não apenas injustas com o Sul Global, mas também prejudiciais a todos nós. Se todos vivêssemos como se vive no Norte, a humanidade precisaria de cinco planetas! Isso também quer dizer que o sistema econômico que impede o desenvolvimento dos países no Sul deve ser alterado.

O Sul Global, de forma legítima, se sente frustrado e com raiva do Norte, que resiste à criação de justiça social. Muitos, em especial os mais novos, estão sofrendo por causa do desemprego em massa, da degradação do meio ambiente, da desesperança, da falta de uma crença no futuro e de doenças contagiosas. Se não ajudarmos a criar justiça verdadeira, veremos as consequências chegarem muito perto de nós: refugiados, migração, drogas, doenças, guerras, desastres naturais, boicotes e colapso.

Antes de mais nada, precisamos enxergar cada pessoa como um ser humano, e não como um muçulmano, um judeu, um hindu, uma pessoa pobre ou uma pessoa doente. Precisamos contemplar cada indivíduo como um ser divino. Na Índia, quando recebemos visitas ou casamos, uma grinalda de flores, colocada ao redor do pescoço, tem o seguinte significado: eu adoro o divino em você. Essa é uma atitude correta. Se *realmente* adotarmos essa atitude de respeito profundo, virá, com isso, uma vontade natural de renunciar a certos direitos adquiridos e ao consumo material excessivo. Isso implicaria uma redução voluntária da "pegada ecológica" em 80%, por parte do Norte, e, dessa forma, o Sul poderia utilizar sua cota adequadamente.

Esse processo é difícil, já que requer uma revolução na economia mundial, mudanças nos sistemas políticos de muitos países, uma nova consciência de dimensões inigualáveis e um vasto programa educacional em prol da sustentabilidade. Há de se reconhecer que não se trata de uma tarefa pequena, mas ela não é inviável; estamos falando aqui de escolhas humanas e não de forças externas inevitáveis. Uma forma de se promover os direitos igualitários para todos os cidadãos do planeta, como a chanceler alemã Angela Markel sugeriu em 2006, seria adotar direitos iguais para todos com relação à mesma quantidade de emissão de CO_2. Há outras razões para o desequilíbrio global, que se baseiam em padrões culturais e religiosos, e estão além de nossa influência. O que podemos fazer é nos responsabilizarmos pela nossa própria parte.

David Korten apresentou uma excelente análise em seu livro *A grande virada: do império global à comunidade da Terra*. Império é a atitude de dominação, enquanto a atitude da comunidade da Terra é de parceria e cooperação. David Korten identifica os sistemas econômicos neoliberais e a OMC como os principais responsáveis pela desigualdade crescente ao redor do mundo. Essas questões são discutidas mais detalhadamente no livro *Ocuppy World Street*, de Ross Jackson, e no livro desta coleção, *Economia de Gaia*.

Muita coisa tem acontecido, em nível global, desde que se reconheceu amplamente a existência de mudanças climáticas e do pico do petróleo. O filme *Uma verdade inconveniente*, de Al Gore, e as mais de mil palestras que ele deu ao redor do mundo têm convencido muita gente. A eleição de Barack Obama para a presidência dos Estados Unidos deu uma nova esperança, mas por pouco tempo. Líderes globais não chegaram a um acordo com relação a qualquer redução séria dos níveis de CO_2 nas COP 15, 16 e 17 (refiro-me às Conferências das Nações Unidas sobre Mudanças Climáticas). Crises financeiras estão arrasando muitos países, sem nenhuma solução à vista. Não é de se surpreender que as pessoas comuns estejam indo para as ruas com o Occupy Movement.

Salvando 3 bilhões de anos de evolução

Trinta anos depois da introdução da hipótese de Gaia, James Lovelock nos alertou que Ela está perdendo sua capacidade de restaurar ecossistemas e que a própria evolução corre perigo. A extinção de muitos de nossos animais e plantas pode ocorrer se a temperatura global subir em quatro graus. Também existe a possibilidade de que, se morrermos, Gaia, nosso planeta vivo, também morrerá. É como se estivéssemos em uma embarcação muito próxima às cachoeiras do Niágara, cujo motor não funcionasse. Nem o mercado livre, nem a globalização, nem o movimento sustentável é suficiente para executar as mudanças radicais necessárias, de acordo com Lovelock. Ele propõe que a energia nuclear seja uma solução, em curto prazo, para reduzir o CO_2 atmosférico.

Quando Lovelock argumenta que o movimento de sustentabilidade não é suficiente, eu tenho de concordar com ele. Ele não está, no entanto, ciente da possibilidade das ecovilas como uma solução. Nem mesmo do conceito de Comunidade da Terra, que é muito mais radical enquanto movimento social do que o movimento de sustentabilidade que descreve. Tampouco Lovelock tem uma perspectiva espiritual. A transformação da consciência pode mudar os objetivos da humanidade materialista rumo ao desejo de uma vida simples. Precisamos levar isso a sério. Salvar Gaia é nossa responsabilidade prioritária. Para muitos, a energia nuclear deixou de ser atraente após o tsunami e os terremotos japoneses em 2011. O próximo passo é a compreensão de que as mudanças precisam ocorrer em um nível muito fundamental. Precisamos ir até o fundo.

No livro, *O Sonho da Terra*, Thomas Berry nos oferece a abordagem necessária para executar essas mudanças. Essa abordagem é relevante para todas as religiões e para todas as histórias de criação ao redor do planeta (veja páginas 83-89). A história do universo está nos ensinando o papel de Gaia, assim como a narrativa e a linguagem necessárias para pensar, com novas formas, sobre ela e sobre nós mesmos. "Precisamos nos reinventar como seres humanos", escreve ele. Ecovilas se encaixam muito bem nessa história. É possível levar uma vida simples e local com uma abundância sustentável, não usando mais do que a nossa cota de CO_2 permitida. E assim poderemos vivenciar uma visão de mundo de Unidade.

O segundo argumento de Berry é igualmente importante: "Não somos uma coleção de objetos, mas uma comunhão de sujeitos". Por muito tempo, políticos e corporações trataram pessoas como objetos que deveriam apenas aceitar a vida como ela era, inclusive um sistema financeiro que ignora o bem-estar dos "99%", termo cunhado pelo Occupy Movement. No entanto, as pessoas estão acordando para a realidade, em todos os cantos do planeta, como ficou claro com a Primavera Árabe, em 2011. Queremos ser sujeitos, não objetos, criando a vida que desejamos.

Elisabet Sahtouris, bióloga evolucionista, tem fornecido linguagem e conhecimento que nos permite entender que somos parte de um Planeta Vivo, e que a cooperação é mais importante que a competição (veja páginas 39-47). Ela explica como podemos nos tornar cocriadores da evolução e redefinir a ciência, não como a ciência da morte, mas da vida, no Planeta Vivo. Todas as suas percepções, materiais e livros estão disponíveis, de graça, na internet (visite www.sahtouris.com).

No que diz respeito à preservação dos 3 bilhões de anos de evolução, minha resposta imediata às preocupações de Rashmi é viver essa nova percepção no movimento das ecovilas. Esse movimento, quando visto como um todo, oferece exemplos práticos e inspiradores de vida sustentável e esperança para o mundo.

A necessidade de mudança conduzida pelas bases está implícita. Precisamos de um movimento social global sem precedentes, como o Fórum Social Mundial de 2011, somado ao Occupy Movement, para nos deslocarmos de uma Era do Excesso para uma Era da Moderação. Muitas comunidades já tomaram a liderança. Assim como as ecovilas e a Democracia da Terra são soluções democráticas, com bases populares, o conceito do Transition Movement está ganhando força ao redor do mundo. Conseguiremos rapidamente transformar nossa consciência e nosso padrão de habitação em uma forma de viver sustentável e, dessa maneira, reduzir o consumo de energia em uma escala substancial? Eu acredito que sim. Isso não seria mais difícil do que construir usinas nucleares por todo o planeta e depois ter de lidar com o armazenamento e os riscos de segurança sem precedentes provenientes dessa indústria.

A mudança global da consciência

A necessidade de mudança interna e externa vem sendo amplamente considerada. Terapias e trabalhos contemplativos têm prosperado nos últimos trinta a quarenta anos e mudado, aos poucos, as atitudes das pessoas. O número de "criativos culturais" representa 30% da população nos Estados Unidos e na Europa. Professores orientais têm trazido, por mais de cem anos, a sabedoria milenar para o Ocidente. Cientistas e praticantes espirituais estão se encontrando em meios organizacionais práticos.

Ken Wilber ofereceu uma prática integral para muitas pessoas e criou institutos de pesquisa em todas as áreas de conhecimento nos Estados Unidos, influenciando tanto os que buscam uma religião quanto os cientistas. O Instituto Naropa criou uma universidade baseada nos valores espirituais budistas. O Living Routes tem levado estudantes dos Estados Unidos a ecovilas em todos os continentes para aprender com elas. A Global Peace Initiative of Women organiza encontros de líderes religiosos por todo o planeta a fim de que estes possam começar a colaborar entre si. Andrew Harvey está criando o Grace Groups, conectando pessoas ao redor do mundo, que abrem seu coração e definem, juntas, como podem agir coletivamente.

Recentemente, algumas universidades online surgiram com o mesmo objetivo de unir ciência e espiritualidade e de se espalhar pelo mundo. A Wisdom University foi criada por Jim Garrison como uma forma de espalhar o conhecimento resultante dos encontros chamados State of the World Forum, nos anos 1990. O Balaton Group, da Hungria, criou a Giordano Bruno University (Bruno foi queimado na fogueira em 1600 por querer criar uma religião do amor), com a intenção de levar educação barata para o mundo todo, via internet, tendo Erwin Lasslo como líder da iniciativa. O Gaia Education e a Gaia University são outros exemplos de iniciativas globais.

Ecovilas como uma solução global justa

Fundada em 1995, a GEN queria facilitar a transformação das comunidades e sociedades sustentáveis, ao reconhecer a necessidade de começar colocando a própria casa em ordem. Esse é um início modesto para a construção de uma base justa, com vistas à cooperação entre todas as pessoas. Por 15 anos, a GEN vem construindo redes ao redor do mundo, publicando livros e reunindo experiências para que o conhecimento sobre estilos de vida sustentáveis se torne mais disponível para o mundo e possa ser mais facilmente explorado. Em 2005, um novo programa de educação, o Gaia Education, foi lançado para transmitir o conhecimento prático adquirido no movimento das ecovilas.

Na minha opinião, a ideia das ecovilas é uma forma de combinar os dois objetivos expressos por Rashmi: a visão de mundo interna e a visão de mundo externa. O conceito de ecovila nos oferece uma visão global, possível para todos, e pode criar uma sociedade justa e sustentável, caso o sistema econômico e os políticos apoiem esse modelo. Podemos aprender a viver dentro de nossos limites, em um único planeta, em vez de cinco, se todos adotarem esse estilo de vida. Podemos reduzir a pegada do Norte Global em 80% e permitir que o Sul "se desenvolva". Seria uma vida simples, mas com qualidade superior.

Em muitos lugares, o Sul Global aceitou imediatamente a ideia da ecovila, porque ela pode ser erguida em estruturas de vilas já existentes e está baseada em tradições espirituais. As ecovilas da GEN localizadas no Norte aprenderam muito com os movimentos de espiritualidade engajados do Sri Lanka, de Ladakh, da África e da Ásia. Satish Kumar descreve, em seu brilhante artigo "O Imperativo Espiritual" (veja páginas 269-283), o que é uma vida espiritual e a simplicidade em si como um objetivo.

O livro de David Korten, *A Grande Virada: do Império Global à Comunidade da Terra*, criou um contexto geral propício para a ação. Ele defende o conceito de Comunidade da Terra como solução global. Vandana Shiva fala da Democracia da Terra. O advogado internacional Polly Higgins está fazendo campanha para os Direitos Planetários da Terra. Ecovilas já são Comunidades da Terra. Elas são a expressão plena de escolhas conscientes sobre como queremos viver em parceria e em comunidade com nossos semelhantes, com as plantas e os animais.

Ecovilas são soluções sistêmicas para a escassez mundial de energia e a necessidade de uma vida mais simples. É possível reduzir a necessidade de transporte, assim como a de múltiplos espaços aquecidos. Análises de pegada de carbono demonstram que a pegada de pessoas que vivem em ecovilas é menor em mais de 40% do que a média nacional do Reino Unido.

Ecovilas geralmente funcionam como projetos de restauração da Terra. Elas apreciam a diversidade e mantêm áreas para a fauna e a flora selvagens, e para os santuários da natureza. Quando grupos de pessoas vivem na terra e tomam decisões conjuntas pela terra, elas a escutam, a respeitam e a honram. Interesses empresariais são mantidos em equilíbrio com a preservação da biodiversidade e com os recursos naturais. As economias locais são reinventadas. As ecovilas e o conceito de Comunidade da Terra são compatíveis com os humanos, que se tornam cocriadores da evolução e, dessa forma, são capazes de salvar e dar continuidade a 3 bilhões de anos de evolução.

A humanidade vai começar a construir um futuro de ecovilas? Vai depender de nossas percepções espirituais, da mídia, dos políticos e das ameaças que os desastres naturais representam. Rashmi acredita firmemente nas ecovilas e na Comunidade da Terra. Ele não está sozinho.

HILDUR JACKSON nasceu em 1942 e estudou Direito e Sociologia Cultural, Design de Permacultura e Desenvolvimento Espiritual. Ela é há muito tempo ativista de base e iniciou, em parceria com seu marido, Ross Jackson, com quem está casada há 45 anos, uma das primeiras *cohousings* dinamarquesas, em 1972. Ela é cofundadora do Gaia Trust, iniciado na Dinamarca, em 1987, da GEN, fundada em 1996, e do Gaia Education, fundado em 2004. Mora na fazenda Duenosegard, tem três filhos adultos e está

prestes a ganhar o sétimo neto. Ela editou *Ecovillage Living: Restoring the Earth and Her People* (Green Books, Reino Unido, setembro de 2002), com Karen Svensson, e *Creating Harmony: Conflict Resolution in Community* (Permanent Publications, Reino Unido, 2000), que mostram como pessoas em comunidades ao redor do mundo têm criado formas de conviver de maneira pacífica.
Visite www.gaia.org

> Uma meditação que explora como, dentro do coração humano, podemos descobrir que a vastidão do cosmos e o grande milagre da vida se encontram em nosso verdadeiro Self.

Meditação guiada: o ser humano como uma galáxia em miniatura

William Keepin, PhD

Esta meditação se inicia com uma passagem de uma das escrituras atemporais da Índia, o *Chandogya Upanishad*:

> No centro do seu coração, não maior do que o seu polegar, há uma moradia secreta, o lótus do coração. Dentro dele, há um espaço no qual se encontra a satisfação de todos os desejos. O espaço no lótus é tão majestoso quanto o espaço infinito que vai muito além dele. O céu e a terra estão contidos no espaço interno, assim como o fogo e o ar, o sol e a lua, o relâmpago e as estrelas. Independentemente de estarmos ou não conscientes de sua existência neste mundo, tudo está contido nesse espaço interno.
>
> Nunca tenha medo de que a velhice invada esse espaço; nunca tenha medo de que este tesouro interno de toda realidade murche ou decaia. Ele não conhece a velhice quando o corpo envelhece, não conhece a morte quando o corpo morre. Este é seu verdadeiro Self, livre da velhice, da morte e do sofrimento, da fome e da sede. Neste Self, todos os desejos são satisfeitos.

Imagine esse espaço, do tamanho do polegar, em seu coração. Coloque sua atenção ali e direcione toda sua consciência para este centro. Agora, imagine que esse espaço em seu coração é um portal para o infinito, para o vasto e distante cosmos, como diz o *Upanishad*... Ao se voltar para o seu interior, imagine o céu noturno, com suas bilhões de galáxias... Cada uma com 1 bilhão de estrelas. Ao mirar o céu noturno, olhando de um horizonte a outro, veja a vasta expansão do universo. Estrelas brilham ao longe, cada uma emanando raios de luz, ou fótons, em direção aos seus olhos. Esses fótons, alcançando seus olhos, vêm de diferentes estrelas, algumas delas a milhões de anos-luz de distância das outras. Então, as vastas distâncias do universo são reproduzidas, em miniatura, diretamente em seu globo ocular. E não apenas essa imensa expansão espacial, mas também a longa história temporal do universo é replicada no pequeno espaço dentro do seu olho. O que você vê quando olha o céu noturno não é o universo como ele é agora, mas como era nos tempos longínquos, quando esses fótons foram criados.

Considere o tempo de vida de um desses fótons chegando ao seu olhar, vindo de uma supernova a 70 milhões de anos-luz de distância. Aquele pequeno fóton nasceu há 70 milhões de anos. Em seu nascimento, começou imediatamente a percorrer o espaço a 300 mil quilômetros por segundo, velocidade suficiente para completar sete ciclos em volta da linha do Equador terrestre em menos de um segundo. A essa velocidade alucinante, esse pequeno fóton iniciou sua jornada, na Era Mesozoica, quando os dinossauros, orgulhosa e ruidosamente, perambulavam pela Terra. Ao longo dos 5 milhões de anos seguintes, à medida que o tal fóton continuava sua corrida em direção ao nosso planeta, os dinossauros foram extintos, provavelmente devido à queda de um meteoro que colidiu com a Terra. A partir de então, os mamíferos evoluíram e, em 5 milhões de anos, esquilos, garças e cegonhas surgiram. Outros 5 milhões de anos foram necessários para que os coelhos aparecessem, e mais 5 milhões para que surgissem os macacos. Por todo esse tempo, o pequeno fóton seguia em sua corrida pelo espaço. Mais 30 milhões de anos e o primeiro chimpanzé já andava pela Terra. Em mais 8 milhões de anos, os primeiros hominídeos bípedes surgiam. Enquanto nosso pequeno fóton seguia obstinadamente sua corrida em direção à Terra, outros 12 milhões de anos se passaram, e os primeiros *homo sapiens* neandertais apareceram – eram os primeiros arquétipos humanos. Em mais 200 mil anos, as pinturas rupestres em Altamira foram feitas e, depois de 20 mil anos, a escrita foi desenvolvida na Suméria. Nosso pequeno fóton agora se aproxima do final de sua longa jornada, estando a meros 60 mil anos-luz de seu destino. Nestes últimos momentos de seu enorme percurso, testemunhamos a ascensão e a queda de todas as civilizações humanas antigas, dirigindo-nos então aos últimos duzentos anos-luz, com o apogeu da civilização moderna industrial. Então, quando o fóton está a dezenas de anos-luz de seu destino, você nasce. Durante toda a sua infância, juventude e idade adulta, o pequeno fóton continuou sua corrida até você. Certa noite, o momento especial chega, quando você vai à janela para contemplar as estrelas.

Ao olhar para cima, o pequeno fóton finalmente entra em sua pupila, viaja os últimos dois centímetros de sua viagem e desiste da vida em sua retina. Este minúsculo ser luminoso – nascido no tempo em que dinossauros vagavam pela Terra, viajando à velocidade da luz por 70 milhões de anos – morre, enfim, para que você possa vê-lo. Torna-se um pequeno impulso elétrico em seu nervo ótico, retransmitindo ao seu cérebro um relato visual direto dessa supernova específica todas essas Eras atrás.

Bilhões de fótons semelhantes chegam ao seu olho ao mesmo tempo, oriundos da expansão do universo, cada um trazendo a você a história visual da sua estrela de origem. Analisados em conjunto, esses fótons produzem uma réplica luminosa em miniatura, dentro do seu globo ocular, das vastas extensões espaciais e da antiga história do universo. Tudo isso ocorre dentro do espaço ínfimo do seu globo ocular, enquanto você contempla o céu noturno...

Agora, sigamos adiante no caminho do nosso pequeno fóton após sua entrada no globo ocular. Ele se torna um impulso elétrico que se dirige ao cérebro e é ali absorvido, como energia, dentro do corpo. Mas o que é esse corpo?

Concentremo-nos mais atentamente neste mistério. Qual a sua estrutura? Seu corpo é composto por 5 bilhões de bilhões de bilhões de átomos (5×10^{27}). São muitos átomos, mas qual é a grandeza desse número?

Imagine que cada átomo fosse do tamanho de uma ervilha, aquele legume verde que adoramos comer. Qual o tamanho da pilha de ervilhas que seria necessária para igualar o número de átomos no seu corpo? Se enchêssemos sua casa por completo, do piso ao teto, com ervilhas, seria suficiente? Nem perto disso. E se enchêssemos cada prédio de uma grande cidade, como Nova York, com ervilhas, teríamos o número necessário de ervilhas para igualar o número de átomos do seu corpo? De novo, nem perto disso. Agora, cubramos uma nação inteira (qualquer uma em que a meditação esteja sendo conduzida) com ervilhas, até a altura do seu pescoço. Seria suficiente? Ainda assim, nem perto disso. Tudo bem, cubramos agora a Terra por inteiro – continente e oceano – à altura do seu pescoço, com ervilhas. Isso atingiria uma profundidade de 1,5 metro de ervilhas, por toda a superfície terrestre. Certamente, esse número de ervilhas seria mais do que suficiente? Novamente, nem perto disso. Acontece que seriam necessários 1 milhão de planetas, cada um do tamanho exato da Terra, todos cobertos de ervilhas até o pescoço, para igualar ao número de átomos do seu corpo.

Consideremos, agora, um desses átomos apenas e foquemos nele. Imagine-se sentado aí com um átomo na ponta do seu dedo. Imagine que possamos dar um zoom nesse átomo no seu dedo. Vamos ampliá-lo agora em 10 trilhões de vezes. Esse átomo ficará do tamanho de um campo de futebol. Nesse campo de futebol, os elétrons estão posicionados na linha do gol. Cada elétron tem o tamanho aproximado de uma bola de futebol. E bem no meio do campo, se olharmos atentamente para a grama, podemos vagamente visualizar o núcleo do átomo. Ele é do tamanho da cabeça de um alfinete. Mesmo pesando 1,8 mil vezes mais do que um elétron, é muito menor do que ele. E todo o restante do átomo é espaço vazio. Absolutamente nada. Toda matéria é composta, quase que em sua totalidade, de espaço vazio. Como diria o Sutra do Coração budista: "A forma é o vazio. O vazio é a forma". A esse vazio os budistas dão o nome de *shunyata*.

Isso significa que você, sentado aí agora, é, quase que totalmente, um espaço vazio. Você é feito basicamente de vazio. Se comprimirmos todo o espaço vazio em seu corpo, como que comprimindo os buracos de uma esponja, você encolheria ao tamanho de um ínfimo grão de poeira, tão pequeno que mal seria visível através de uma lente de aumento. Seria um grãozinho pesado, do mesmo peso que tem agora. Mas esse pequeno grão é todo o material físico que há em você. O resto de você é espaço vazio. Todos os 5 bilhões de bilhões de bilhões de átomos em seu corpo caberiam naquele grãozinho de poeira, se todos os espaços vazios estivessem comprimidos.

Mas de que é feito um átomo? Átomos são feitos de luz, e também são chamados de "luz congelada", pois são feitos de uma luz que se solidificou em matéria. Ou seja, seu corpo é composto de 5 bilhões de bilhões de bilhões de pequeninas joias de luz reluzentes, separadas umas das outras por vastas extensões de espaço vazio. Você é literalmente uma galáxia em miniatura, com bilhões de bilhões de pontos de luz, como pequeninas estrelas, todas unidas em um vasto espaço interno. Seus átomos agrupados de várias formas, rodopiando aqui e ali em estruturas organizadas, são como minissistemas solares.

Você se assemelha a um jogo infantil de ligar os pontos, um agrupamento imenso de pontos de luz reluzentes, separados por vastos espaços em branco. Apenas quando os pontos são ligados, é que a forma aparece e você toma vida. E o que conecta esses pontos? O que os mantêm unidos? Amor. Em ciência, essas forças de conexão recebem nomes distintos: forças eletromagnéticas, forças gravitacionais, forças nucleares fortes e fracas, mas, na verdade, elas são simplesmente as diversas formas do amor. Você é feito de pequenos pontos de luz, entrelaçados pelo amor, em uma tapeçaria perfeita. Esse amor é o mesmo que une os planetas e as galáxias.

Você é uma galáxia de luz, tecida pelo amor. E você, por sua vez, é tomado pelo abraço de amor da Terra... que é tomada pelo abraço de amor do Sol... que é tomado pelo abraço de amor da galáxia... que é tomada pelo abraço de amor do universo... que é tomado pelo abraço de amor do infinito inefável (Deus)... Há uma máxima sufi que diz: "Eu era um tesouro oculto, e ansiava ser amado, então criei o universo". Sinta agora esse tesouro, que é você... Sinta-se como o tesouro singular e precioso que você é... unido com o tesouro do universo.

A canção secreta em seu coração... é o universo inteiro cantando...

A galáxia que você é... e as galáxias que formam o universo... são um único tesouro vivo... no coração do Divino.

> Por amor surgiu tudo que existe.
> Por amor, o que não existe aparece como se existisse.
>
> SHABESTARI

...No seu tempo, comece a trazer sua consciência de volta para a "realidade comum", no momento presente, e permita que seus olhos se abram gentilmente, lembrando-se desse glorioso segredo sobre quem você é.

Veja a biografia de **WILLIAM KEEPIN** na página 12.

Módulo 2

O despertar e a transformação da consciência

A Terra como comunidade sagrada

A necessidade urgente do despertar espiritual

Responsabilidade espiritual em tempos de crise global

Viver em Auroville: um laboratório de evolução

Quem sou eu? Por que estou aqui?

A grande transformação

A Grande Virada

O guerreiro Shambhala

Um ser humano é parte do todo chamado por nós de universo, uma parte limitada pelo espaço e pelo tempo. Ele vivencia a si mesmo, seus pensamentos e sentimentos, como algo separado do resto, uma espécie de ilusão de ótica da sua consciência. Esta ilusão é como uma prisão para nós, restringindo-nos a nossos desejos pessoais e ao afeto por poucas pessoas mais próximas. Nossa tarefa deve ser a de nos livrarmos dessa prisão, ampliando o nosso círculo de compaixão para abraçar todas as criaturas vivas e toda a natureza.

Albert Einstein

> Thomas Berry explica por que a nova história do universo é uma história bioespiritual, assim como uma história galáctica e uma história da Terra. Esta é uma história de integração e interdependência, fornecendo uma nova visão da Terra, que é ao mesmo tempo científica, espiritual e tremulante de vida e paz.

A Terra como comunidade sagrada

Thomas Berry

Em nossos debates sobre a comunidade sagrada, precisamos entender que, em todas as nossas atividades, a Terra é o componente mais importante, e o ser humano é seu derivado. A Terra é a nossa comunidade principal, e todos os seres da Terra existem em virtude do seu papel dentro dessa comunidade.

Ao deixar de reconhecer essa relação básica, a sociedade industrial busca subordinar toda a Terra, sem se preocupar com a integridade do planeta. A submissão das funções essenciais da Terra à limitada preocupação do homem pode ser observada em todas as profissões e instituições. Procuramos subjugar a Terra aos nossos propósitos efêmeros de várias maneiras diferentes, por considerar correta essa relação do homem com o mundo natural. Devido a essa distorção em nossa maneira de pensar, estamos executando o que talvez seja um dos ataques mais devastadores já sofridos pela Terra em mais de 4 bilhões de anos de vida neste planeta.

Não nos damos conta de que algo muito maior está acontecendo. É mais do que "o fim do Iluminismo", como às vezes é sugerido. Mais que um paralelo com a queda de Roma. Maior que o fracasso da civilização ocidental. Trata-se de uma transição histórica mais importante do que qualquer outra já ocorrida nas relações humanas. Trata-se de uma mudança nociva não só para a expressão cultural e social, mas também para a composição química responsável pela vida no planeta. Trata-se de uma mudança no biossistema e na estrutura geológica.

O risco não se restringe ao futuro do homem. O futuro de cada ser vivo está em questão. O destino do próprio planeta, na sua estrutura física e psíquica mais profunda, está sendo determinado. Testemunhamos nada menos que a desintegração da Terra e seu meio biológico, em consequência da distorção do papel do homem no destino do planeta, que emergiu de dentro do nosso mundo moderno ocidental, que, por sua vez, nasceu de uma matriz bíblica clássica.

Podemos observar que as instituições religiosas ocidentais estão indiferentes ao que está acontecendo. Essa indiferença resulta, aparentemente, mais da preocupação excessiva com os processos de redenção em um mundo considerado sedutor, e menos da tentativa de integração com um mundo considerado sagrado. Parece haver pouca compreensão de que a desintegração do mundo natural é a destruição da automanifestação divina mais primitiva. A própria existência da religião está ameaçada na mesma proporção da diminuição do esplendor do mundo natural. Temos uma percepção magnífica do que é divino porque vivemos em um mundo resplandecente. Se vivêssemos na Lua, nossa percepção de Deus seria tão desinteressante quanto a superfície lunar.

Mesmo quando tentamos trazer influências religiosas para sustentar essas questões, descobrimos que nossas tradições têm pouca relevância no que se refere ao que está acontecendo. As religiões ocidentais existem em um mundo diferente, um mundo de aliança com o que é divino, e não estão nem um pouco preocupadas com o meio ambiente ou com a comunidade da Terra. Nossa comunidade sagrada tem como principal preocupação as relações do homem com Deus, estando pouco interessada em uma existência compartilhada dentro de um mundo maior, repleto de seres vivos. Nossa iconoclastia é tão grande que não nos imaginamos dentro de uma comunidade multiespécie nem consideramos que essa comunidade do mundo natural é o principal local de encontro entre o divino e o homem.

Um estudo realizado na Universidade de Yale relata que, quanto mais as pessoas participam de atividades religiosas, menos preocupadas estão com o mundo natural. O sofrimento do homem, retratado de forma tão extensiva nas profecias, parece ter exaurido nossas energias religiosas. A atenção religiosa está diretamente voltada para a conduta moral, a injustiça social, a devoção e as experiências em meditação.

Por mais válidas que sejam essas atividades, elas são, neste momento, frustrantes, pois a reorientação principal da nossa sociedade para uma maior integração com a Terra não está acontecendo. Em vez de fornecer a terapia cultural necessária, o que a religião precisa é repensar, de forma profunda, sobre si mesma e sobre seu papel nos assuntos terrenos. É necessário que nós, humanos, reflitamos sobre nossa situação atual para entender por que isso está acontecendo, por que somos tão incompetentes em nossos esforços de atenuar o estrago feito, e como podemos promover uma renovação profunda na Terra.

A continuidade do homem com o mundo natural em uma única comunidade sagrada pode ser compreendida na experiência de Black Elk, um índio Lakota. Quando tinha nove anos, ele experimentou uma visão elaborada que culminou em uma vasta dança cósmica, invocada pela canção do corcel negro, visto no céu: "Não havia nada que não ouvisse e era mais belo do que qualquer coisa poderia ser. Era tão bonito, que nada, em lugar nenhum, podia deixar de dançar. As virgens dançavam, assim como os cavalos, em roda. As folhas das árvores, as relvas das colinas e dos vales, as águas dos riachos, dos rios e dos lagos, os de quatro patas e os de duas, e as asas do ar, dançavam juntos a canção do corcel".[8]

Essa continuidade entre a comunidade humana e o mundo natural foi alterada com a identificação do humano como um ser espiritual, em oposição a todos os outros seres. Apenas os humanos pertenceriam, de fato, à comunidade sagrada dos redimidos. A noção anterior de uma comunidade multiespécie fora desvalorizada.

A tradição humanista que chega até nós através dos escritos clássicos do mundo greco-romano, exceto os dos estoicos, apoiava essa alienação. Isso é evidente na ênfase dada à grandeza do homem, considerado distinto do mundo selvagem e contrário ao reconhecimento de qualquer comunidade multiespécie. Essa "arrogância do humanismo", como David Ehrenfeld a definiu, alienou a sociedade ocidental de sua herança religiosa e de sua intimidade com o meio ambiente. Seja qual for o ganho do homem nesse desenvolvimento religioso e cultural do Ocidente, a Terra, em sua função mais essencial, está profundamente perturbada com tais avanços.

Em relação às nossas próprias responsabilidades ocidentais, devemos observar que, apesar de termos desenvolvido um ensino moral preocupado com o suicídio, o homicídio e o genocídio, não desenvolvemos um ensino efetivo preocupado com o biocídio, o assassinato do sistema de vida da Terra, ou o geocídio, o assassinato da própria Terra.

Percebendo que existe algo muito errado na nossa relação com o mundo natural, nossas tradições religiosas começaram, recentemente, a enfatizar o conceito de intendência como o relacionamento primário entre o mundo natural e a comunidade humana. Esse conceito de intendência vem de declarações bíblicas a respeito do domínio humano sobre a Terra e todas as criaturas vivas.

---

8 Neihardt, John G. *Black Elk Speaks*. Lincoln: University Nebraska Press, 2004, p. 32.

Para muitas pessoas religiosas, isso parece bastante adequado como orientação básica em relação ao mundo natural. Para outros, a intendência em si é a origem de todos os nossos males presentes. Não existe uma maneira de cuidarmos do mundo natural ou melhorarmos sua genialidade. Seria difícil descobrir qualquer melhoria humana que tenha sido, no fim das contas, benéfica para os sistemas de vida da Terra, embora eventualmente consigamos trazer um pouco de cura para os estragos que causamos.

Todavia, não se pode dizer que essa intendência esgota o interesse cristão por nosso mundo. Existe uma consciência cristã profunda de que o mundo natural é a própria manifestação da divindade. Isso levou ao conceito de que a revelação está contida em duas escrituras: as escrituras do mundo natural e as escrituras da Bíblia. Ainda que a noção do mundo natural como revelação tenha sido severamente reduzida desde o século XVI, com a descoberta da prensa e a consequente ênfase na escrita, ela ainda está disponível na própria tradição. Se fosse desenvolvida plenamente, poderia nos levar a uma preocupação mais efetiva com a sobrevivência do planeta.

A dificuldade inerente à história do universo – como ficou conhecida por nós pela observação e pela análise intensas ocorridas nesses últimos séculos – deve-se ao fato de ter sido contada de maneira inadequada, meramente física em sua forma e aleatória em seu curso. Até onde pôde, essa apresentação científica do universo alcançou um sucesso incrível. Contudo, a interpretação materialista dos dados científicos se tornou, progressivamente, pouco adequada.

Todo o processo científico foi seriamente afetado pela descoberta de Werner Heisenberg, em meados dos anos 1920, de que a realidade conhecida é afetada pelo sujeito cognoscente, e nosso conhecimento do universo nunca alcança o chamado mundo objetivo em nenhum sentido absoluto. Conhecer é uma comunhão de sujeitos, e não uma simples relação sujeito-objeto.

Muitas outras considerações também afetaram a apresentação científica excessivamente superficial do universo. Nessas apresentações, não há referência ao fato de que toda codificação, seja na estrutura do elemento ou na herança genética dos seres vivos, é, por sua natureza, uma determinação psíquica imaterial. Embora não esteja separada do aspecto físico das coisas, essa dimensão psíquica interior é diferente de todas as partes que a compõem, assim como da totalidade das partes. Trata-se do princípio unificador imperceptível aos sentidos, mas imediatamente reconhecido pela inteligência – da mesma maneira que uma árvore é vista como uma unidade em todas as suas relações físicas e não pode ser reduzida a suas partes. Existe uma dimensão mística não só na realidade conhecida, mas também nas equações científicas, através das quais damos expressão ao ato de conhecer. Nossos estudos de genética podem nos fornecer um padrão dos componentes responsáveis pelo processo genético, mas nunca teremos uma experiência física do princípio fundamental que possibilita a esse maravilhoso conjunto de materiais genéticos funcionar com a unidade e a espontaneidade que observamos nos processos da vida.

Integração ascendente

Uma observação adicional: se continuarmos na investigação científica baseada no desmembramento do todo em suas partes, será preciso complementar esse procedimento com uma integração ascendente, na qual entendemos as partes por sua função na configuração maior. Ou seja, não podemos compreender nenhuma parte do universo até entendermos como ele funciona como um todo. Por exemplo, qualquer estudo do elemento carbono limitado à sua forma inanimada fornece sobre ele apenas um entendimento mínimo, pois o caborno tem capacidades impressionantes de integrar os elementos básicos necessários à existência orgânica. E além do orgânico e das qualidades associadas aos seres vivos, existe a capacidade do carbono de entrar nos processos de pensamento. O pensamento em si e as mais respeitadas conquistas espirituais humanas são alcançados por meio da ativação das propriedades inerentes do carbono e de sua ligação com os outros elementos do universo. Assim, o carbono tem várias formas de expressão, indo do inorgânico ao orgânico, e à autoconsciência no ser humano.

Na interconexão da parte com o todo (como vimos no exemplo do carbono), emerge, sem dúvida, certa descontinuidade, mas também uma continuidade, que não deve ser negligenciada, entre as diferentes formas de expressão: inorgânica, orgânica e reflexiva. O materialismo da ciência ou as tendências espiritualistas que negam essa continuidade do humano, e todas as nossas capacidades, com o mundo natural resultam em uma dissociação radical do ser humano do universo ao redor. Por outro lado, identificar essa dissociação com a espiritualidade é confundir o significado e a importância da mesma em sua expressão humana.

Foi necessário um longo período de tempo para que a sequência de transformações da radiação cósmica primordial chegasse à formação dos elementos, depois, dos elementos às moléculas e, em seguida, às megamoléculas – os vírus, as células e os organismos –, e, então, às formas mais complexas da vida, chegando, por fim, ao modo humano de consciência.

A narração dessa sequência necessitou de um imenso esforço de investigação científica nos últimos séculos. Foi preciso deixar de lado, por um tempo, o mundo espiritual, visionário, intuitivo e imaginativo para investigar o mais profundamente possível o mundo visível, material, quantitativo e mensurável, o mundo que pode ser expresso na linguagem do cálculo, o maior instrumento dos trabalhos científicos. O sucesso dessa conquista científica e sua subserviência aos propósitos geralmente efêmeros dos âmbitos comercial, industrial e financeiro produziram uma profunda repulsa em muitos religiosos. Dessa repulsa, surgiu uma reafirmação generalizada dos ensinamentos religiosos tradicionais com uma obsessão fundamentalista.

Esse antagonismo entre a ciência mecanicista e a religião fundamentalista é uma das razões básicas da nossa incapacidade de estabelecer uma noção de comunidade sagrada com o mundo natural. O materialismo científico não pôde despertar a reverência, a fascinação ou o medo do fenômeno natural necessários para reprimir as tendências gananciosas do homem. Nem mesmo o fundamentalismo cristão comprometido com a redenção fora deste mundo pôde despertar a dedicação necessária para a intimidade com as forças da natureza, considerada sedutora e sem significado espiritual. Curiosamente, até mesmo algumas das outras religiões, como as da Ásia, com tradições magníficas de intimidade com o mundo natural, não conseguiram impedir seus adeptos de saquear a Terra na corrida para consumir mais recursos para a modernização e o desenvolvimento.

Minha hipótese é que não conseguiremos remediar por completo essa situação, exceto pelo entendimento de que o universo foi, desde o começo, uma realidade espiritual e psíquica, assim como material e física. Dentro desse contexto, o ser humano aciona uma das dimensões mais profundas do universo e está, portanto, integrado com ele desde o início. A história do universo tem de ser reconhecida, simultaneamente, como a história do homem e a história de cada ser vivo.

As tradições religiosas precisam reconhecer que a principal comunidade sagrada é o próprio universo e que todas as outras comunidades se tornam sagradas ao participar dessa comunidade primordial. A história do universo é a nova história sagrada. A história do Gênesis, por mais válida que seja em seus ensinamentos básicos, não é mais adequada para as nossas necessidades espirituais. Nós não podemos renovar o mundo através da história do Gênesis;

ao mesmo tempo, não podemos renovar o mundo sem incluir a história do Gênesis e todas as histórias de criação que vêm enriquecendo os vários segmentos da comunidade humana ao longo dos séculos. Elas pertencem à grande história, à história sagrada, como conhecemos atualmente essa comunidade sagrada.

A Nova História do Universo

A Nova História do Universo é uma história bioespiritual, sendo também uma história da Terra e uma história galáctica. Acima de tudo, o universo, como o conhecemos, é íntegro consigo mesmo por toda sua vasta extensão no espaço e a longa série de transformações no tempo. Em todos os lugares, em todas as épocas e em cada uma de suas manifestações particulares, o universo está presente em si mesmo. Cada elemento atômico imediatamente influencia e é influenciado por cada átomo. Nenhuma parte jamais poderá ser separada de qualquer outra. A Terra é uma comunidade singular e altamente diferenciada. Essa é a melhor maneira de conhecer o universo.

Cada parte do universo ativa uma dimensão ou um aspecto específico, de maneira única e não repetitiva. Desse modo, tudo é necessário. Sem a perfeição de cada parte, algo ficará faltando no todo. Cada ser é essencial para todo o universo. Com esse entendimento de nossa profunda afinidade com toda a vida, podemos estabelecer as bases para uma próspera comunidade da Terra.

THOMAS BERRY morreu em 1º de junho de 2009. Era um líder visionário e refletia sobre as bases das culturas humanas e suas relações com o mundo natural. Autodenominando-se "geologista", seu trabalho integra, de modo singular, a espiritualidade e a ecologia, transcendendo as limitações de ambas. Entre seus livros mais importantes estão: *The Dream of Earth* (1988); *The Universe Story: From the Primordial Flaring Forth to the Ecozoic Era* (1992), escrito em parceria com o cosmólogo Brian Swimme; e *The Great Work: Our Way into the Future* (1999), publicado pelas editoras Bell Tower e Random House.

> Jetsunma Tenzin Palmo, monja budista, explica por que a libertação espiritual irá não somente transformar a consciência individual, como também irá melhorar a situação do planeta. Nós não alcançamos satisfação duradoura buscando nossos desejos, mas dando alegria aos outros. Isso já foi feito antes e nós também podemos fazer.

A necessidade urgente do despertar espiritual

Jetsunma Tenzin Palmo

Certa vez, quando vivia em uma caverna, tive um sonho. Sonhei que estava em uma prisão enorme, que não tinha fim. Nessa prisão, havia muitos níveis. Nas suítes da cobertura, as pessoas riam, conversavam, dançavam, faziam amor e trabalhavam. Descendo, havia vários níveis até chegar aos calabouços, onde as pessoas se contorciam em agonia e desespero. Mas tanto na cobertura como nos calabouços, estávamos todos na prisão. De repente, percebi que tudo era muito incerto: pessoas que estavam na cobertura hoje poderiam estar no calabouço amanhã. Estávamos todos encurralados, juntos. Precisávamos fugir. Então falei com alguns amigos: "Olhe, isso é uma prisão, precisamos sair". E alguns disseram: "Sim, isso é uma prisão, mas está tudo bem, ela não é ruim". E outros responderam: "É verdade, é uma prisão, mas é tão difícil sair dela. É melhor aceitar o fato de que estamos aqui". Por fim, encontrei dois amigos que concordaram em fugir comigo, e o sonho continuou.

A pergunta é: por que consideramos nossa vida cotidiana uma prisão e como podemos sair dessa prisão? Essa é basicamente a questão do budismo. Mas por que é uma prisão? Você pode dizer: "Minha vida é boa, não é uma prisão. Posso, de certa maneira, fazer o que quero". Acontece que não estou me referindo ao aspecto físico, mas sim ao mental. Nossa mente está aprisionada, não por portões externos, mas pela ignorância. Isso é universal, e é por isso que estou preocupada com o futuro. Apesar de todo nosso aprendizado externo, nossa pesquisa e nossa ciência, ainda somos absolutamente ignorantes. Espiritualmente somos tão ignorantes como éramos na época em que Buda estava vivo. O que ignoramos? Einstein disse que houve um enorme crescimento na área do conhecimento em nossa Era, mas definitivamente nenhum em sabedoria. Ignorância não tem nada a ver com instrução, brilhantismo externo ou genialidade mental. Do que somos ignorantes? Ignoramos nosso ser verdadeiro e a verdadeira natureza deste mundo. Estamos escravizados, pois nos apegamos a todas as coisas erradas regidas pela ignorância.

O budismo está sempre preocupado em como podemos nos tornar livres. Ele se preocupa com a libertação da mente. O problema é que vivemos em um mundo regido pelo tempo – passado, presente, futuro – e em uma dicotomia sujeito/objeto. Existe o sujeito "eu" e o objeto "todas as outras pessoas". Apegamo-nos à noção do "eu" e do "meu". Algumas pessoas pensam no "eu" quando pensam no seu gênero, em sua raça, em seu país ou sua religião. Elas pensam: "Esse é quem eu sou. Eu sou a minha personalidade. Eu sou as minhas memórias. Eu sou a soma de todas essas coisas".

Alguns são mais sutis e dizem: "Não, por trás de tudo isso, existe algo mais. Existe um 'eu' que é imutável, que sempre esteve lá desde que nasci". Mas, quando você procura esse "eu" que o separa de todos os outros no mundo, onde ele está?

O budismo não existe somente para nos tornarmos pessoas calmas, em paz e felizes. Ele remove as camadas da nossa individualidade. Se você remover as várias camadas, primeiro a da raça, depois a do gênero, em seguida as da nacionalidade, instrução, classe social e profissão, onde estará esse "eu"? Finalmente, você chega a outra coisa, que vai totalmente além do "eu". Essa consciência intrínseca, essa consciência primordial está na base do nosso ser e não tem nada a ver com o "eu" ou o "você".

Experimentamos certo grau de conscientização nas idas e vindas dos pensamentos, dos sentimentos e das ideias. É uma percepção sem palavras, perene e sem dualidade. Se pudermos sempre permanecer nesse estado elevado de total conscientização, nós somos Buda. É simples. Essa conscientização não é algo distante nem difícil de perceber. Consciência é apenas percepção. Os tibetanos a comparam com o céu. Ele não tem centro nem circunferência. É infinito. O céu não está apenas lá em cima, está dentro de nós e ao nosso redor. É o espaço. Em tibetano, a palavra para espaço e céu é a mesma. Então onde o espaço não está? Onde essa consciência não está?

A palavra "Buda" significa despertar. Estamos todos adormecidos, estamos todos sonhando e acreditamos em nosso sonho. Esse é o problema. Quando despertamos, mesmo por um momento, vemos que aquilo a que estamos nos agarrando é, na verdade, a nossa própria projeção. Então, nossa mente está tão nítida, clara e desperta que percebemos que nossa verdadeira natureza é algo completamente além do pensamento conceitual da mente. O importante é que por fora nada muda, mas internamente tudo muda. Tudo se torna vivo, claro e transparente, mas sem o controle do ego. Assim, tudo acontece de forma espontânea, qualquer tarefa que alguém precise fazer é realizada de modo espontâneo e habilidoso, sem a intromissão do ego.

O que se interpõe no caminho de libertação de nossa mente? É isso que precisamos enfrentar, e o que está acontecendo na nossa sociedade hoje. O que nos impede de compreender nossa mente? A verdadeira natureza da mente é obscura como uma nuvem densa que cobre o céu azul. Essa nuvem é composta por nossas emoções negativas, como a ganância, a raiva, a aversão, o orgulho, a arrogância, o ciúme, a inveja e, especialmente, por nossa ignorância, por não percebermos nossa verdadeira natureza. Ela age como uma cortina. Será que percebemos o quanto vivemos nossa vida a partir da nossa mente? Tudo que vemos, tudo que dizemos, tudo que fazemos é regido por nossa mente, nossos pensamentos, nossos sentimentos, nossas memórias, nossos conceitos e julgamentos.

Dificilmente vemos as coisas como elas são. Vemos a nossa opinião. É muito difícil ver as coisas claramente, sem as diversas camadas de opiniões e ideias sobre elas. Se, por exemplo, olharmos para o teto, poderemos achar que ele é uma magnífica obra de arte, ou que é absolutamente cafona. Pensamos tratar-se de um teto maravilhoso, ou então: "Ai, meu Deus, como alguém pode ter feito isso?". Não faz diferença, um teto é apenas um teto, e a pintura é apenas tinta. Como reagimos a isso depende de nossa estrutura mental, de nossa experiência passada, de nossa instrução e de nosso senso estético. Tudo é assim. Nunca vemos as coisas como realmente são, vemos a nossa própria versão delas. Tudo que experimentamos acontece através da mente. Tudo que vemos, ouvimos, provamos, tocamos e sentimos é interpretado pela mente. Ainda assim, não conhecemos a mente em si.

Nós dizemos: "Eu acho que, eu sinto que, em minha opinião, é isto". Mas o que é um pensamento? O que é um sentimento? O que é uma opinião? Estamos sempre nos comunicando com o mundo exterior pelos nossos sentidos, mas nunca direcionamos essa consciência que vê, prova, toca e pensa para o interior da própria mente. O que é um pensamento? De onde ele vem? Com o que ele se parece? Para onde vai? Quem está pensando? Quando dizemos: "Eu estou pensando!", quem sou o "eu"? O que é todo esse processo de pensamento e o que está por trás desse processo?

Estamos bem presos a nossa cabeça. Alguns neurologistas dizem que, nos dias de hoje, sabemos muito sobre o cérebro, mas ainda não encontramos a mente. Na Ásia, a mente não está no cérebro. O cérebro é o computador, mas a fonte da mente fica em algum lugar mais embaixo (no centro do peito). É muito interessante que, quando alguém começa a meditar, isso ocorra na cabeça. Existe a mente pensando e a prática de meditação que se está tentando fazer. É como se as duas estivessem se olhando. É você e a prática. Esse enfoque dualista com o qual começamos fica aqui em cima, na cabeça. O cérebro está tentando meditar. Uma vez que a meditação começa a acontecer, e a mente realmente entra em um estado de meditação, a meditação em si desce para cá (o centro do peito). Então não existe a meditação e o praticante. Você e o exercício se tornam um. Nesse momento, as coisas começam a acontecer. A meditação é algo que você vivencia. Não é algo em que você pensa. Enquanto você estiver pensando sobre ela, ela se mantém na cabeça. Quando você se torna a meditação, ela se move para o centro do peito, como todas as religiões sempre souberam.

Especificamente, o que nos preocupa em nossa cultura moderna? Buda disse que as causas de nossas angústias são as emoções negativas, principalmente o apego ignorante ao ego. Nossa ganância quer dizer "eu quero" para esse ego, e nossa raiva e ódio querem dizer "eu não quero" para esse ego. Essa é a causa de nossa angústia.

Nossa sociedade moderna vende a ideia de que, se pudéssemos realizar nossos desejos, seríamos felizes. Dois mil anos atrás, Buda disse: "Desejos são como água salgada. Quanto mais você bebe, mais sedento fica". Você nunca está satisfeito. Olhe para você! Tem roupa suficiente para dez vidas! Para que mais? Todos nós temos mais coisas do que precisamos. Se empacotássemos tudo, não conseguiríamos nem carregá-las. Precisamos de um caminhão para carregar todos os nossos pertences. Por que mais? Porque achamos que, se tivermos o último modelo do que quer que seja, isso nos fará felizes. Quando vamos aprender que a felicidade vem de dar, de ser generoso, de apreciar a felicidade dos outros e do contentamento?

A assustadora propaganda de que a felicidade depende do que possuímos é muito perigosa. Ela está destruindo não só nosso planeta como nossa mente. Jovens e crianças veem todas essas propagandas na televisão. Todos querem roupas e brinquedos de grife. Eles já estão conectados a essas propagandas traiçoeiras, cada vez mais violentas, e que vão no sentido oposto ao de qualquer sabedoria espiritual. Quando você assiste aos filmes e aos jogos que as crianças jogam, é tudo violência! Eu li recentemente que, quando as crianças chegam ao terceiro ano do ensino médio, elas já viram uma média de 32 mil assassinatos em desenhos animados, nos filmes e nos jogos. É como se cada filme precisasse ser mais violento, mais assustador e mais sangrento para ter um algo mais.

A ganância e a raiva alimentam esse ego, esse "eu". Eu tenho que me vender! Eu sou o mais importante. Se eu estou feliz, então o resto do mundo está bem. Esse ego, esse adorno do ego... eles são os venenos, os venenos da mente. Não é de se admirar que sejamos uma sociedade doente. Todos os dias nós absorvemos mais e mais desse veneno, então nos perguntamos por que não nos sentimos bem.

Pegamos um caminho errado em algum lugar. Seguimos um caminho terrivelmente errado e precisamos voltar a pensar nos fundamentos básicos e em nossas raízes espirituais. A felicidade se baseia na felicidade dos outros, em proporcionar felicidade aos outros, em não pensar tanto em nossas próprias satisfações e benefícios.

Nossas satisfações e benefícios estão em dar felicidade aos outros, em ser gentil, generoso, atencioso, em aprender a cultivar nossa tranquilidade interior, assim como a clareza interior da mente e a empatia com todos os seres. Não só com seres humanos, mas com todos os seres. Nós todos podemos fazer isso. Se outros já fizeram, nós conseguimos. Mas se não aprendemos a fazê--lo e não ensinamos nossos filhos a fazê-lo, se damos a eles todos os valores errados quando são pequenos, o que podemos esperar das próximas gerações?

Estamos em apuros. Podemos sair disso, mas só conseguiremos transformando nossas próprias atitudes. Elas são genuinamente modificadas por nosso discernimento, que caminha junto com a compaixão amorosa. O importante é transformar nosso ser interior, porque o estado interior da mente é refletido na realidade externa. O que está acontecendo com o planeta neste momento é um reflexo dos seres que o habitam, principalmente dos seres humanos. Para transformar o planeta, precisamos transformar a nós mesmos.

Este texto é a transcrição de um discurso proferido na Conferência de Waldzell, na Áustria, em 2005.

JETSUMNA TENZIN PALMO é uma monja budista tibetana que viveu por 12 anos em uma remota caverna, a 4 mil metros de altura, no Himalaia, meditando 12 horas por dia.

Ela desceu da montanha e fundou o mosteiro Dongyu Gatsal, no norte da Índia, para preparar monjas tibetanas nas práticas espirituais que foram negadas às mulheres por séculos e para reviver a linhagem Togdenma feminina. Hoje em dia, seu mosteiro é próspero, e ela ajudou a transpor as barreiras patriarcais que impedem as mulheres de alcançar posições de autoridade espiritual na tradição tibetana budista. Jetsumna conduz retiros no mundo todo, e sua vida inspiradora é recontada no livro *Cave in the Snow* (Vicki Mackenzie, Bloomsbury, 1999).

> Llewellyn Vaughan-Lee descreve a força do serviço espiritual no mundo externo, com sua capacidade de ajudar aos outros e de transmutar as energias destrutivas da sociedade. Ao despertar nossa consciência, não transformamos apenas a nós mesmos, fundimo-nos alegremente com o mundo como seus servos.

Responsabilidade espiritual em tempos de crise global

Llewellyn Vaughan-Lee

O CORPO FÍSICO DA TERRA tem uma estrutura de energia espiritual, assim como o corpo humano tem dentro de si uma estrutura de energia espiritual. Como é sabido por quase todas as tradições espirituais, o ser humano é o microcosmo do todo. À medida que fazemos essa transição do foco da prática espiritual individual para uma dimensão global de consciência espiritual – para longe do indivíduo, de volta à Unidade –, toda uma dimensão de ciência esotérica espiritual nos será revelada. Eu digo "revelada" porque ela era conhecida, no passado, de maneira ligeiramente diferente. Podemos constatar esse fato, por exemplo, na tradição europeia das Linhas de Ley – linhas espirituais da Terra (conhecidas no Ocidente como "linhas do dragão"). Muitas estruturas espirituais importantes foram construídas nas interseções das Linhas de Ley, como, por exemplo, Stonehenge ou a Catedral de Chartres. Houve, no conjunto do saber espiritual que pertence à humanidade, uma compreensão da estrutura de energia da Terra, o que é muito real, assim como a sua própria estrutura de energia espiritual é real.

Como você sabe, o desenvolvimento espiritual desperta alguns centros de energia. A menos que isso ocorra, não há evolução espiritual – ela não pode acontecer. Parte do propósito da prática espiritual é preparar-se para o despertar destes centros espirituais, sejam eles o chacra cardíaco, o chacra frontal, ou, finalmente, para a total consciência de Deus, o chacra coronário. Os sete chacras são os centros de energia do corpo mais conhecidos, mas ainda existem outros, e em certas épocas da história da humanidade, esses centros de energia foram revelados, sendo depois escondidos. Isso tem a ver com a revelação ou não de Deus, o processo contínuo da revelação do Divino.

A partir de sua própria prática espiritual, você sabe que não basta ligar um interruptor para despertar esses centros de energia. Eles necessitam de um foco especial de energia espiritual, que acontece por sua própria prática interna individual ou, ocasionalmente, pela transmissão de um mestre que tem a autoridade e a habilidade para abrir esses centros de energia. Por exemplo, em nossa tradição específica do sufismo Naqshbandi, existe uma maneira de ativar o coração, um ditado repetido pelo *shaykh* do *shaykh* do meu *shaykh*; quando conversava com um iogue, ele disse: "Somos pessoas simples, mas sabemos como ativar o coração de um ser humano, e isso levará essa pessoa a um lugar que você não pode nem imaginar". Esse processo acontece através de uma transmissão de amor que sai do *shaykh* e vai até o chacra cardíaco. O *shaykh* ativa esse chacra, permitindo o desenvolvimento de uma determinada consciência espiritual. Isso tudo é parte de uma ciência esotérica espiritual simples.

O que é particularmente interessante – e muito importante – é que o corpo físico da Terra também tem uma estrutura energética. Existem centros de poder na Terra que precisam ser ativados para que a humanidade evolua para o próximo nível. Lembre-se de que, em sua própria prática espiritual, você não pode efetuar uma mudança na consciência, a não ser que um centro espiritual seja despertado. Vi pessoas fazerem purificações internas por quinze ou vinte anos, mas nada realmente aconteceu, porque ninguém despertou seus centros espirituais. Lembre-se de que o indivíduo é o microcosmo do todo. O corpo espiritual da Terra tem esses centros de energia, mas eles não são necessariamente os mesmos de antes. Estive em Stonehenge e ele não está mais vivo – ele pertence a outra Era da história humana. É muito bonito, mas não está desperto. Até a Catedral de Chartres não está mais totalmente desperta. Ela é de outra época.

Existe um importante trabalho espiritual que pertence à próxima Era da humanidade e que não pode ser feito por nenhum indivíduo nem por nenhuma ordem espiritual. Não é permitido que aconteça dessa maneira. Por quê? Porque a próxima Era é sobre coisas que se unem: é sobre síntese. Não é sobre uma pessoa, uma ordem espiritual ou uma tradição se separando de outra. É sobre como podemos trabalhar juntos. Por que isso é tão importante? Porque as sementes de como a Era espiritual se desenvolverá vão determinar as características desta Era. Existe um importante ditado sufi Naqshbandi: "O fim está presente no começo". Quando você começa alguma coisa, os ingredientes determinam como ela vai evoluir, o que virá a ser. Há um importante trabalho espiritual no mundo e ele não pode ser feito por um único indivíduo, por um só grupo ou tradição. Ele não vai funcionar; as portas da Graça não se abrirão.

A energia não irá fluir. Por isso estamos aqui neste encontro: para reunir uma determinada energia através da presença. A Graça é dada quando as pessoas se juntam. Ao estarmos juntos, compartilhando essa intenção espiritual, nossa consciência espiritual é alinhada com o trabalho. Lembre-se de que quando há um encontro espiritual, pelo menos 3/4 do que acontece se realiza, sem percebermos, nos planos internos. Você sabe disso em suas próprias práticas espirituais. Por que, quando meditamos, fechamos os olhos? Porque, desse modo, podemos aprender a estar presente e trabalhar nos mundos interiores.

Quando nos conhecemos, nos unimos não só no exterior, mas também nos mundos internos. Nós nos unimos como corpos de luz, porque isso é o que realmente somos. Quando levamos o trabalho espiritual a sério, os sufis dizem que polimos o espelho interno do coração. Por meio da sorte do meu *shaykh*, fui autorizado a ver como as almas são quando trabalham em si mesmas, como são vibrantes e dinâmicas no mundo interior. Como são cheias de luz! Quando nos lembramos de Deus e estamos mergulhados em nossas lembranças, a luz é amplificada. Um ser humano que se entrega seriamente a Deus e à prática espiritual é muito poderoso. Por quê? Bem, o que é a prática espiritual? É um processo de alinhamento. A maioria das pessoas dispersa sua energia durante o dia – no taoísmo isso é chamado de "dez mil coisas". As pessoas são capturadas por um grande número de ilusões. Você conhece a oração do Pai-Nosso: "Não nos deixeis cair em tentação"; porém, Ele faz justamente isso com Seu mundo maravilhoso! Nós somos constantemente conduzidos à tentação, à distração e ao afastamento. Nossa energia é desviada e difusa. O que nós fazemos quando praticamos? Nós a trazemos de volta. Nós juntamos os fragmentos novamente. Nós transformamos consciência difusa em uma verdadeira consciência focada, e aí nossa luz brilha com muito mais intensidade. Então, podemos servir aos seres espirituais, que sabem como usar um ser humano consciente.

Existe um serviço espiritual no mundo, de auxílio aos necessitados. Essa é uma parte importante da ajuda espiritual e da compaixão. Existe ainda outra dimensão de ajuda espiritual que não está amplamente compreendida: permitir que o seu corpo de luz espiritual seja usado para o trabalho com o mundo. Quando você está alinhado com uma tradição espiritual, qualquer que seja ela, você está em companhia dos que já se foram. A verdadeira *sangha* não somos somente nós aqui, são também aqueles que nos ajudaram e continuam a ajudar a partir de mundos interiores. No sufismo, existe uma tradição dos *awiliya*, os amigos de Deus que trabalham para o bem-estar espiritual do mundo. Nós também acreditamos que esses Mestres espirituais, quando morrem, continuam presentes conosco, ajudando-nos do outro lado. Esses são os Mestres do Amor e da Sabedoria, nossos ancestrais, e eles continuam conosco. Minha mestra, a sra. Tweedie, costumava dizer: "Os Grandes Mestres, os Mestres espirituais, são seres espirituais extremamente poderosos. Podem ver o passado, podem ser o futuro, mas geralmente não têm um corpo físico. Eles precisam que nós, servos voluntários, estejamos aqui por eles. Então, eles podem nos usar".

Quando você se rende ao Mestre, que é o Caminho, as coisas passam a ter muito pouco a ver com o que o Mestre lhe diz para fazer. Esse é um grande mal-entendido, algo que tem causado muitos problemas no Ocidente, porque não temos um contexto místico. O que *realmente* acontece quando você se rende ao Caminho, quando você se rende ao seu Mestre, é o seguinte: você permite que sua luz, que seu corpo espiritual, seja usado para o trabalho dele ou dela (apesar de não existir "ele" ou "ela" nessa dimensão, porque esse é o plano da alma). Nesse plano, também podemos trabalhar juntos. Quando nos unimos, existe uma constelação externa – pessoas viajam para ser parte do grupo e se comprometem a estar lá – e existe também um comprometimento interno, uma constelação interna que cria um veículo para a Graça. Cristo disse isso muito bem: "Onde estiverem dois ou três reunidos em meu nome, aí estou eu no meio deles" (Mateus 18:20).

Há um trabalho que só pode ser feito por diferentes tradições espirituais reunidas, e parte desse trabalho é ativar centros de energia dentro do corpo espiritual da Terra. Quando nos encontramos em uma conferência, por exemplo, existe um vórtice de energia que se desenvolve durante o dia. Ele está vivo, pulsando, e cantando a lembrança de Deus. Nós não estamos aqui somente para ouvir oradores, por mais fascinantes e esclarecidos que sejam. Nós estamos aqui para o trabalho espiritual. Nós estamos aqui para sermos usados por aqueles que guiam o destino do planeta. Eles não necessitam de muitas pessoas. O verdadeiro trabalho espiritual é muito preciso porque é realizado por Mestres, por aqueles que têm guiado o destino do planeta por séculos. Quando você é parte de uma tradição espiritual viva, você é guiado por alguém que conhece o funcionamento do seu coração, sabe como lhe dar mais problemas do que você acha que é capaz de suportar. Os guias observam sua reação. Você precisa de amor ou de dificuldades? Nós recebemos o que precisamos, a energia espiritual que nos é necessária em nossa jornada. Se você soubesse como eles cuidam de nós a partir do momento em que dirigimos nossa atenção para a Verdade!... E esses que cuidam de nós perguntam como podem nos usar –

não só no mundo exterior como no interior –, pois muitas vezes não se trata de perguntar "o que eu faço?", mas "como eu posso ser?". Fazer é masculino, ser pertence ao feminino. É por isso que meu *shaykh* chamou o sufismo de um estado de ser. Contudo, sempre nos esquecemos de "ser". Quando estamos sintonizados, realmente presentes nessa extraordinária interseção entre diferentes níveis de realidade, entre esse mundo físico e os mundos internos, então podemos ser usados, podemos ajudar a destravar esses centros de energia da Terra necessários para mudar a consciência global.

Esse conhecimento sempre fez parte da ciência esotérica da humanidade, da mesma maneira que nossos ancestrais, quinhentos anos atrás, não cogitariam construir uma estrutura sagrada, uma catedral, sem fazer uso da geometria sagrada. Mas esse conhecimento nos foi ocultado. Recentemente, nós colocamos a atenção na vida espiritual enquanto desenvolvimento do nosso próprio caminho interno, e ganhamos entendimento do corpo espiritual do indivíduo e de suas transformações. Agora temos de olhar para além do indivíduo. Devemos nos abrir para essa dimensão mais ampla da ciência espiritual. Isso inclui a compreensão de que a Terra é um ser espiritual, pulsando com as qualidades da luz. Nós temos de desenvolver uma consciência do mundo como um todo, como um único ser espiritual vivo.

Quando comecei a vida espiritual, trinta anos atrás, quase não havia livros espirituais nas livrarias. Havia um ou dois livros sobre budismo e sufismo, e isso era tudo. Agora, você tenta achar alguma coisa em uma livraria e fica soterrado. Por quê? Porque o próximo passo da humanidade inclui conhecimento espiritual e consciência. Ao longo dos últimos quinhentos anos, temos nos concentrado em desenvolver nossa consciência individual, e agora precisamos levá-la para o campo do trabalho espiritual como um todo, unindo as consciências individual e global. Nossa consciência espiritual individual é parte da consciência espiritual do todo, da vida em si.

Já não basta ser um místico solitário, vivendo isolado ou em uma sociedade alternativa, como fizeram alguns grupos formados nos anos 1970. Não funciona mais assim. O comprometimento precisa ser com a própria vida, com a vida como ela é agora: responsabilidade espiritual em uma época de crise global tem a ver com o momento. Trata-se de tomar ciência da necessidade de participarmos como seres humanos completamente conscientes espiritualmente, como pessoas cientes do interior e do exterior, da inspiração e da expiração, e de dizer "sim". Trata-se de dizer: "Amado, me use como só Você sabe, porque eu sou parte de Você".

Somos todos parte do organismo vivo da vida. Não somos nada menos que a vida. No momento em que a alma encarna, em que entra no ventre de uma mulher, ela faz um sacrifício. A alma deixa para trás parte de sua natureza angelical para se manifestar nesse drama de oposições que conhecemos muito bem, porque nos causa crises e conflitos. Esse é o drama do mundo. Há um momento antes da encarnação em que Deus pergunta à alma: "Não Sou Eu Seu Deus?". E a alma, olhando em direção ao seu Senhor, olhando em direção a Deus, diz: "Sim, eu sou testemunha disso". Em seguida, a alma faz uma promessa de ser testemunha de Deus neste mundo. É uma promessa muito poderosa, já que implica fazer com que nossa consciência se manifeste, de maneira plena, como ser humano que é testemunha de Deus, que está vivo por Sua causa.

A lembrança de Deus não é só para lembrar: "Eu estou lembrando de Deus", é para encarnar a natureza divina que é a lembrança de Deus. Quando você entra em um caminho espiritual, você assume a responsabilidade de se tornar consciente da sua natureza divina, e assim você tem de encarná-la com todas as coisas mundanas e conflitos da vida cotidiana. As práticas do caminho ajudam você a fazer isso. Todos nós podemos sentar em uma caverna, meditar e ter pensamentos puros e maravilhosos, mas quando você recebe uma multa por excesso de velocidade, alguma coisa muda.

No momento atual, temos permissão para participar, de forma consciente, da evolução espiritual no corpo da Terra. Ela precisa de nós. A Terra precisa de nossa presença consciente para destravar seus centros de energia, para deixar a luz fluir. Imagine o que aconteceria se a luz pudesse fluir nessa cidade norte-americana, Washington... E eu não me refiro só à ideia de pessoas enviando bons pensamentos. É preciso uma força real. Este mundo se tornou tão corrupto, tão dominado por ganância, poder e dinheiro, que um punhado de bons pensamentos não trará muito progresso. Mas no corpo espiritual da Terra há esses centros de poder, e de novo eu volto para a sua própria experiência, para o modelo do ser humano. Você pode fazer quantas purificações quiser, ter quantos pensamentos positivos quiser, mas enquanto o seu chacra cardíaco não despertar, não vai acontecer muita coisa. É por isso que o sufismo dá tanta ênfase ao despertar e à vibração do coração. Uma vez que é ativado, o coração desperta outros centros de energia. Isso acelera sua evolução. A luz ao seu redor muda. Você começa a atrair pessoas diferentes em sua direção. Você atrai até mesmo células físicas que vibram mais rápido, que têm mais luz dentro de si – o que não é geralmente compreendido. O ser humano se torna mais cheio de luz. Ele então interage com outros seres humanos no mundo interno e externo de uma maneira bem diferente. As coisas começam a acontecer com você. Você se torna parte do fluxo. Parte do Tao.

O mesmo pode acontecer com a Terra. Ela está esperando. É por isso que estamos aqui, que nos reunimos neste momento. Através de nós, certa energia pode ser trazida para dentro do corpo espiritual da Terra, e isso pode destravar alguma porta. Essas são as chaves para o despertar espiritual. Elas eram compreendidas localmente apenas por xamãs e outros iniciados. Não falo de algo da Nova Era. Trata-se de algo muito detalhado, de uma ciência espiritual muito específica. Na próxima Era, muita informação nos será dada à medida que aprendermos a trabalhar com o corpo físico de uma maneira espiritual.

A união do espírito e da matéria não é só uma boa ideia qualquer; ela é muito real. Há técnicas definidas para se trabalhar espiritualmente no plano físico. A maneira como o espírito impregna a matéria, como ele muda o fluxo de energia na matéria, é uma ciência esotérica muito específica, e essa informação nos será dada à medida que dela precisarmos. Por quê? Porque é Unidade. E a beleza da Unidade é que ela é uma! Tudo o que você precisa está aqui. As pessoas não percebem isso porque, para a maioria, a Unidade é um conceito, e eles "veem" a Unidade do lugar da separação. Existe comida suficiente para todos no mundo? A Unidade é um organismo vivo! É um organismo vivo multidimensional, assim como os seres humanos. Os sufis diriam: "Ela é a revelação de Deus". É a revelação da Sua Unidade, movendo-se continuamente, desdobrando-se, mudando, que revela Ele mesmo de novo, de novo e mais uma vez, e Ele nunca se revela da mesma maneira duas vezes. É extremamente belo. Parte da dificuldade da transição deste momento é que ainda enxergamos pelos olhos do passado. Ainda vemos pelo véu da dualidade. Assim, nossa atenção é levada para onde esses véus nos guiam. Somos atraídos para os escombros de uma civilização que está morrendo.

Eu não sei se você já teve essa experiência, quando, de repente, os véus são levantados e você vê um mundo à sua volta que, de certa forma, é o mesmo e, de certa forma, é totalmente diferente? Eu tive a minha primeira experiência mística aos 16 anos. Eu estava no colégio interno e alguém me emprestou um livro com *koans* zen. Eu li um: "Os gansos selvagens não pretendem projetar seu reflexo, a água não tem mente para receber suas imagens". Esse *koan* zen era uma chave, ele destravou alguma coisa dentro de mim e os véus foram retirados. De repente, aquele colégio interno, onde eu me sentia isolado, sozinho e onde tinha de estudar latim, grego e várias outras coisas que não faziam sentido para mim, ficou cheio de alegria e luz, e eu ria, e ria, e ria. Era o lugar mais maravilhoso em que já estivera! Isso foi um milagre, uma revelação contínua. Eu andava pelo rio e achava tão bonito, a luz dançando na água. Por duas semanas, eu via aquele *koan* em tudo, pois na prática zen tudo é uma piada. É tudo expressão de uma brincadeira cósmica...

Nos grupos sufis, há sempre muita risada, porque o Amado está sempre nos enganando. Ele está sempre dizendo: você acha que é dessa maneira, mas uma vez que você se identifica, aquilo se torna outra coisa. Ele é o maior trapaceiro e criou esse mundo maravilhoso de ilusões, que repetidamente nos engana, zomba de nós e nos engana mais um pouco. Tudo isso são as máscaras do Amado. Elas nos seduzem, enganam e traem, mas nós podemos, pela Graça de Deus, vê-las de uma maneira diferente. Então, você verá que o que está à nossa volta não são os vestígios de uma sociedade que está morrendo, mas a germinação, o despertar de algo incrivelmente bonito.

A próxima Era, quando chegar, é inacreditavelmente bonita. Se a humanidade soubesse o que a espera, jogaria fora muita coisa. Você precisa de diversão quando tem alegria? Você precisa de satisfação no trabalho quando está realmente feliz? Não importa o que você esteja fazendo, porque tudo é a expressão da divina Unidade. Tudo é vontade de Deus. Não há nada que não seja Ele. Não há nada que não seja Isso. Não pode ser outro, porque Ele não é dois. Só há uma presença divina. Esse conhecimento já foi dado à humanidade, mas, infelizmente, a maioria das pessoas está olhando para o outro lado e lendo jornais ou assistindo a reality shows na TV. Eu rezo para estarmos aqui quando a próxima Era florescer. Não será somente para os nossos filhos ou nossos netos.

Outra coisa maravilhosa é que essa mudança na evolução não é gradual. E existe uma razão muito simples para isso: nós não temos tempo. Se uma mudança global não acontecer logo, teremos arruinado este planeta. Qualquer espécie que conscientemente destrói seu próprio ecossistema não tem boas perspectivas. É preciso uma virada, uma mudança na consciência, e nós precisamos ser as pessoas que fazem a mudança. A partir da nossa devoção, de orações e práticas espirituais, podemos trazer a luz e o amor necessários para ajudar o mundo a se transformar.

No fundo de nosso coração, carregamos um relacionamento com Deus, que é o amor. "Ele os ama, e eles O amam." Práticas de rememoração e compaixão nos ajudam a trazer esse amor para os nossos relacionamentos, para a comunidade, para o mundo. Esses fios de amor se entrelaçam com o tecido da vida. O que não percebemos – porque sempre vemos as coisas pelos olhos físicos – é que esses fios de amor que vêm do nosso coração são como raios de luz no plano interior.

Eles encontram outros fios de luz, e tecem juntos uma estrutura de luz e amor.

Quando um ser humano se torna espiritualmente desperto, quando nos tornamos conscientes de nossa natureza espiritual, temos uma responsabilidade. Parte dessa reponsabilidade é estar consciente de integrar a dimensão espiritual da vida, que existe e respira, assim como esse todo orgânico.

Pensamos em nós mesmos como indivíduos separados, fazendo nossa prática espiritual, tentando alcançar algo espiritualmente, porque fomos condicionados dessa maneira. Mas essa não é nossa verdadeira natureza. Somos faíscas de luz no tecido do amor que é parte do mundo. É por isso que alguns ensinamentos dizem que, apesar de pensarmos em nós mesmos como indivíduos, somos somente as ondas no mar. Nós todos somos parte desse oceano da vida. Viemos aqui porque o oceano da vida e do amor nos atraiu para este mundo, e estamos respondendo à necessidade da vida de nos tornarmos despertos, vivos, de respirar de novo. Você alguma vez já teve esta experiência quando, de repente, alguma coisa aconteceu e você pôde respirar de novo, quando a alegria começou a cantar através de você?

Imagine como isso é para a Terra. Imagine se você fosse tratado como um objeto por mil anos, continuamente abusado e violado. O que isso faria com você? E depois, imagine se apenas uma pessoa reconhecesse você por aquilo que você realmente é, pelo belo ser de luz e amor que é a sua verdadeira natureza. No caminho espiritual, isso é parte do papel de um mestre espiritual. Ele ou ela reconhece você por quem você é, e algo dentro de você começa a cantar porque você é reconhecido. Bem, como isso seria sentido pela Terra? Já é hora de reconhecermos a Terra pelo que ela é, e não como um corpo físico com problemas ecológicos, ou mesmo como nossa Mãe Terra, a quem violamos o quanto foi possível. Sim, a Terra tem problemas físicos, mas você sabe que, às vezes, os problemas físicos têm uma causa mais profunda, que pode ser desequilíbrio ou falta de alimento para a alma. Algo em você não está cantando. Não há alegria, significado, e ninguém reconhece você.

Uma vez que sairmos do paradigma do nosso próprio eu, do nosso grupo, da nossa raça ou cultura, poderemos entrar em um novo paradigma, em um campo de consciência desperta, na Unidade. A Terra responderá, pois ela está esperando para ser reconhecida – mas não como uma "coisa" separada, não como um corpo que tem problemas físicos, por favor! Como místicos, sabemos que a Terra é uma revelação de Deus. Não é um problema para ser resolvido. Se você encarar a vida como um problema a ser resolvido, se você encarar a Terra como um problema a ser resolvido, se você encarar o presente como um problema a ser resolvido, você terá um problema. Essa é a lei das consequências planejadas. Mas se estamos presentes com a percepção do Divino e perguntamos a Ele: "Como você quer nos usar nessa revelação da Unidade?" Você não acha que o Divino nos mostrará? Ele quer nos usar. Isso é muito simples. Nós não precisamos de técnicas espirituais complicadas. Não existe um "problema". O mundo nunca foi um problema. Os problemas sempre são criados porque precisamos aprender algo. O que é a verdadeira aprendizagem? Fazer uma mudança na consciência, na percepção, na maneira de ver e, com sorte, alcançar um estado de consciência verdadeira, sem dualidade, sem sujeito e objeto, no qual você pode ver que as coisas são o que realmente são.

Se você visse o mundo como ele realmente é, ficaria impressionado. Você estaria cheio de admiração, fascinado, e veria imediatamente o papel que você desempenha, onde o destino de sua alma deve se revelar, pois tudo está escrito. Esse é o livro da vida, o livro do amor. Está tudo escrito aqui – como você pode ser útil –, se você se preocupar em perguntar. Isso acontece se você não está muito identificado com os seus próprios problemas, conflitos e resoluções. O que é verdadeiro para o indivíduo é verdadeiro para o todo. Quando virmos nosso mundo como ele realmente é, nossa energia será usada para o bem de todos. Nossa luz começará a fluir ao redor do mundo, e o corpo físico do mundo começará a se curar. Eu acho isso fascinante, o fato de termos chegado a uma crise ecológica tão severa a ponto de não podermos resolvê-la sozinhos. Mas o que acontece com o seu corpo quando você se realinha? A energia começa a fluir. A alegria retorna. O corpo pode se curar e a mágica ganha vida. Isso é verdade para a Terra. Quando ela estiver realinhada, os diferentes centros espirituais ao redor do mundo irão acordar e se comunicar. Então o mundo começará a tomar seu lugar no Sistema Solar, na galáxia, deixando de ser um planeta isolado na borda da Via Láctea, criando confusão consigo mesmo, para se tornar um ser espiritual vivo, do qual nós somos protetores. O canto da alma do mundo irá reviver em nosso coração e irá cantar para nós, e nós cantaremos para ele. Estamos sendo preparados para isso. É incrivelmente bonito.

Eu sei o que acontece quando o coração de um indivíduo desperta. Eu conheço a luz que flui em volta dele. Eu conheço a música que começa a cantar no coração porque eu tive a Graça de trabalhar com as almas. Eu já vi o que acontece. É muito bonito. É uma celebração. Os anjos começam a cantar e a energia flui do mundo interno para o externo. Esse é o símbolo da Nova Era, o "8", o símbolo do infinito, quando há um fluxo de energia contínua que irá nutrir e curar o mundo. Ele vem dos planos internos de cura para os planos externos poluídos, e assim a alegria retorna. Assim os centros de energia no mundo irão despertar e vão jogar fora o pó da corrupção e os detritos da poluição. Nós não podemos fazer isso individualmente, mas com a Graça de Deus, tudo pode acontecer.

Estamos aqui para ajudar o mundo a ganhar vida com amor. Isso é parte da nossa obrigação como seres humanos despertos, como seres humanos que não colocam os seus próprios interesses em primeiro lugar – interesses espirituais próprios ou interesses corriqueiros próprios, realmente não há diferença. O que importa é o serviço. É por isso que, no caminho sufi, após o estágio de união, vem o estágio da servidão. Nós somos escravos do Único e servos de muitos. Por que não queremos nada para nós – é muito esotérico o que vou dizer agora –, embora tenhamos acesso aos lugares de poder. Esses lugares estão cobertos e escondidos daqueles que querem alguma coisa. Por quê? Porque o poder dentro deles é muito grande, se alguém o usasse para seu ganho pessoal seria desastroso. Se você acha que políticos têm poder, isso é brincadeira de criança. O poder que está na Terra, e está esperando para ser usado, é poder de verdade. Ele pertence à vontade de Deus e ao destino da criação. Ele pertence a todo o propósito da evolução e da vida, e há certas coisas que você não pode fazer sem poder, poder de verdade, poder que pertence à vontade de Deus. Se Deus diz que será, será.

Os sufis falam sobre os dois polos: *jamal* e *jalal*. Jamal é o aspecto da beleza, a qualidade feminina de Deus, e os sufis amam a beleza porque sabemos como nosso Amado é belo. Depois existe *jalal*, o aspecto da majestade, do poder. Muito poder espiritual foi encoberto, escondido, porque é muito fácil fazer mau uso dele. Esse não é um poder que atua nos planos de ação e reação. Não é um poder que pertence à dualidade. Esse é o poder que pertence à Unidade. Se algo precisa ser, é! Não há um processo para esse poder, ele só é. Ele funciona. Ele faz as coisas acontecerem. Essa é a vontade de Deus, como é dito no Pai-Nosso: "Seja feita a Tua vontade, assim na Terra como no Céu".

Como isso vai funcionar em detalhes, eu não sei. Tem muito a ver com o nosso nível de participação e comprometimento. Tem muito a ver com o que acontece quando alguns desses centros de energia são ativados, despertados. Assim como uma experiência mística pode ser dada a um ser humano, e alguns ficam muito perturbados com essa experiência, outros são levados a um estado de êxtase. Se você retroceder ao ego, é muito perigoso. Mas se você se colocar a serviço da totalidade, como um ser humano espiritual, então você pode se alinhar com a vontade de Deus e o trabalho que precisa ser feito. Isso não significa que você precisa começar um projeto. Eu sempre desaconselho as pessoas a levar uma "vida espiritual". Isso geralmente é desastroso. A vida é boa o suficiente como é. Não há necessidade de ser "espiritual", mas há a necessidade de se tornar um ser humano de verdade. Na verdade, no sufismo existe uma tradição esotérica do *qutb*, o polo, que é um ser humano perfeito, em qualquer época, que vive o verdadeiro potencial. O mistério é que nós não sabemos que somos divinos. E é claro que somos divinos, pois somos feitos à imagem de Deus. O que mais nós vamos ser? Apenas folhas flutuando no ar, sopradas pelo vento forte do consumismo? Por favor! O que importa é assumir um compromisso com nosso Self, e mais ninguém, com nossa natureza divina. Existe um ditado sufi que diz: "É o consentimento que atrai a Graça". Quando realmente dizemos sim, não um sim miserável, mas como um amante que diz: "Sim, Amado! Eu estou aqui por Você, Eu sou Seu amante, Seu escravo. Faça comigo o que Você quiser. Mostre-me como Você quer me usar. Se Você quiser me abandonar, abandone-me. Se Você quiser me destruir, destrua-me. Se Você quiser me fazer presidente de uma grande companhia e dirigir um carrão, faça isso!". Nunca limite os caminhos do Amado. Nunca limite as maneiras com que ele pode fazer você de bobo, ou virar o seu mundo de cabeça para baixo. De quem é o mundo? Ele pertence aos senhores dos poderes mundanos, ou ele pertence ao Senhor do verdadeiro poder?

Quando o mundo começar a cantar, quando o coração do mundo começar a se abrir e o mundo começar a cantar novamente, vai ser muito bonito. Eu sei o que acontece quando o coração de um ser humano se abre e começa a cantar. Os anjos prestam atenção e olham para o ser humano, porque eles ouvem o canto do coração. Eles ouvem o coração louvando a Deus e se curvam. Quando um ser humano desperta, e o coração canta louvores a Deus, não há nada mais bonito em todos os mundos. Se isso acontece com um ser humano, pense o que irá acontecer quando o coração do mundo despertar e começar a cantar.

Transcrito de uma palestra dada em 2003, na Conferência sobre Responsabilidade Espiritual em uma Época de Crise Global (National Cathedral School, Washington, D.C.).

LLEWELLYN VAUGHAN-LEE é um mestre sufi da ordem Naqshbandiyya-Mujaddidiyya, e o sucessor da grande mestre sufi Irina Tweedie. Ele é fundador do Golden Sufi Center em Pt. Reyes, Califórnia, e é autor de mais de 12 livros, incluindo *Working with Oneness, Alchemy of Light* e *Prayer of the Heart in Christian and Sufi Mysticism*.

> Marti fala da tremenda explosão de consciência que ocorre em nosso planeta neste momento, empurrando-nos para uma nova dimensão. Ela descreve uma nova consciência coletiva que está se manifestando nas comunidades intencionais e em outros lugares ao redor do mundo.

Viver em Auroville: um laboratório de evolução

Marti

UMA TREMENDA EXPLOSÃO da consciência está ocorrendo em nosso planeta. Ela nos empurra para uma nova dimensão. Estamos sendo levados em uma corrente lúcida de despertar para um potencial que é novo, porém tão antigo quanto as estrelas. Essa nova consciência coletiva se manifesta em comunidades intencionais e em outros lugares ao redor do mundo.

Nossa missão planetária

Não chegamos aqui por acaso. Cada um de nós tem uma missão no planeta Terra, a qual pode levar nosso espírito a seu verdadeiro destino, ressoando em frequências cada vez mais altas até a percepção de seu verdadeiro potencial. Em termos humanos, esse é o campo de energia que reconhece tudo como um, que vê todos os acontecimentos e seres como iguais e que vive na luz e no amor da compaixão. É a energia que nos conecta com os mais profundos recantos da Terra, e os mais distantes reinos das estrelas. É a tempestade e o lago parado. É a consciência de tudo e de nada. É o que não é, e o que é. É a semente de onde a planta nasceu, e a planta que dá origem à semente. É o curandeiro e o que é curado. É a pura alegria da existência, a expressão da unidade, a evolução da evolução, a entrada para o *point bindu*, aquele ponto minúsculo no universo no qual você pode vê-lo por inteiro. Cada ser consciente na Terra veio aqui com um propósito. Nada existe no vácuo. Cada campo de força no universo está inter-relacionado. E a nossa missão é manifestar essa consciência em nossa vida.

Um dos nossos desafios como seres humanos é nos conectarmos com nossa *legende personnelle*, ou destino pessoal – como é chamado pelo escritor brasileiro Paulo Coelho em *O Alquimista*. Trata-se de uma linha melódica que vai nos conduzir em nossa busca da verdadeira razão de ser, de nossa verdadeira *raison d'etre*, e nós nos tornaremos parte de um campo de energia de grande importância. Essa consciência coletiva, descrita por grandes místicos de muitas tradições, tem um poder exponencial para mudar os padrões de energia de todo o universo, como uma pedra atirada em um lago que ondula e se expande para sempre.

A mudança cósmica

O filósofo indiano Sri Aurobindo chama os humanos de "seres transitórios" e descreve um momento no futuro, quando alguns seres altamente evoluídos experimentarão uma mutação da espécie, ou uma profunda mudança na consciência coletiva. Através desse salto evolutivo gigante, os humanos começarão realmente a experimentar a "força de vida divina". O filósofo russo Gurdieff se referiu a esse potencial coletivo quando declarou que, se cem pessoas conscientes meditassem juntas no mesmo comprimento de onda, nosso mundo seria um lugar diferente. Nossos ancestrais Maias disseram que, no ano de 2012, um grande ciclo humano que começou milhares de anos atrás terá chegado ao fim, e uma nova consciência nascerá. Como isso está acontecendo é algo que será revelado com o tempo, mas, sem dúvida, as mudanças evolutivas estão acontecendo em um ritmo altamente acelerado. Como o escritor Peter Russell nos lembra em *The Global Brain* e *The White Hole in Time*, a consciência está ressonando em níveis de frequência cada vez mais rápidos e mais tênues. Efetivamente, mais mudanças significativas ocorreram nos últimos trinta anos do que nos quinhentos anos anteriores.

Retorno para a montanha

Viver em comunidades que têm uma conexão forte com a Terra nos faz lembrar que a natureza é nossa maior mestra. Ela nos conecta com nossa percepção mais profunda sobre quem somos. Em muitas culturas, a montanha é a morada sagrada do divino. Escalá-la é visitar nossa morada mais alta, onde nos conectamos com nossas aspirações mais profundas, qualquer que seja nossa tradição espiritual. Quando ouvimos a batida do coração da Mãe Terra, encontramos nossas asas coloridas. É um lugar que nos conecta com as energias da Terra, onde podemos respeitar e amar a nós mesmos, ver o horizonte, e desistir de nossas conexões com as coisas que nos puxam para baixo e nos impedem de perceber nosso verdadeiro espírito. Os chineses dizem: "Abrace o tigre, volte para as montanhas".

Existe um bonito canto navajo (Yebechi): NA BELEZA, EU CAMINHO... *Tudo ao meu redor, minha terra, é beleza,* NA BELEZA, EU CAMINHO. Quando sentamos no cume de uma montanha alta, onde o vento sopra com força e sentimos o céu penetrando nosso corpo, esquecemos a briga que tivemos com o vizinho sobre a cerca. Nós começamos a entender o verdadeiro poder da existência. Quando o céu vazio se torna cheio e denso como as florestas e árvores que estão abaixo dele, começamos a sentir o espaço como móvel, etéreo, generoso, repleto de possibilidades. Entendemos que nenhum objeto tem valor além da percepção que temos dele. Somos peregrinos. Sabemos que a Terra é nossa casa, assim como todo o universo. Somos guardiões da sabedoria. Somos eternos. Vivemos na Era que não tem idade. Esse é o conhecimento profundo inerente a cada tradição espiritual. Quando andamos em paisagens sagradas, a percepção desperta. Somos fortalecidos para criarmos juntos nossa realidade, para perceber nosso verdadeiro destino. O monge budista Thich Nhat Hanh sugere que cada passo consciente na *walking meditation* – gênero de meditação praticada enquanto se caminha – nos aproxima da verdadeira percepção. Estabelecer santuários onde podemos ouvir nosso próprio coração bater, onde podemos nos regozijar por estarmos juntos e ouvir a canção da natureza está no âmago do nosso bem-estar. Recuperar a Terra se torna um de nossos principais objetivos.

Cada um de nós recebeu uma alma, um corpo e uma mente que servem como veículo. Na Índia dizemos: "*Nada Brahma*" ou "Deus é som". O mantra indiano *Gayatri*, ou Ode ao Sol, cantado toda manhã e ao entardecer por milhões de pessoas, é uma prece para a iluminação. O som desse mantra vibra para trabalhar em diferentes órgãos do nosso corpo e para transformar nossa mente em um maravilhoso estado de bem-estar – o que Gurdjieff chamaria de "ato de autorrecordação". Que maneira melhor de praticar o *Nada Brahma* do que na natureza, de entendê-lo no giro da nossa minúscula Terra no espaço, no intrínseco *Om* em nossa respiração quando levamos o universo para dentro do nosso corpo e o expiramos de volta?

Nós somos um corpo

Todos nós somos únicos; no entanto, somos parte da Teia da Vida que é interdependente, uma corrente impetuosa que corre em direção ao oceano, que não recusa nenhum rio. Quando reconhecemos que vivemos em comunhão, nos dissolvemos em Um Corpo e não só nos tornamos parte da Mãe Natureza, que nos alimenta e nos dá vida, como também parte de uma consciência universal cósmica que contém tudo o que fomos, somos e seremos. Essa consciência está além do tempo e do espaço. Ela atravessa a vastidão e o instante-já, por dentro e por fora, o um e os muitos. Ela é semelhante à mente do golfinho. Ela é lúcida, fluente, efêmera como as ondas, ligeira como uma estrela cadente, mágica como o sorriso de um recém-nascido. Essa energia inesgotável é generosa porque conhece sua própria abundância.

Grandes filosofias se fundem

Mahatma Gandhi disse, certa vez, que todas as religiões são folhas da mesma árvore. A Unidade está em primeiro plano em todos os ensinamentos atemporais. Por milhões de anos, as antigas sabedorias taoísta, budista, cristã, judaica, muçulmana e védica têm enfatizado nossa Unidade. O budismo zen nos mostra que a separação é uma ilusão. Os *Upanishads* afirmam que, se um ser sofre, essa energia é levada para todos os outros seres. Sua Santidade o Dalai Lama diz: "O fato crucial é que todos os seres conscientes, principalmente os seres humanos, querem a felicidade, e não a dor ou o sofrimento. Por isso, temos todo direito de usar todos os métodos ou meios para superar o sofrimento e alcançar uma vida mais feliz".

O cristianismo sugere que somos irmãos e irmãs, vindos do mesmo corpo e do mesmo sangue. O Corão estabelece que "todas as criações – sejam concretas ou abstratas – são apenas sombras que dependem da Sua Luz". A ciência ocidental – seja a teoria da relatividade, a ciência holográfica, a ressonância mórfica, o caos, ou a teoria quântica – enfatiza que não podemos funcionar em uma parte do universo sem afetar campos inteiros. Na física, o sonho de descobrir a teoria do campo unificado, que é simbolizada pela pesquisa do astrofísico Stephen Hawking e por outros cosmólogos, é fruto da tentativa de entender toda a nossa dimensão.

A Matrix

No mundo de hoje, enfrentamos a pressão da Matrix, uma programação ou conjunto de ligações ou sinapses, governado pela mente. O propósito da Matrix é nos empurrar para que façamos uma escolha. Uma alternativa é escolher a alma, a luz, o amor da compaixão e a paz, ou ainda, o que o *Bhagavad Gita* descreve como nosso "Krishna", ou "Energia Crística", que é quem realmente somos. A outra alternativa é sucumbir à desolação da mente sem coração, às forças de Karna e *karma*, ou ao que os outros querem que sejamos. As duas forças vivem no campo de energia que atualmente envolve o Planeta Terra e estão em cada um de nós. Ironicamente, sem a Matrix, não podemos manifestar nossa verdadeira consciência em profundidade, porque se trata de um campo de energia dentro de nós, e todos somos parte de tudo o que existe. No entanto, o que nos permite permanecer livres é a lucidez, e não o medo. Nelson Mandela, em uma ocasião, citou Marianne Williamson:

> Nosso medo mais profundo não é sermos incapazes. Nosso medo mais profundo é o de sermos poderosos além do limite. É a nossa Luz, e não a nossa escuridão, o que mais nos assusta. Quem sou eu para ser brilhante, lindo, talentoso, fabuloso? Na verdade, quem é você para não ser? Você é filho de Deus. Deixar de se valorizar não ajudará o mundo. Não há sabedoria em se encolher para que outras pessoas não se sintam inseguras perto de você. Somos todos feitos para brilhar, como fazem as crianças. Nascemos para manifestar a glória de Deus que está dentro de nós. Ela não está somente em alguns de nós, está em todos nós. E, à medida que deixamos nossa própria Luz brilhar, damos inconscientemente permissão às outras pessoas para fazer o mesmo. Conforme nos libertamos de nossos próprios medos, nossa presença automaticamente liberta os outros.

Como se diz na África, em yorubá: "Olhos que contemplaram o oceano não podem mais temer a lagoa".

Unidade por meio da diversidade

Como destaca James Lovelock, variedade e diferenças na natureza não são apenas toleradas, mas efetivamente encorajadas e apoiadas. Sistemas biologicamente diversos são, em qualquer lugar, as formas de vida mais estáveis.

Obviamente, nossa própria sobrevivência humana depende da Mãe Terra e de sua diversidade planetária. Assim, cultivamos o paradoxo de que somos singularmente diferentes de cada ser vivo e, ao mesmo tempo, estamos intrinsicamente conectados a eles. A rica natureza biológica de nossa existência é fortalecida quando vivemos em comunidade. Quando em interdependência mútua, vemos que o que uma pessoa não pode fazer, outra pode. Isso nos fortalece. Nós nos tornamos muito mais eficientes em grupo do que nos permitiria uma energia ou capacidade individuais.

Exercitando a memória

A memória é a capacidade de lembrar quem somos e onde estamos, e de trazer experiências passadas para o presente. É um campo de energia que ajuda a nos situarmos no tempo e no espaço e a gravar a qualidade de nossas experiências. Budistas tibetanos são mestres na arte de explorar a memória para evocar a consciência. Pelo trabalho com os sonhos, eles treinam a mente para se lembrar de valiosas informações, pois somos o que pensamos. Os lamas também treinam para se lembrar de textos complexos, estudados por muitos anos em vidas passadas. É por isso que a meditação, o trabalho coletivo em nossas *sadanas*, ou o trabalho espiritual, a observação de nossos pensamentos e a limpeza da nossa aura, é importante. É uma das maneiras da nossa memória nos auxiliar.

O pesquisador japonês Emoto Masaru estudou a estrutura da água e seus diferentes estados quando ela experimenta situações de meditação ou discordância. Quando a água é pura e experimenta a harmonia, sua estrutura molecular apresenta uma grande beleza geométrica. Quando ela é exposta a barulhos dissonantes ou poluição, sua estrutura molecular se torna fragmentada e feia. No livro *Uma nova ciência da vida*, o biólogo Rupert Sheldrake demonstra que, na ressonância mórfica, quando uma massa crítica de consciência é alcançada em uma determinada espécie, a memória coletiva de toda essa espécie é ativada.

Algumas de nossas experiências com a memória reforçam medos antigos e vidas passadas, porque são formas puramente mentais. A verdadeira liberdade é alcançada quando saímos da prisão do passado. Ela chega quando abandonamos estruturas e símbolos materiais que subjugam nossa real noção de identidade e nos impedem de perceber nosso verdadeiro potencial. Cada um de nós nasceu em uma determinada cultura, raça ou família que, provavelmente, nunca vai se perder. Porém, encarar essa identidade como um invólucro, um veículo que facilita nosso direito de passagem, ajuda-nos a superar certos obstáculos. Nosso espírito ganha a liberdade de despertar para a realidade de que somos todos um corpo, e de que estamos aqui para uma verdadeira transformação, que vai além de como ou onde nascemos.

O modo como aprendemos

Viver em comunidade nos dá uma oportunidade única e nos desafia a ouvir o outro de maneira receptiva. As comunidades localizadas em ambientes naturais nos ajudam a aprender a ouvir a força do som, a reconhecer e aprender com padrões naturais, a ler a paisagem e os céus e a ouvir a terra. Isso significa cuidar para que nossas relações humanas estejam em harmonia, assim como criar, em conjunto, uma pegada ecológica leve. Quando permitimos que nossa mente absorva nosso ecossistema e vibre com ele, então nossas células se tornam água-viva. Elas são claras, transparentes e altamente ressonantes. A Mãe – companheira espiritual de Sri Aurobindo – descreve esse processo em detalhes em *The mind of the cells*. Se nós realmente entendermos que somos um único corpo, então saberemos que não podemos prejudicar o outro sem prejudicar a nós mesmos. O amor e o carinho se tornam nosso único propósito real para a existência. Por nos amarmos e nos importarmos muito com o nosso planeta, padrões de vida simples se tornam nosso estilo de vida. Thich Nhat Hanh diz: "Se você está em uma boa comunidade, na qual as pessoas são felizes e vivem profundamente cada momento do dia, a transformação pessoal irá acontecer naturalmente, sem esforço...". Isso fica evidente em comunidades onde brincamos juntos quando crianças e, mais tarde, vemos nossas próprias crianças e netos brincando uns com os outros. Quando vivemos em comunidades conscientes, nossas crianças não nos "pertencem" mais, elas desenvolvem-se com maior facilidade como pessoas conscientes de seus direitos e aprendem sobre a verdadeira generosidade do espírito.

Viver em comunidade pode desafiar nossas crenças profundas sobre nós mesmos e despedaçar nosso ego. Isso proporciona uma oportunidade maravilhosa para ver os obstáculos, independentemente da razão, como lições inestimáveis. Se consideramos tudo, inclusive nossas experiências, como simples ferramentas, ou instrumentos para nossa evolução, e aprendemos a nos distanciar delas, somos seres iluminados. Sentimos um profundo senso de identidade com tudo que é vivo e um profundo senso de felicidade e gratidão por fazer parte de algo indescritivelmente maravilhoso. Essa é a alegria da compaixão (com + paixão). É a energia de Krishna, de Cristo, ou Maitreya Buda, que irradia amor verdadeiro simplesmente porque é consciente de sua própria existência. Está além das diferenças e dos valores competitivos que escravizam nosso ego. Nosso espírito anseia para viver no amor, na paz e na harmonia em todos os aspectos de nossa existência. À medida que compartilhamos essa energia com outros, o *com*, ou o vir junto da *paixão*, ou o amor intenso pela vida e existência, aumentam. Nós experimentamos a verdade, a honestidade, a generosidade, a igualdade e uma profunda compaixão do mundo. Vamos irradiar uma forte experiência de que todos somos parte de Um Corpo. Esse padrão de ressonância alcançará o universo e nos levará a novos mundos.

Em direção a Heyoka

A busca de visões e a roda da medicina são ferramentas que fazem parte da jornada para a evolução na tradição dos ameríndios. Em *Buffalo Woman Comes Singing*, Brooke Medicine Eagle descreve o caminhante como uma criança arco-íris. A jornada começa no sul, onde as sementes da vida são plantadas, e segue para o oeste, onde a cultura e a experiência são aprendidas, virando em seguida para o norte, onde conhecimento e experiência se tornam sabedoria, e por fim indo para o leste, onde a iluminação ocorre. Após a exploração das quatro direções geográficas, o iniciado dá os primeiros passos em direção ao centro para experimentar a Terra e o Cosmo como um todo. O mesmo acontece em relação a seu reino interior, que podemos chamar de *heyoka*. Na tradição Sioux ou Lakota, a consciência final se manifesta como palhaço, ou um espírito desperto, que ri de tudo porque nada é sagrado e tudo é relativo. O *heyoka* anda atrás de nós e imita todas as nossas ações para expor o que realmente é a nossa seriedade: uma gaiola que nós mesmos criamos, e que não nos deixará livres para ressoar em um nível mais profundo. Ser capaz de zombar de tudo por dentro nos ajuda a quebrar nossos medos e a vê-los como realmente são.

Nada é tão grave a ponto de nos impedir de ir além de seu absurdo, para que consigamos ver o paradoxo de nossa existência. Nessa vida, precisamos confrontar e dominar todos os estados. Faz parte do nosso processo evolutivo. Amor e harmonia são palavras que descrevem uma conexão. Porém, nossas experiências de amor não existem somente em nosso relacionamento conosco, mas também com os outros. Paradoxalmente, o amor não existe sem a noção da ausência do amor. Nossa percepção de harmonia também não existe sem a percepção de discordância. A doce melodia de uma flauta é mais doce quando consegue atravessar padrões distintos de caos, que se deslocam e mudam, transformando-se no seu oposto. Entender esse paradoxo nos dá o distanciamento necessário para experimentar a risada que vem de uma consciência cósmica: o simples, mas profundo entendimento de que, apesar de todas as nossas diferenças, somos realmente um só. Como diz um antigo provérbio zen: "Aquilo que é, é, e o que não é também é".

A consciência da consciência

Indivíduos vivendo em comunidade e compartilhando os mesmos padrões de crença formam uma consciência coletiva que pode definir ou remodelar o mundo. Nós criamos possibilidades, acreditando que elas realmente existem, e dissolvemos limitações, experimentando a nós mesmos como seres sem limitações. Nada é impossível. Isso acontece porque, na realidade, o universo surge de dentro da consciência. Não é que sonhamos um universo. Nós sonhamos a existência do universo com a nossa própria consciência. Não existe dentro e fora. Existe a simples consciência daquilo que é. Nossa fonte de vida não é separada nem confinada. Ela simplesmente é. A consciência não evolui a partir do universo. O universo evolui a partir da consciência. No Ocidente, tendemos a localizar a alma no corpo. No Oriente, o corpo é parte da alma e é visto como instrumento de transformação e mudança. De fato, nosso corpo é o instrumento pelo qual mudamos nossa mentalidade e transformamos nossa consciência até as profundezas do ser. As comunidades são uma maneira de praticar essa consciência e de "incorporá-la", como diria Sri Aurobindo.

Ouvir e acreditar

A experiência de estar vivo, de dar, é nosso maior presente para o universo. O *tat*, a existência una, ou *tsd ekam*, em termos védicos quer dizer nossa alegria, nossa *raison d'être*. Desejar e resistir exige esforço. Aceitar e apreciar não requer esforço. Com a quietude da mente e do corpo que vem com a disciplina interior, a meditação, a yoga ou simplesmente com a consciência da respiração, estendemos a confiança aos outros. Uma transformação interna leva a possibilidades externas. Todos morrem um dia. A única e verdadeira diferença entre nós nesse momento pode ser nosso nível de consciência. Com um toque de humor, Kaiga, um mestre japonês de poesia haikai, escreveu em seu poema de morte: "Estranho... Como mensageiros eles voam para a esquerda, voam para a direita, os vaga-lumes".

Vamos honrar tudo o que somos. Vamos honrar nosso amor pela beleza, nossa necessidade de paz, nosso anseio por liberdade, nossa crença na existência de forças maiores. Vamos respeitar a necessidade de compaixão, nossa procura por equilíbrio e significado, nossa feroz necessidade de desenvolver a coragem e a integridade verdadeiras. Vamos honrar tudo isso para vislumbrar o futuro, e colocar as forças de criação em movimento. Desse modo, iremos nos arriscar e errar, mas será uma grande aventura. Como disse o filósofo libanês Khalil Gibran: "Aquilo que é ilimitado em você reside na mansão do céu, cuja porta é a névoa da manhã, e as janelas são as canções e o silêncio da noite".

Somos desbravadores, mas também sonhadores, e sonhos semeiam coisas maravilhosas. Eles semeiam uma certa selvageria da mente, à medida que emergimos e nos tornamos ativos no desenvolvimento do nosso próprio potencial. Certa beleza aparece na teia de conexões entre os humanos, a consciência da consciência, quando compreendemos que ideais são apenas ferramentas, que o deleite e o desânimo têm as mesmas raízes, que nós estamos conectados, que temos um terceiro olho, um terceiro ouvido. Que nosso corpo é um templo de vigília. Que a quietude interna reina.

Somos evolucionistas

Ainda não começamos a ser desbravadores. Vivemos a vida para sermos nós mesmos. A expressão de nossa integralidade é o que nos leva a sermos evolucionistas. Como diziam nossos antepassados, nas margens acidentadas da Nova Zelândia: "Eu sou, *Io Mata Ngaro*, o invisível, o criador de tudo, o guardião do espaço silencioso, o cantor da canção que mantém as estrelas no lugar e tudo que já foi e será". Quando realmente nos tornarmos nós mesmos e manifestarmos a paixão de uma visão profunda, a partir de um lugar verdadeiro, então seremos desbravadores. Como disse, certa vez, o escritor francês Antoine de Saint-Exupéry: "Apenas com o coração é que se pode ver corretamente. O que é essencial é invisível para o olho".

Que época mais estimulante para se estar vivo. Estamos nos tornando a mudança que procuramos no mundo.

Marti é de Auroville, sul da Índia, tem trinta anos de experiência no campo da educação, vinte em comunidade, e foi professora da Sorbonne, em Paris. Ela é cofundadora do Children and Tress Research, ao lado da UNESCO e do governo indiano. Também trabalhou no Earth Restoration Corps e na University of the Streets and Alleys. Seu interesse hoje é: estabelecer um santuário selvagem para proteger um Patrimônio da Humanidade, segundo a UNESCO, na Índia Central.

> Hildur Jackson foi uma das fundadoras do movimento de ecovilas e, anteriormente, do movimento de *cohousing*. Este ensaio não só apresenta a perspectiva de Hildur a respeito da visão de mundo emergente, mas também é um relato autobiográfico de seu papel produtivo no movimento de ecovilas.

Quem sou eu? Por que estou aqui? Vivendo a nova visão de mundo

Hildur Jackson

Existem dois estados de ser: um com o coração fechado e outro com o coração aberto. O amor é o abrir do coração. A pior verdade sobre a Era patriarcal é que ela impediu o amor. A desgraça da sociedade ocidental reside no fato de que nenhum amor permanente é possível, pois, desde muito cedo, os corações abertos são bombardeados com decepções e maldades inimagináveis. No início, as crianças têm o coração aberto, mas, aos poucos, elas o fecham, pois os adultos de hoje em dia não costumam saber como lidar com corações abertos... Um mundo humano só pode acontecer por meio de corações abertos.

Dieter Duhm, Tamera, 2012

Uma busca pessoal de mais de cinquenta anos

Como muitos outros, comecei a me questionar muito cedo: quem sou eu? Essa pergunta fundamental impeliu-me a uma jornada pessoal, que será contada a seguir, e com a qual espero esclarecer alguns dos principais desafios de se viver na sociedade dinamarquesa. Também espero que este relato pessoal ajude as pessoas de outras partes do mundo a entender as limitações da cultura ocidental. Todos nós temos de passar por um processo semelhante para começar a viver uma nova visão de mundo. Esse processo é explicado brilhantemente pela Dinâmica da Espiral.

Tudo começou com meu papel como mulher e, mais tarde, como mãe. Minha própria mãe costumava se queixar dizendo que a condição humana era somente "a luxúria da carne e a solidão irreparável da alma", citando o escritor sueco Hjalmar Soederberg. Meu instinto sabia que isso estava errado, mas o desespero dela me possuiu enquanto eu subia a colina atrás da nossa casa, à noite, para ver as estrelas. Eu não tinha palavras para ajudá-la. Seu sofrimento era causado por uma visão de mundo antiga e pela supressão do feminino por milênios. Na condição de uma dona de casa suburbana, ela se sentia dependente e só, como a maioria das donas de casa frustradas que viviam à margem da sociedade naquela época. Isso foi logo depois da Segunda Guerra Mundial. Eu tinha medo de cair na mesma armadilha, então, prometi a mim mesma, aos 14 anos, que nunca me casaria e teria uma boa formação acadêmica. A vida se tornou uma viagem para encontrar uma compreensão (uma visão de mundo) e diferentes maneiras de existir.

Porém, eu ainda precisava descobrir por que me sentia completamente alienada da Dinamarca tradicional: não queria uma carreira profissional nem continuar o papel marginalizado da geração da minha mãe, as duas únicas escolhas, igualmente insatisfatórias, que eu tinha. Eu queria estabelecer uma relação melhor e mais amorosa com meu marido do que as que eu via ao meu redor. Tive a sorte de encontrar um esposo com a mente aberta e de estar entre várias outras pessoas que tinham essas mesmas ideias.

Depois de concluir a faculdade de Direito, comecei a estudar Antropologia Social, em 1968, logo após ter tido meu primeiro filho. Fui cofundadora do Redstockings (o nome do movimento dinamarquês de libertação feminina) em 1970 e, mais tarde, trabalhei com as ecofeministas e as Flying Women, algo entre bruxas e anjos. Elas reivindicavam que as mulheres poderiam contribuir com algo de importante e exclusivamente seu. Junto com outras mulheres, acabei confiando em minhas próprias experiências, desenvolvendo uma crença profunda de que o amor é nosso direito inato e buscando uma nova cultura.

Pôster para a Nordic Alternative Campaign

As *cohousings* e as ecovilas foram uma resposta (em que ainda acredito fervorosamente) que surgiu como um projeto de mulheres, mas também como uma solução global e ecológica. Vivemos em uma *cohousing* por vinte anos e fomos cofundadores de duas ecovilas.

Outro projeto foi a Nordic Alternative Campaign, que promoveu o encontro de cem organizações nórdicas, compostas por membros das camadas populares, com a comunidade científica, a fim de criar uma visão global na qual os problemas globais, sociais e ecológicos seriam resolvidos. Com esse projeto, redefinimos nossa visão de mundo e também observamos que o patriarcado é um grande problema. Mats Friberg inventou um novo paradigma em pesquisa social: VETA (a ciência precisa de Visão, Estudos Empíricos, Teorias e Ação), e também editou três livros com Johan Galtung: *The Crises*, *The Social Movements* e *The Alternatives*.

Paralelamente a essas empreitadas externas, havia uma busca espiritual que se estendia por mais de trinta anos. Foram reveladoras as experiências de reviver meu próprio nascimento por uma ou duas horas, ao ouvir o Canadian Harmonic Choir, e de fazer com Stanislav Grof a Respiração Holotrópica (exercícios respiratórios para alcançar estados de consciência extraordinários). Elas satisfizeram minha necessidade de provar pessoalmente a existência de uma presença divina. Somados a isso, há a amizade de uma década com William Keepin e, mais recentemente, o aprendizado com meu filho mais velho, Rolf, que me proporcionaram diversas experiências pessoais, confirmando que uma visão de mundo holística e espiritual é a correta. A visão de mundo materialista teve de se render.

Um mestre espiritual dinamarquês, Jes Bertelsen, foi quem me iniciou na meditação, nos chacras e na interpretação de sonhos. Sou grata pelo seu trabalho de elevar um grande grupo de pessoas na Dinamarca a um novo patamar.

No entanto, minha busca espiritual sempre foi influenciada por uma experiência – que soube que apenas poucas mulheres já a tiveram –, a de ser realmente a Terra inteira. Aconteceu na Páscoa, durante uma meditação, e sempre esteve comigo. Isso pode ser visto como uma continuação da abordagem feminista e pode ser o motivo pelo qual o tantra pareceu natural para mim e tem funcionado como o motor do meu desenvolvimento espiritual. Praticar o tantra com meu marido criou um vínculo profundo, que o sexo comum provavelmente nunca teria criado. Viver, constituir uma família e trabalhar com ele por 45 anos tem sido muito divertido, um processo de aprendizado constante e uma verdadeira dádiva.[9]

---

9 Jes Bertelsen e sua parceira de tantra anterior escreveram bastante sobre o tantra em dinamarquês. Para a literatura em inglês, veja o livro de Stephen Wik, *Beyond Tantra*, ou os trabalhos de Georg Feurstein ou Daniel Odier.

Outra experiência meditativa poderosa introduziu-me ao místico cristão Giordano Bruno. Desde então, tenho estudado seus escritos. Ele me mostrou como e por que a religião e a ciência se separaram, quando a Igreja Católica o queimou na fogueira em 1600 por causa de sua crença na reencarnação e de seu desejo de criar uma religião do Amor.

Para mim, Rashmi Mayur, um amigo indiano com quem trabalhei por muitos anos até sua morte, era a reencarnação do espírito de Bruno, tendo, dessa vez, o mundo inteiro ao seu dispor. Ele foi conselheiro da ONU e de muitos governos no Hemisfério Sul. Ele era contrário à religião, mas, mesmo assim, era uma pessoa muito espiritual e um cientista dedicado. Meu contato diário com ele durante um ano inteiro me ensinou muito sobre o Hemisfério Sul e sobre espiritualidade. Quando ele meditava, geralmente um poema aparecia em sua mente já na forma final.

O místico cristão do Chipre, Stylianos Atteshlis, também conhecido como Daskalos, e o mestre espiritual dinamarquês Asger Lorentsen, confirmaram a realidade e a legitimidade das minhas raízes cristãs. O teólogo americano Thomas Berry deu a elas uma nova dimensão filosófica com seu livro *O Sonho da Terra*, uma visão de mundo comemorativa, quando passamos uma semana com ele em Assis, na Itália. Thomas Keating, um padre católico e professor americano, as reforça.

Outra influência importante tem sido a cultura budista de Ladakh, da qual tomei conhecimento aravés de Helena Borberg-Hodge, quando estava escrevendo seu livro *Ancient Futures*. Também aprendi sobre a filosofia budista com Ari e Vinya Ariyaratne (de Sarvodaya) e com o Spirit in Education Movement (SEM), situado no *ashram* Wongsanit, na Tailândia.

Em 1992, conheci Chari, o atual líder do Sahaj Marg, um sistema de raja yoga redescoberto no século XX. Desde então, sou membro desse sistema de meditação. Chari vive a nova visão de mundo e ensina como abrir o coração a um grupo crescente de pessoas. O Sahaj Marg difundiu-se por noventa países, oferecendo uma prática com todos os elementos necessários para a transformação da consciência, além de um contexto social para a espiritualidade (visite www.srcm.org).

A menção a todas essas tradições – a feminina/tântrica/indígena, o budismo, o cristianismo, o hinduísmo, o sufismo, assim como a abordagem moderna, mais baseada na ciência – mostra que elas têm uma contribuição a dar e que são caminhos relevantes. Elas não se contradizem.

Uma síntese

Eckhart Tolle é o equivalente ocidental de um mestre iluminado oriental. Ele expressa verdades eternas em uma linguagem próxima à da ciência, sendo mais facilmente compreendido por um público ocidental do que muitos mestres orientais. Seus ensinamentos tornaram-se, desde a primavera de 2008, acessíveis a todo o planeta, gratuitamente, através de vídeos no YouTube e do site www.eckharttolle.com.

Eu adoto os ensinamentos do Sahaj Marg e também os do livro de Tolle, *Um Novo Mundo*, como base para o seguinte:

Somos seres espirituais com acesso à divindade. O que nos leva à pergunta: quem somos? Cheguei à conclusão de que todos temos a luz divina dentro de nós. É nosso direito inato. É nossa verdadeira natureza. Somos todos um só. Eu gosto do termo: "Uma Visão de Mundo da Unicidade". Essa é a essência da nova visão de mundo e é o que sistemas espirituais de orientações distintas nos dizem. O propósito da vida é a expressão do amor em todas as suas manifestações. O amor é a realização da unidade em um mundo diversificado. Por meio da transformação da nossa consciência, podemos nos tornar cocriativos com a própria evolução. A libertação e a unidade com o todo são passos ulteriores. Os budistas chamam isso de alcançar o vazio total ou nirvana. Somos reflexos do macrocosmo e temos acesso a todas as informações e ao conhecimento de que precisamos. A filosofia perene é rica e diversa, e os mestres iluminados, ao longo das Eras, têm nos mostrado as possibilidades e o caminho a ser seguido.

Em praticamente todos os caminhos espirituais, uma das tarefas fundamentais é a de se livrar de tudo aquilo que obscurece ou enfraquece a luz divina em nós, removendo os bloqueios de nosso coração e de nossa mente, quer tenham sido criados nesta vida ou em vidas passadas. Essa limpeza é feita de distintas maneiras, de acordo com cada tradição, e pode ser realizada com ou sem a ajuda de instrutores ou do Mestre da tradição (vivo ou não). Independentemente das muitas terminologias usadas em diversas tradições, após o processo de limpeza (*samskaras*, no hinduísmo, ou purificação, em termos cristãos), a essência natural do ser interior brilha de modo inalterado. Eckhart Tolle define o que nos obscurece como um corpo de dor, que não é o que realmente somos (já que somos seres espirituais), mas que pode nos dominar facilmente. O corpo de dor foi criado por emoções de dor, raiva e medo.

Tudo é vibração

A totalidade do sistema humano funciona automaticamente e nos conecta ao universo. Respiramos, nosso sangue circula, crescemos e renovamos nossas células sem um esforço consciente. Mesmo tendo funcionado por 69 anos (minha idade enquanto escrevo este relato), o corpo é capaz de retornar à sua configuração original caso fiquemos livres dos bloqueios (*samskaras*, no Sahaj Marg, ou o corpo de dor, na linguagem de Eckhart Tolle). "Todas as coisas são campos de energia vibrantes em movimento ininterrupto", diz Tolle. A matéria é uma ilusão. Nossos sentidos percebem as vibrações como sólidas e inertes. Somos constituídos de moléculas, átomos, elétrons e partículas subatômicas, que vibram juntos, criando o que percebemos como sólido.

Certa vez, quando meditava em uma floresta com um amigo querido, isso se tornou realidade para mim. Pude ver outros rostos em volta do dele tão claramente quanto o rosto natural – eram como imagens holográficas. Mas só pude focar em um rosto de cada vez. Por causa do estado meditativo, também pude ver nitidamente, através de seu corpo, a casca da árvore que estava atrás dele.

A energia vibra em frequências diferentes. Os pensamentos consistem na mesma energia, mas vibram em uma frequência mais alta e com menos densidade que a matéria, o que explica por que não podem ser vistos ou tocados normalmente. Mas isso não é totalmente verdadeiro – já vi alguns poemas de Rashmi como cores vibrantes e nunca estava enganada quando perguntava se um poema havia surgido em sua mente. Os pensamentos têm seu próprio espectro de frequências, sendo que os negativos ficam na parte inferior da escala, e os positivos, na parte superior. Eles são vibrações muito rápidas. "A matéria vibra muito lentamente. Os pensamentos afetam sistemas vibratórios mais lentos, como as emoções", disse Will Keepin. Ele também afirmou o seguinte: "O amor cria a forma. Se você ressoar com a vibração mais alta, o espírito tomará o controle". As leis naturais e espirituais tornam-se, então, uma só.

"Seu corpo é indissociável da inteligência universal, ele é uma de suas incontáveis manifestações", explica Eckhart Tolle. "Os átomos que, juntos, constroem o corpo, dão a ele um senso de coesão. Há um princípio organizador por trás dos órgãos do corpo, o que inclui a conversão de oxigênio e de comida em energia, os batimentos cardíacos e a circulação do sangue, o sistema imunológico, que protege o corpo contra invasões, e a conversão das aferências sensoriais em impulsos nervosos enviados ao cérebro, decodificados e reagrupados em uma imagem interna coerente com a realidade externa. Não controlamos nosso corpo. Não estamos no controle. O divino, Deus ou a inteligência universal faz isso. É a mesma inteligência que se manifesta como Gaia, o ser vivo complexo que é o planeta Terra". Isso é verdadeiro para qualquer forma de vida. É a mesma inteligência que cria todos os sistemas circulatórios, tanto do nosso corpo quanto da natureza. O sistema de chacras é uma maneira de descrever isso. Pode-se distinguir o sistema físico e outros sistemas circulatórios na natureza e no corpo, como expressões do microcosmo e do macrocosmo.

Curando nossos padrões de pensamento

Pensamentos vêm sempre de um nível mais baixo que o espírito. Eles precisam ser expressos por meio da linguagem. É da natureza da linguagem separar bem e mal, preto e branco, falso e verdadeiro. Ela possui regras para a combinação das palavras. Palavras, frases e linguagem são dualistas por natureza, por isso nunca podem ser verdadeiras. A linguagem deve venerar a natureza; é nosso dever criar e usar tal linguagem. A poesia é próxima da intuição e pode expressar o que não foi cuidadosamente pensado. Através dela, podemos tocar o espírito.

Portanto, pensamentos podem afetar e mudar a matéria. Isso é um tanto difícil de entender em nossa sociedade materialista, mas o raja yoga e outras formas de misticismo sabem disso há milhares de anos. Os ensinamentos do raja yoga são: todos temos a centelha divina em nós, todos temos acesso a ela. Impressões, pensamentos decorrentes delas e vidas passadas enfraqueceram essa luz, mas podemos removê-los. Pensamos com o corpo inteiro, com todas as nossas impressões e os nossos bloqueios.

Muitos de nós repetem os mesmos pensamentos dia após dia, ano após ano. A implicação é: devemos nos responsabilizar por nossos pensamentos e pela remoção de impressões antigas. De acordo com um ditado dinamarquês, "pensar não custa nada", mas é óbvio que isso não é verdade, pois todo pensamento tem consequências. Ele permanece e não desaparece. Por si só, pode criar resultados negativos. Devemos aprender a pensar de um modo holístico positivo, se quisermos que a Terra se torne um lugar melhor. Temos de desenvolver nossa consciência. O Sahaj Marg elaborou uma técnica de limpeza para isso. Uma pessoa deve limpar-se toda noite, usando sua força de vontade para imaginar uma fumaça cinza saindo por sua coluna e, depois, a luz divina preenchendo o vazio. Depois ela irá até um mentor e receberá uma limpeza e uma transmissão do Mestre espiritual. Oração e lembrança constantes são maneiras de sempre se manter em contato com o espírito e estar presente no agora. Ter um Mestre espiritual vivo é uma grande ajuda.

Curando o corpo de dor

Tolle ensina que as emoções são as reações do corpo ao pensamento. Ele define o "corpo de dor" como um conglomerado de emoções desafiadoras, criadas na vida através de medo, raiva, ciúmes e hábitos. Outros sistemas espirituais têm uma terminologia diferente para descrever o mesmo fenômeno (*samskaras* e *vasanas* nas tradições indianas, *nafs* no sufismo). O corpo de dor funciona como uma personalidade interior negativa, uma espécie de segunda natureza, que às vezes toma conta de nós e reforça pensamentos errados e comportamentos destrutivos.

Porém, o corpo de dor não é apenas individual por natureza. Há também o "corpo de dor coletivo", que é constituído pela dor compartilhada, sofrida por inúmeros humanos ao longo da história da humanidade. Ele é fomentado, por exemplo, por uma história de conflitos étnicos contínuos, escravidão, estupro, tortura e uma multiplicidade de formas de violência. Essa dor ainda vive na psique coletiva da humanidade, e mais sofrimento é adicionado a ela diariamente. As mulheres sofrem um corpo de dor feminino coletivo, assim como tribos, nações e raças. A supressão do princípio feminino, sobretudo ao longo dos últimos 2 mil anos, permitiu que o ego conquistasse uma supremacia absoluta na psique humana coletiva. Embora as mulheres tenham ego, é claro, ele pode criar raízes e crescer com mais facilidade na forma masculina do que na feminina. Isso ocorre porque as mulheres se identificam menos com a mente do que os homens. Temos que enfraquecer o ego, tirar sua energia e torná-lo impotente.

O primeiro passo para superar o corpo de dor é aceitar que ele não é o Self verdadeiro. O próximo passo é parar de alimentá-lo, para que ele definhe e, por fim, morra. Isso implica desenvolver uma conscientização capaz de perceber quando o corpo de dor assume o controle e de nos manter presentes e completamente "des-identificados" com ele. Tolle o vê não como o Self elevado, mas como uma entidade intimamente conectada ao ego.

Pela transmutação do corpo de dor e a remoção de pensamentos falsos e impressões desgastadas, os centros energéticos de consciência em nosso corpo, mente e coração se limpam e se abrem. Por sua vez, isso nos permite libertar o passado e focar no coração, para, assim, nos tornarmos centralizados e inspirados novamente por nossos pensamentos e ações. Esse sistema de centros energéticos sutis é conhecido por nomes distintos nas diversas tradições, como chacras, na filosofia indiana, ou Árvore da Vida, na cabala judaica.

O sistema de chacras

Ao descrever a pessoa a partir de um ponto de vista energético, o sistema de chacra é um complemento ao que foi dito acima. Ele nos oferece uma maneira de explicar como os pensamentos são energia entrando no corpo e como o influenciam. O propósito da Danish Ecovillage Network, em 1993, foi o seguinte: restaurar os sistemas circulatórios em todos os níveis, nas pessoas e na natureza. Esses níveis se referiam aos sete níveis do sistema de chacras. Nesse sentido, o interior e o exterior se uniram. Ken Wilber definiu algo parecido como "prática integral", em seu livro *Uma Teoria de Tudo*. Pensamentos criam matéria. Pensamos com o corpo todo, não apenas com a mente. Desenvolvi uma percepção clara quanto à origem dos meus pensamentos: se eles vêm do coração ou do estômago (plexo solar). Por anos tenho me dado conta de que não posso considerar os pensamentos vindos do estômago como sendo do meu Self elevado. Estão sempre errados e trazem consequências e decisões ruins, como por exemplo, emoções do corpo de dor. Descobri que o melhor para mim, quando tenho de tomar decisões importantes, é esperar até que eu tenha me "limpado" (no sentido do Sahaj Marg). Quando estou focada no coração, sei que posso confiar nos pensamentos.

A existência do sistema de chacras é amplamente reconhecida em muitas tradições espirituais, mas o que não é tão largamente entendido é o fato de que a própria Terra também tem um sistema de chacras, ou seja, de centros energéticos sutis. Devido à unidade holística da vida, o corpo humano é um microcosmo do macrocosmo da Terra. As consequências vitais disso foram abordadas por Llewellyn Vaughan-Lee (veja as páginas 96-107).

Terapias de cura?

Por 25 anos, o mundo ocidental tem visto um turbilhão de "terapias alternativas" para curar e desenvolver a espiritualidade. Elas também fazem parte da busca por uma nova visão de mundo e por um novo entendimento. A ligação com a Fonte, a divindade, o Self superior – ou seja lá como for que chamemos a presença e a limpeza divinas – mudará sua forma de pensar e aumentará suas vibrações. Mas as terapias têm uma função: a de servir como uma introdução ao aprendizado de como é uma visão de mundo espiritual. Não devemos parar por aqui; esse é só um lugar de passagem. O objetivo da vida é se desenvolver espiritualmente e, assim, tornar-se cocriativo com a evolução.

A maioria das pessoas em nossa sociedade vê o propósito da vida como a conquista do sucesso (um bom emprego, reconhecimento, riqueza, etc.) e a criação de uma relação sexual amorosa com alguém do outro sexo. Isso pode ser espiritual? A cultura ocidental não resolveu essa questão. As pessoas passam a vida tentando enriquecer ou buscando uma relação sexual satisfatória com um parceiro. Fazem disso o objetivo principal de sua vida – um mito coletivo sustentado pelo sistema educacional e pela mídia. Mas como um objetivo de vida só pode estar associado com os dois chacras da extremidade inferior – o raiz (coisas materiais) e o *hara* (impulso sexual)? Libertar o chacra *hara* pode tornar o sexo melhor e dar mais alegria à vida, mas não pode ser o objetivo dela. Permanecer com um parceiro e começar uma jornada espiritual juntos pode ser uma solução melhor, de um ponto de vista mais global.

Conclusão

O objetivo, para mim, deve ser a abertura de toda a estrutura de chacras e o início de uma prática integral, tanto do interior quanto do exterior, para que a divindade possa ser vivida, para que nosso coração possa ser aberto e nossa Terra sagrada, curada. É preciso que o desenvolvimento do amor ou da consciência elevada (os chacras superiores) seja uma meta mais louvável para a humanidade. Uma vida simples é a melhor e mais fácil maneira de alcançar tanto isso quanto uma vida em comunidade. Em um nível global, esse propósito nos levará a trabalhar pela justiça mundial e pela continuidade da evolução, como foi descrito no Módulo 1.

O desejo ardente de devolver à vida algo único, que a intensifica, reside em todo coração humano. Esse é o desejo que fomenta o movimento de ecovilas e o Gaia Education, e também o que inspirou meu marido a escrever seu livro, *Occupy World Street*. Esse é o mesmo desejo que ardia no coração de Rashmi.

Libertação
Quando eu sair da prisão,
Alcançarei o estado de libertação.
O espelho está desiludido.
Eu me fundo
com o tempo, o espaço e o universo.
Então não há nada
dentro ou fora,
você e eu,
indo ou vindo.
Nuvens, luz solar, risos, música,
amor e alegria.
Tudo é ser
e ser é eterno.

Vida – Um romance eterno
A vida é um sonho
É fogo
É energia
É consciência
É experiência
É atemporal.

A vida é um desejo ardente
É vontade do impossível
É espírito para voar alto
É oportunidade de atingir os potenciais
É poder de criar
É luta para alcançar o supremo
É impulso para realizar o sonho.

A vida é propósito
É uma causa
É determinação
É coragem
É vontade
É esperança.

A vida é uma aventura
É um campo de batalha
É anseio de sofrer
É prontidão para sacrifícios
É um beijo de sangue
É um convite à morte
É superior aos resultados
É alegria de queimar.

A vida é uma paixão
É um desafio ao nada
É manifestação da excelência
É libertação
É romance
É a essência da visão
É uma chama na qual sonhos ardem eternamente
A vida é o momento de ser imortal.

Rashmi Mayur, 1995

Referências

Ariyaratne, Ari. *Collected Works I-VII*; Sri Lanka.
Berry, Thomas. *Dream of the Earth*. São Francisco: Sierra Club e The University of California Press, 1988.
_____. *The Great Work: Our Way into the Future*. Santa Fé: Bell Tower, 1999.
Bond, George D. *Buddhism at Work: Community Development, Social Empowerment and the Sarvodaya Movement*. Sterling: Kumarian Press, 2005.
Hutanuwatr, Pracha. *Asian Future: Dialogues for Change*, vol. 1 e 2. Londres: Zed Books, 2005.

Lorentsen, Asger. 12 livros em dinamarquês, incluindo *The Golden Circle*.

Markides, Kyriacos. *The Magus of Strovolos: The Extraordinary World of a Spiritual Healer*. Londres: Penguin Books, 1985. Veja também *Fire in the Heart*, entre outros.

Norberg-Hodge, Helena. *Ancient Futures: Learning from Ladakh*. São Francisco: Sierra Club Books, 1991.

Sahaj Marg, veja www. srcm.org para livros, fotos, conversas, sussurros e mais.

Tolle, Eckhart. *The New Earth: Awakening to Your Life's Purpose*. Nova York: Penguin, 2005.

Veja a biografia de **HILDUR JACKSON** na página 74.

> David Korten conta a história da metamorfose da lagarta em borboleta-monarca e apresenta uma metáfora poderosa de cooperação – em vez de competição –, para a próxima fase da evolução humana.

A grande transformação: a oportunidade

David Korten

Uma escolha entre dois caminhos foi dada à raça de pele clara. Se escolhessem o caminho correto, o sétimo fogo acenderia o oitavo e último (eterno) fogo da paz, do amor e da irmandade. Se fizessem a escolha errada, a destruição que causaram se voltaria contra eles, acarretando muito sofrimento, morte e destruição.

Profecia dos Sete Fogos do Povo Ojíbua

Vivemos um momento muito mais importante do que podemos imaginar... O sonho distorcido do paraíso tecnológico industrial está sendo substituído pelo sonho mais viável de uma presença humana mutuamente fortalecida dentro de uma comunidade da Terra, de base orgânica e em constante renovação.

Thomas Berry

TALVEZ A METÁFORA MAIS PODEROSA, encontrada na natureza, para a Grande Virada seja a história da metamorfose da lagarta em borboleta-monarca, que se popularizou através do relato da bióloga evolucionista Elisabet Sahtoutis. A lagarta é uma consumidora voraz, que dedica sua vida a empanturrar-se na abundância da natureza. Quando já comeu à vontade, ela se fixa em um galho que lhe é conveniente e se fecha em uma crisálida. Uma vez confortável lá dentro, sofre uma crise, já que as estruturas de seu tecido celular começam a se dissolver em uma sopa orgânica.

No entanto, guiadas por alguma profunda sabedoria interior, algumas *células organizadoras* se apressam em reunir outras células a fim de formar *discos imaginais*, estruturas inicialmente multicelulares independentes que começam a dar forma aos órgãos de uma nova criatura. Percebendo, corretamente, uma ameaça à ordem antiga, mas errando na identificação da fonte, o sistema imunológico ainda intacto da lagarta atribui a ameaça aos discos imaginais e os ataca, como se fossem invasores estranhos.

Os discos imaginais prevalecem ao se ligarem uns aos outros, em um esforço cooperativo que cria um ser novo de grande beleza, possibilidades admiráveis e pouca semelhança identificável com seu progenitor. Em seu renascimento, a borboleta-monarca vive com leveza na Terra, serve à regeneração da vida, enquanto polinizadora que é, e migra milhares de quilômetros para experimentar as possibilidades da vida – coisa que a lagarta, presa à terra, jamais poderia imaginar.

Como as diretrizes culturais e institucionais do Império estão se desintegrando ao nosso redor, nós, humanos, encontramo-nos no limiar de um renascimento não menos dramático do que o da lagarta monarca. A transformação da lagarta é física; a transformação humana é institucional e cultural. Enquanto a lagarta enfrenta um desfecho já traçado, vivido por incontáveis gerações antes dela, nós, humanos, somos pioneiros, desvendando novos caminhos em território inexplorado. O renascimento não é uma fantasia ilusória. Já está acontecendo, motivado pela convergência de imperativos e pela propagação do despertar cultural e espiritual das ordens mais elevadas da consciência humana.

As condições para o renascimento humano provavelmente serão traumáticas e repletas de uma sensação de perda, especialmente para os que desfrutaram das indulgências dos excessos do Império. Nossa dor, no entanto, empalidece se comparada ao sofrimento desnecessário e inconcebível, mas tolerado, durante cinco milênios, por aqueles a quem o Império cruelmente negou a humanidade e o direito à vida. Se nós, os privilegiados, aceitarmos plenamente esse momento, em vez de lutar contra ele, poderemos transformar a tragédia em uma oportunidade para reivindicar nossa humanidade, bem como a prosperidade, a segurança e o verdadeiro sentido de comunidade.

O despertar cultural e espiritual que fundamenta a metamorfose humana em potencial é impulsionado por dois encontros: um com a diversidade cultural da humanidade e, o outro, com os limites do ecossistema do planeta. Um crescimento rápido, no que diz respeito à frequência e à profundidade das trocas interculturais, está despertando as espécies para uma visão da cultura enquanto construção humana, enquanto algo sujeito à escolha intencional. O colapso em expansão dos sistemas naturais está criando uma consciência para a interconectividade de todas as vidas.

Esses encontros trazem à tona níveis de consciência mais elevados e democráticos, expandindo os sentidos do potencial humano e apoiando a formação de movimentos sociais globais poderosos, dedicados ao nascimento de uma nova Era da comunidade da Terra.

Extraído de *The Great Turning – From Empire to Earth Community*, de David C. Korten e Berrett-Koehler, 2007.

DR. DAVID KORTEN é escritor respeitado e referência quanto às consequências políticas e institucionais da globalização econômica e da expansão do poder corporativo em detrimento da democracia, da igualdade e da proteção ambiental.

> Joanna Macy e o Dr. Chris Johnstone descrevem assim a Grande Virada: trata-se de uma das grandes histórias do nosso tempo, a história de nosso distanciamento dos autodestrutivos sistemas político, econômico e social e nosso direcionamento para os que são naturais e sustentáveis.

A Grande Virada

Joanna Macy e Chris Johnstone

NA REVOLUÇÃO AGRÍCOLA de 10 mil anos atrás, a domesticação de plantas e animais levou a uma mudança radical no modo de vida das pessoas. Na Revolução Industrial, que começou há uns cem anos, uma transição dramática similar aconteceu. Nos dois casos, não se trata apenas de mudanças em pequenos detalhes da vida. Toda a base da sociedade foi transformada, incluindo a relação das pessoas entre si e com a Terra.

Neste momento, uma mudança de escopo e magnitude comparáveis está acontecendo. Ela foi chamada de Revolução Ecológica, Revolução da Sustentabilidade, até mesmo de Revolução Necessária. Esta é nossa terceira história: nós a chamamos de a Grande Virada e a vemos como a aventura essencial do nosso tempo. Ela envolve a transição de uma já condenada economia de crescimento industrial para uma sociedade sustentável, comprometida com a recuperação do mundo. Essa transição já está bem encaminhada.

Nos primeiros estágios de grandes transições, a atividade inicial parece existir somente na superfície. Contudo, quando chega sua hora, ideias e comportamentos se tornam contagiosos: quanto mais as pessoas transmitem perspectivas inspiradoras, mais essas perspectivas se popularizam. Em um determinado ponto, a balança inclina e alcançamos massa crítica. Pontos de vista e práticas antes marginais, tornam-se a corrente dominante.

Na história da Grande Virada, o que está se popularizando é o compromisso de agir em prol da vida na Terra, bem como a visão, a coragem e a solidariedade para fazê-lo. Inovações técnicas e sociais convergem, mobilizando energia, atenção, criatividade e determinação das pessoas, o que Paul Hawken define como "o maior movimento social da história". No seu livro *Blessed Unrest*, ele escreve: "Eu logo percebi que minha estimativa inicial de 100 mil organizações estava errada em pelo menos dez vezes, e agora acredito que há mais de 1 milhão – e talvez até 2 milhões – de organizações trabalhando para a sustentabilidade ecológica e a justiça social".

Não fique surpreso se você não leu sobre essa transição épica em um jornal de grande circulação nem viu isso relatado na grande mídia – os grandes veículos de comunicação estão treinados para focar em eventos repentinos e isolados, para onde possam apontar suas câmeras. As mudanças culturais acontecem em um nível diferente; elas são vistas somente quando nos distanciamos o suficiente para ver o quadro completo mudando ao longo do tempo. Uma fotografia de jornal vista por uma lente de aumento pode mostrar apenas pequenos pontos. Quando parece que nossa vida e nossas escolhas são como esses pontos, pode ser difícil reconhecer sua contribuição para o grande quadro de mudança. Precisaremos treinar para ver o padrão maior e para reconhecer como a história da Grande Virada está acontecendo em nosso tempo. Uma vez vista, ela se torna mais fácil de ser reconhecida. Assim, quando damos um nome a ela, essa história se torna mais real e familiar para nós.

Para ajudá-lo a entender as maneiras pelas quais você já pode ser parte dessa história, identificamos três dimensões da Grande Virada. Elas são igualmente necessárias e se reforçam mutuamente. Por conveniência, nós as rotulamos como primeira, segunda e terceira dimensões, mas isso não é para sugerir nenhuma sequência de ordem ou importância. Podemos começar por qualquer uma delas. Cabe a cada um seguir seu senso de retidão sobre onde nos sentimos compelidos a agir.

A primeira dimensão: ações defensivas

Ações defensivas têm o objetivo de retardar o estrago causado pela política econômica dos negócios convencionais. A meta é proteger o que sobrou dos nossos sistemas naturais com vida sustentável, resgatando o que podemos da nossa biodiversidade, assim como de ar puro, água, florestas e solo. As ações defensivas também interrompem a desestruturação social, cuidando dos que sofreram danos e protegendo as comunidades contra exploração, guerra, fome e injustiça. Essas ações defendem nossa existência compartilhada e a integridade da vida em nosso lar planetário.

Essa dimensão inclui aumentar a conscientização do estrago que foi feito, juntando evidências e documentando os impactos sociais, no meio ambiente e na saúde, causados pelo crescimento industrial. Precisamos do trabalho de cientistas, ativistas e jornalistas que revelem as relações entre a poluição e o aumento do câncer infantil, o consumo de combustíveis fósseis e os distúrbios climáticos, a disponibilidade de produtos baratos e a exploração dos trabalhadores. A menos que essas conexões sejam feitas de forma nítida, é muito fácil continuar inconscientemente contribuindo para destruir o mundo. Tornamo-nos parte da história da Grande Virada quando elevamos nossa conscientização, procuramos aprender mais e alertamos os outros sobre os problemas que enfrentamos.

Existem muitas maneiras de agir. Podemos escolher retirar nosso apoio a comportamentos e produtos que causam problemas. Junto com outras pessoas, podemos unir forças em campanhas, petições, boicotes, comícios, processos legais, ações diretas e outras formas de protesto contra as práticas que ameaçam nosso mundo. Se as ações defensivas podem ser frustrantes quando nos vemos diante de um progresso lento ou de uma derrota, elas também levam a importantes vitórias. Áreas de florestas primárias no Canadá, nos Estados Unidos, na Polônia e na Austrália, por exemplo, são protegidas por um ativismo determinado e contínuo.

As ações defensivas são essenciais; elas salvam vidas, espécies, ecossistemas e um pouco do patrimônio genético para gerações futuras. Mas, isoladas, elas não são suficientes para a Grande Virada acontecer. Para cada hectare de floresta protegida, muitos outros são perdidos para a exploração ou o desmatamento. Para cada espécie que livramos da iminência do desaparecimento, outras são extintas. Apesar de sua importância, confiar apenas nos protestos como único caminho de mudança pode nos deixar cansados da batalha e desiludidos. Além de interromper o dano, precisamos substituir ou transformar os sistemas que o causaram. Esse é o trabalho da segunda dimensão.

A segunda dimensão: práticas e sistemas com vidas sustentáveis

Se você procurar, achará evidências de que nossa civilização está sendo reinventada. Enfoques, anteriormente aceitos e reconhecidos, em relação a sistemas de saúde, negócios, educação, agricultura, transporte, comunicação, psicologia, economia e muitas outras áreas estão sendo questionados e transformados. Essa é a segunda vertente da Grande Virada e envolve repensar a maneira como fazemos as coisas, assim como redesenhar de modo criativo as estruturas e os sistemas que compõem nossa sociedade.

A crise financeira de 2008 fez com que muitos começassem a questionar nosso sistema bancário. Em uma pesquisa realizada recentemente, mais de metade dos entrevistados disseram que sua maior preocupação eram as taxas de juros, mas agora também consideravam outros fatores, como onde o dinheiro estava sendo investido e para quê. Junto a essa mudança de pensamento, novos tipos de bancos, como o Triodos Bank, estão redefinindo as regras financeiras, operando no modelo de "retorno triplo". Nesse modelo, os investimentos não trazem só o retorno financeiro, mas também benefícios sociais e ambientais. Quanto mais as pessoas colocam suas economias nesse tipo de investimento, mais fundos ficam disponíveis para empreendimentos que visam um benefício maior, não apenas fazer dinheiro. Isso, por sua vez, estimula o desenvolvimento de um novo setor econômico, baseado no tripé da sustentabilidade. Esses investimentos provaram ser extraordinariamente estáveis em tempos de turbulência econômica, colocando os bancos éticos em uma forte posição financeira.

Uma área que se beneficia desses investimentos é o setor agrícola, que tem visto uma mudança a favor das práticas sociais e do meio ambiente. Preocupados com os efeitos tóxicos de pesticidas e de outras químicas usadas na agricultura industrial, muitas pessoas começaram a consumir produtos orgânicos. As iniciativas de feiras livres melhoram as condições de trabalho dos produtores, enquanto a Community Supported Agriculture (CSA) e os mercados agrícolas reduzem a distância que se leva para transportar o alimento, aumentando a disponibilidade da produção local. Nessas e em outras áreas, fortes sinais de recuperação estão surgindo, enquanto novos sistemas organizacionais crescem a partir da pergunta visionária: "Existe uma maneira melhor de fazer as coisas, uma maneira que traga benefícios em vez de causar danos?". Em algumas áreas, como da construção sustentável, concepções de design que eram consideradas marginais alguns anos atrás são largamente aceitas hoje em dia.

Quando apoiamos e participamos dessas linhas de atuação que fazem emergir uma cultura sustentável, nos tornamos parte da Grande Virada. Por nossas escolhas em como viajar, onde comprar, o que comprar e como poupar, modelamos o desenvolvimento dessa nova economia. Empreendimentos sociais, projetos de microgeradores de energia, comunidades de ensino, agricultura sustentável e sistemas financeiros éticos contribuem para a rica colcha de retalhos de uma sociedade sustentável. Isolados, no entanto, eles não são suficientes. Essas novas estruturas não vão criar raízes e sobreviver sem valores profundos arraigados para sustentá-las. Esse é o trabalho da terceira dimensão da Grande Virada.

A terceira dimensão: mudança na consciência

O que inspira as pessoas a embarcarem em projetos ou a apoiar campanhas que não trazem um benefício pessoal imediato? No núcleo da nossa consciência está uma fonte de cuidado e compaixão; esse aspecto de nós mesmos – que podemos considerar nosso *self* conectado – pode ser nutrido e desenvolvido. Podemos aprofundar nosso senso de pertencimento ao mundo. Como árvores que estendem seu sistema de raízes, podemos crescer em conexões, permitindo a nós mesmos, dessa maneira, acessar um conjunto mais profundo de forças, bem como a coragem e a inteligência de que tanto precisamos neste momento. Essa dimensão da Grande Virada surge das mudanças que estão acontecendo em nosso coração, nossa mente e nossa visão da realidade. Ela envolve percepções e práticas que ressoam com tradições espirituais respeitáveis, estando, ao mesmo tempo, alinhada com os novos e revolucionários entendimentos alcançados pela ciência.

A viagem espacial da Apollo 8, em dezembro de 1968, foi um evento significativo para essa parte da história. Em razão dessa missão na Lua, e das fotos que ela produziu, a humanidade teve sua primeira observação da Terra como um todo. Vinte anos antes, o astrônomo Sir Fred Hoyle afirmou: "Assim que uma fotografia da Terra estiver disponível, uma nova ideia, tão poderosa como qualquer outra na História, vai surgir". Bill Anders, o astronauta que tirou essas fotos, comentou: "Percorremos todo esse caminho para explorar a Lua, e a coisa mais importante que descobrimos foi a Terra".

Estamos entre os primeiros na história humana a ter essa visão extraordinária. Ela chegou ao mesmo tempo que o desenvolvimento, na ciência, de um novo e radical entendimento de como nosso mundo funciona. Olhando para o nosso planeta como um todo, a teoria de Gaia indica que a Terra opera como um sistema vivo autorregulável.

Durante os últimos quarenta anos, essas fotos da Terra, junto com a teoria de Gaia e os desafios ambientais, provocaram o aparecimento de uma nova maneira de pensar sobre nós mesmos. Já não somos apenas cidadãos desse ou daquele país, estamos descobrindo uma identidade coletiva mais profunda. Como muitas tradições indígenas nos ensinaram por gerações, somos parte da Terra.

Uma mudança na consciência está acontecendo, à medida que vemos quem somos de maneira mais ampla. Com esse salto evolutivo, temos uma bela convergência de duas áreas que antes julgávamos colidir: ciência e espiritualidade. A percepção de que uma unidade mais profunda nos conecta está no coração de muitas tradições espirituais; conhecimentos da ciência moderna apontam para uma direção similar. Vivemos numa época em que uma nova visão da realidade está surgindo, em que percepções espirituais e descobertas científicas colaboram para o entendimento de que somos seres intimamente entrelaçados com o mundo.

Participamos dessa terceira dimensão da Grande Virada quando prestamos atenção à fronteira interna da mudança, ao desenvolvimento pessoal e espiritual que reforça nossa capacidade e nosso desejo de atuar por nosso mundo. Fortalecendo nossa compaixão, fornecemos combustível para nossa determinação e nossa coragem. Revigorando nosso senso de pertencimento ao mundo, ampliamos a rede de relacionamentos que nos alimenta e protege do esgotamento. No passado, mudar o *self* e mudar o mundo eram sempre vistos como esforços separados e excludentes. Mas, na história da Grande Virada, essas ações são reconhecidas como mútuas e essenciais uma à outra. (Veja o quadro abaixo.)

As gerações futuras se lembrarão do tempo em que vivemos agora. O tipo de futuro de onde eles vêm e a história que contam sobre o nosso período serão

AS TRÊS DIMENSÕES DA GRANDE VIRADA

Elas estão acontecendo simultaneamente e se reforçam mutuamente:

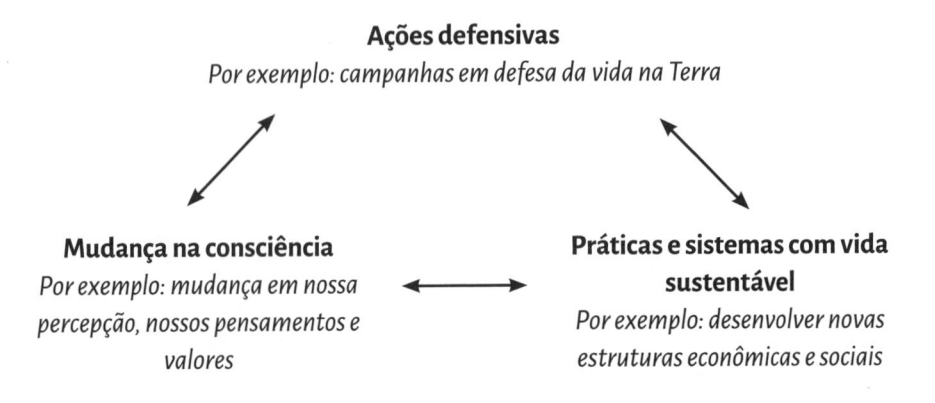

Ações defensivas
Por exemplo: campanhas em defesa da vida na Terra

Mudança na consciência
Por exemplo: mudança em nossa percepção, nossos pensamentos e valores

Práticas e sistemas com vida sustentável
Por exemplo: desenvolver novas estruturas econômicas e sociais

modelados pelas escolhas que fazemos ao longo da vida. A escolha mais reveladora de todas pode ser a história que estamos vivendo e da qual participamos. Ela configura o contexto de nossa vida de uma maneira que influencia todas as nossas outras decisões.

Ao escolher nossa história, não só lançamos nossa influência sobre o tipo de mundo que as futuras gerações irão herdar, mas também afetamos nossa própria vida, aqui e agora. Quando achamos uma boa história e nos entregamos por inteiro a ela, essa história pode agir por nós, dando um sopro de vida a tudo que fazemos. Quando nos movemos em uma direção que toca nosso coração, contribuímos para essa dinâmica de um propósito mais profundo que nos faz sentir mais vivos. Uma grande história e uma vida satisfatória compartilham um elemento vital: uma trama contundente que se move em direção a objetivos significativos, onde o que está em jogo é muito maior do que perdas e ganhos pessoais. A Grande Virada é essa história.

Este capítulo foi retirado de *Active Hope: How To Face the Mess We're in without Going Crazy*, de Joanna Macy & Chris Johnstone, New World Library, 2012.

JOANNA MACY é doutora em ecofilosofia, estudiosa em budismo, teoria geral dos sistemas e ecologia profunda. Uma voz respeitada nos movimentos pela paz, justiça e ecologia, ela mescla sua formação acadêmica com cinco décadas de ativismo. Como professora principal do Work that Reconnects, ela criou uma estrutura teórica inovadora para mudanças pessoais e sociais, assim como uma metodologia poderosa de workshop e de como aplicá-la. Joanna é autora de vários livros.
www.joannamacy.net

CHRIS JOHNSTONE é médico, autor e *coach*. Professor assistente na Faculdade de Medicina da Universidade de Bristol, ele treina profissionais de saúde em medicina comportamental e ministra cursos que exploram a dimensão psicológica da crise planetária. Chris é conhecido por seu trabalho pioneiro sobre o papel do treinamento da resiliência na promoção da saúde mental positiva, desenvolvendo recursos de autoajuda e realizando o Bristol Happiness Lectures. Ele é autor de *Find Your Power: A Toolkit for Resilience and Positive Change* (Permanent Publications, 2010) e coapresentador do *The Happiness Training Plan CD* (2010).
www.chrisjohnstone.info

> Conhecida ao longo de doze séculos, a profecia tibetana sobre a chegada dos guerreiros Shambhala ilustra os desafios que enfrentamos na Grande Virada e as forças de compaixão e sabedoria que podemos trazer para esse processo.

O guerreiro Shambhala

Contada pelo venerável Dugu Choegyal Rinpoche

A HISTÓRIA QUE INSPIRA Joanna Macy e Chris Johnstone é uma profecia da tradição budista tibetana de doze séculos atrás. Os heróis dessa história são denominados guerreiros Shambhala. Joanna e Chris explicam que o termo guerreiro Shambhala é uma metáfora da figura budista do *bodhisattva*, alguém que compreende profundamente o principal ensinamento do Senhor Buda. Essa doutrina central é a interdependência radical de todas as coisas. Quando tratada com seriedade, leva ao reconhecimento de que se uma pessoa tem a capacidade de ser o *bodhisattva*, então todas as outras também têm.

Aqui está uma versão especial da profecia como foi contada a Joanna por seu querido amigo e mestre Dugu Choegyal Rinpoche, da comunidade de Tashi Jong, noroeste da Índia. Leia como se fosse sobre você.

> Chega uma hora em que toda vida na Terra está em perigo. Nesse momento, grandes poderes surgem, os poderes dos bárbaros. Apesar de desperdiçarem sua riqueza em preparações para aniquilar uns aos outros, os bárbaros têm muitas coisas em comum. Entre elas estão as armas com inexplicável poder destrutivo e as tecnologias que devastam o mundo. É somente neste ponto em nossa história, quando o futuro de todos os seres parece pendurado pelo mais frágil dos fios, que o reino de Shambhala surge.
>
> Você não pode ir até lá, porque não é um lugar. Ele existe no coração e na mente dos guerreiros Shambhala. Você não pode dizer se alguém é um guerreiro Shambhala apenas olhando para ele ou ela, porque esses guerreiros não vestem uniformes nem carregam insígnias. Eles não têm nenhuma bandeira para identificar de que lado estão nem barricadas para subir e ameaçar o inimigo ou para descansar e se reagrupar. Eles não

têm sequer uma casa. Os guerreiros Shambhala só possuem o terreno dos bárbaros para se movimentar e agir.

Agora, está chegando a hora em que será necessária uma grande coragem dos guerreiros Shambhala – coragem física e moral –, pois eles estão indo direto para o coração dos poderes dos bárbaros a fim de desmantelar seu armamento. Eles estão indo para os poços e cidadelas onde as armas são feitas e distribuídas, estão entrando nos corredores do poder, onde as decisões são tomadas. Dessa maneira, eles trabalham para desmontar as armas, em todos os sentidos.

Os guerreiros Shambhala sabem que essas armas podem ser desmontadas porque são *manomaya*, que significa "feito pela mente". Elas são feitas pela mente humana, e, portanto, podem ser desfeitas por ela. Os perigos que enfrentamos não foram trazidos por uma divindade satânica, por uma força extraterrestre maligna ou por um destino imutável predeterminado. Na verdade, esses perigos são decorrentes de nossos relacionamentos, hábitos e prioridades.

Então, disse Choegyal, agora é o momento de os guerreiros Shambhala entrarem em treinamento. "O que eles treinam?", perguntou Joanna. "Eles treinam o uso de duas ferramentas", ele respondeu. Na verdade, ele usou o termo arma. "Quais são elas?", Joanna perguntou, e ele levantou as mãos acima da cabeça, da mesma maneira com que os dançarinos seguram os objetos rituais na dança do grande lama. "Uma", ele disse, "é a compaixão. A outra é a compreensão da interdependência fundamental de todos os fenômenos."

Você precisa das duas. Você precisa de compaixão, pois ela fornece o combustível para levá-lo aonde você tem de estar e para fazer o que é necessário. Significa não ter medo do sofrimento do seu mundo; e quando você não tem medo da dor do mundo, nada pode detê-lo.

Mas, por si só, essa ferramenta é muito quente; ela pode queimá-lo. Assim, você precisa da outra ferramenta, a compreensão da interconectividade radical de tudo que existe. Quando você a tem, sabe que não se trata de uma batalha entre mocinhos e bandidos. Você sabe que a linha entre o bem e o mal atravessa a paisagem de todo coração humano. E você sabe que somos tão interligados na Teia da Vida, que mesmo nossos menores atos repercutem por toda a rede, indo além do que conseguimos enxergar. "Mas isso é um tanto frio", ele disse, "até um pouco abstrato. Assim, você também precisa do calor da compaixão."

Referência

Kalachakra Tantra, século VIII D.C.

Esse capítulo foi adaptado de *Active Hope: How To Face the Mess We're in without Going Crazy*, de Joanna Macy e Chris Johnstone, New World Library, 2012.

MÓDULO 3

Reconectar-se com a natureza

As profecias antigas e a busca da visão como um caminho para a Unidade

A Declaração da Terra Sagrada

Manejando o paradoxo: um caminho do meio colorido

A visão biorregional

Vozes de nossos ancestrais

Caminhos para a integração: redescobrindo a Canção da Terra

Sentindo o planeta redondo

Haikai japonês

Nós não viemos ao mundo. Nós viemos dele, como brotos saindo de ramos e borboletas de casulos. Somos um produto natural dessa terra, e se nos tornamos seres inteligentes, é porque somos frutos de uma terra inteligente, que é, por sua vez, alimentada por um sistema de energia inteligente.

Lyall Watson, Gift of Things Unknown

> Hanne Marstrand Strong cita antigas e modernas profecias de líderes espirituais, que previram nossa crise planetária e cultural. Ela sugere que todos nós podemos começar o processo de recuperação, reconectando-nos pessoalmente com a Terra.

As profecias antigas e a busca da visão como um caminho para a Unidade

Hanne Marstrand Strong

Precisamos viver em harmonia com o mundo natural e reconhecer que a exploração excessiva só pode levar à nossa própria destruição. Não podemos trocar o bem-estar de nossas futuras gerações pelo lucro de agora. Devemos respeitar a Lei Natural ou ser vítimas de sua realidade suprema.

Tadodaho Leon Shenandoah, Grande Chefe da Confederação das Seis Nações Iroquois

Muitas culturas indígenas e não indígenas sabem que a causa principal da destruição do meio ambiente origina-se da desconexão entre homem e natureza. A humanidade não vive mais em harmonia com a Lei Natural, que é representada pelos elementos terra, ar, água e fogo. As leis da natureza sustentaram toda a vida desde o começo dos tempos. Porém, ao longo dos últimos cem anos, ou mais, a humanidade foi se desconectando do mundo natural. Com o uso irresponsável dos avanços tecnológicos e a rápida industrialização sem controle, nossa separação do mundo natural se acelerou e nos levou à crise global atual e a um futuro muito incerto. Nesse curto período de tempo, destruímos o que a natureza levou bilhões de anos para criar, causando grandes desequilíbrios nos elementos que nos deram vida. Um dos resultados é o aumento – em quantidade e magnitude – dos desastres naturais ao redor do mundo. Tornamo-nos uma cultura incapaz de sentir qualquer conexão emocional ou relação com o nosso ambiente natural.

Claramente, esse padrão tem a ver com a perda da compreensão dos princípios fundamentais da interdependência: o bem-estar de todas as formas de vida está interligado. Deixamo-nos distrair por buscas sem sentido. Distanciamo-nos do reconhecimento e do trabalho do nosso propósito mais elevado, e o substituímos por um consumismo insaciável e pela ganância.

Em contrapartida, as culturas indígenas viveram uma existência holística, de Unidade, reconhecendo que não há separação entre corpo, mente, espírito e natureza. Devido a esse profundo entendimento da vida, essas culturas viviam em harmonia com o mundo natural. Pelos princípios da unidade, uma conexão direta era mantida e considerada um estado sagrado de existência entre o espírito, a natureza e a humanidade.

As profecias antigas e contemporâneas

Por milhares de anos, fomos advertidos do desastre iminente; um desastre que ameaça a própria existência da vida na Terra. Esses avisos vieram de profetas e pessoas de várias tradições indígenas e religiosas; muitos deles compartilham perspectivas semelhantes em relação ao destino da humanidade. O comportamento humano, o egoísmo e o foco no ganho material substituíram a moral e a integridade espiritual, e estamos agora testemunhando os resultados. Talvez o mais grave deles seja a mudança climática.

Muitos anos atrás, eu visitei a Pedra da Profecia da nação Hopi, no Arizona. De acordo com a tradição Hopi, os símbolos nessa pedra alertam para um tempo em que a vida que conhecemos será destruída ou restabelecida e paradisíaca, dependendo de nossas ações como cuidadores. Em 1948, os anciãos Hopi alertaram o mundo e, mais tarde, em 1972, participaram da Conferência de Estocolmo. No começo de 1990, o povo Kogi, que vive nas montanhas de Columbia, saiu do isolamento, pela primeira vez, para se comunicar com o mundo exterior. Ele nos advertiu que estávamos matando a "grande mãe" Terra.

No século VIII, as profecias do tibetano Padmasambhava (ou Guru Rinpoche, como também é conhecido) avisaram que algumas situações aconteceriam em nossa época, devido ao egoísmo insaciável da humanidade e à perturbação dos elementos naturais. Ele sabia das mudanças que viriam. De acordo com essas profecias, a ordem celestial seria interrompida e as consequências seriam desastrosas: epidemias, fome, caos e guerra levariam a um pânico que se alastraria como fogo; a chuva deixaria de cair nas estações certas, e quando caísse inundaria os vales; seca, geada e granizo seriam responsáveis por muitos anos improdutivos; terremotos trariam inundações repentinas, enquanto fogo, tempestades e tornados destruiriam cidades inteiras; impostores e fraudes enganariam o povo;

tolos pregariam o caminho da salvação; o conselho de bajuladores seria seguido; loquacidade e eloquência seriam tomadas como sabedoria; o açougueiro e o assassino se tornariam os líderes dos homens; egoístas inescrupulosos ascenderiam a altos cargos; comportamentos anteriormente condenados se tornariam tolerados; bons hábitos e costumes seriam rejeitados e muitas inovações desagradáveis corromperiam a população; pessoas morreriam de fome, mesmo havendo o que comer; a comida em si ficaria sem vida; e as pessoas seriam distraídas por suas buscas sem sentido e bombardeadas com informações inúteis, que não levavam a lugar algum. Padmasambhava também disse que uma das soluções para essa época seria reflorestar o planeta.

Hoje, muitos estudiosos e cientistas transmitem avisos semelhantes, estimulando a humanidade a mudar de direção. Algumas dessas vozes, altas e nítidas, incluem Anne e Paul Ehrlich, Thomas Berry, Dennis Meadows, Donella Meadows, Maurice Strong, René Dubois, Barbara Ward, Dr. James Hansen, e Al Gore. O professor Schellenhuber relatou que a mudança climática pode reduzir a população mundial a 1 bilhão de pessoas. As Nações Unidas informaram que a produção agrícola pode ser cortada pela metade.

Por que não ouvimos esses avisos que nos foram dados ao longo da história?

Por que participamos entusiasmados de nosso próprio fim? O jornalista Nicholas Kristof destaca um estudo recente sobre a incapacidade humana de lidar com circunstâncias que não são percebidas como uma ameaça imediata. Kristof explica que o cérebro humano está preparado para lutar com o perigo iminente, mas ameaças futuras não ativam nosso sistema de alerta interno.[10] Ele diz que as ameaças mais sérias passam despercebidas por nosso radar cerebral, e, portanto, o "aquecimento global não faz nosso alarme soar".

A humanidade passa por uma transição histórica. O futuro do planeta e a existência de toda a vida estão no limite. Nós, humanos, vivemos o destino de nossas escolhas, e é dever de cada um aspirar a um nível mais alto de consciência. Essa é a única maneira pela qual podemos criar um futuro de esperança. O que é exigido agora é uma grande mudança na consciência humana.

---

10 Ver *New York Times*, "Commentary Letters", 2009.

A busca da visão: procurando sua visão e conectando-se com seu ajudante espiritual ou guia

Um meio poderoso de facilitar a mudança de consciência necessária nos indivíduos é a "busca da visão". As culturas tradicionais reconheceram há muito tempo que cada indivíduo tem um propósito único na vida, e a busca da visão surge como uma maneira prática de descobrir o potencial exclusivo de cada um – um rito de passagem ou meio de transição da puberdade para a maioridade. *Hanbleceya* ou "chorando por uma visão" é um rito de passagem do povo Lakota, que conecta o buscador com o criador para descobrir o propósito da vida e conectar-se com o "espírito guia", que permanece ativo durante toda a sua vida. A preparação para a busca da visão começa trinta dias antes; durante esse tempo não é permitido beber álcool, ter relações íntimas nem tomar banho. Aquele que está em busca da visão prepara um altar que consiste em sachês de tabaco. O altar carrega as orações e oferece proteção durante toda a jornada no mundo do espírito. Uma purificação ou cerimônia Inipi é então conduzida na "cabana de suar", e esta deve ser construída – como a tradição determina – por quem busca a visão. Ajudantes vão até lá mais cedo, a fim de preparar o lugar sagrado onde o buscador ficará. Quem está em busca da visão leva seu próprio cachimbo e é guiado pelo curandeiro para um lugar isolado. Esse lugar sagrado se situa sempre em uma montanha alta, um penhasco, ou um poço cavado na terra. O buscador permanece lá por quatro dias e quatro noites, e reza por uma visão. As visões sempre vêm na forma de um animal, e os sonhos trazem as mensagens mais poderosas. Essa cerimônia é realizada para que o buscador passe pela experiência da Unidade.

Experiências pessoais de busca da visão

Comecei a buscar a visão em 1975, sob a orientação de meu mestre, Red Cloud, da etnia Cree. Ele me apresentou ao que se tornaria minha via espiritual ao longo da vida. No outono de 1978, ao me mudar para Crestone, Colorado, meu caminho cruzou com o de um profeta ancião chamado Glen Anderson. Ele um dia bateu à minha porta e disse: "Eu estava esperando você chegar". Então, passou quatro dias em minha casa e me falou sobre o destino de Crestone.

Ele me confidenciou que as tradições espirituais do mundo deveriam estar representadas aqui em Crestone, Colorado. Aldeias com energia solar deveriam ser construídas para mostrar ao mundo uma vida de simplicidade, baixo consumismo e sustentabilidade. Durante a nossa conversa, ele alertou para as mudanças climáticas extremas. Disse que o principal propósito dessa comunidade era ajudar a criar uma nova civilização, que viveria em paz e unidade. Previu que para cá viriam pessoas de todas as partes do mundo, a fim de alcançar uma maior consciência; e muitas crianças também viriam em busca de abrigo, e precisaríamos nos preparar para alimentá-las, vesti-las e guiá-las. E concluiu: "É por isso que você está aqui". Era muita coisa para assimilar.

Eu achei que a única maneira de confirmar essa profecia era ficar nas montanhas por quatro dias e quatro noites. Meditando, recebi a mensagem de que a revelação de Glen Anderson era a razão pela qual eu estava nesse lugar sagrado. Na última noite, ouvi uma voz me dizer: "Você não deve deixar essa montanha até fazer o mapa". A pergunta surgiu em minha mente: "Que mapa?". E a resposta foi: "O mapa das tradições do mundo" – referindo-se à sua localização em Crestone. Eu permaneci lá para visualizar o mapa.

Após minha busca da visão, tudo começou a se desenrolar espontaneamente. Eu senti como se o criador tivesse abraçado essa visão. E, subsequentemente a essa experiência nas montanhas, dediquei minha vida a manifestar essa comunidade inter-religiosa.

Alguns meses após a busca da visão, fui convidada para um encontro em terras Hopi, onde os anciãos confirmaram que a tal visão realmente iria acontecer. O ancião Hopi, Thomas Banyanca, compartilhou comigo que isso também fazia parte da profecia Hopi. Eu achei muito interessante, visto que o vale San Luis, onde Crestone está localizada, havia sido um lugar onde as culturas indígenas da região iam rezar, e também, antigo território Hopi.

No ano seguinte, fui para Dakota do Sul, terra natal de Crazy Horse. O neto do curandeiro de Crazy Horse (Chips), conhecido como Sam MovesCamp ou Mato Blahitchya, colocou-me em um fosso cavado à mão, em Bear Butte. Ele montou um altar de proteção ao meu redor, feito de centenas de sachês de tabaco. Durante quatro dias e quatro noites, fiquei sentada, totalmente exposta aos elementos da natureza, somente com um cobertor. Conforme o tempo foi passando, sem água e sem comida, eu me tornei cada vez mais livre, mais conectada com o que estava ao meu redor. Comecei a me sentir muito fluida, e meu coração se sentia mais leve e cheio de amor. Uma alegria tremenda surgiu, mesmo fazendo 43°C durante o dia e chovendo e trovejando à noite. Eu senti um respeito enorme por tudo à minha volta. Não havia distrações para consumir a minha mente, apenas a natureza e as energias vivas me rodeavam: os elementos, a terra, o sol, a lua e o céu. Eu senti tanta gratidão, e me dei conta de que os elementos estavam me ensinando a gratidão. Minha mente ficou ainda mais leve. Era como se a natureza tivesse se tornado um sistema de filtro espiritual, separando-me das emoções negativas e deixando o corpo, a mente e o espírito em equilíbrio e sintonizados com o ambiente natural. Senti força, sabedoria e uma conexão direta com o espírito.

No final da busca da visão, os ajudantes vieram e me levaram de volta à cabana, onde revelei tudo que tinha visto e ouvido ao *wicasa wakan* ou curandeiro, que interpretou a visão. Eu saí da cabana me sentindo mais leve de apegos materiais. Senti, naquele momento, que estava preparada e que tinha recebido a força para conduzir o trabalho à minha frente. Eu havia me fundido com a Unidade.

Eu fundei o Earth Restoration Corps (ERC), em 1990 – lançado, mais tarde, no Rio Earth Summit (Eco-92). O ERC é um programa projetado para treinar e empoderar jovens na restauração do planeta. Eles são treinados para trabalhos sustentáveis na restauração da Terra, criando modos de vida alternativos para diminuir o desemprego, desenvolvendo uma economia verde e ecologicamente sensível. A busca da visão é a técnica básica usada pelo ERC para facilitar a transformação da consciência e dar força aos jovens. Inicialmente, os participantes do ERC passam 24 horas sozinhos na natureza, em sua primeira busca da visão.

Reestabelecer os meios de se conectar com a natureza e experimentar a Unidade é vital para encontrar nosso lugar no mundo.

Os Ashaninka

O ERC estabeleceu uma parceria com os Ashaninka, em 2002. Os Ashaninka são indígenas que vivem na floresta tropical do Peru e no estado do Acre, no Brasil. Eles têm uma longa história de resistência, enfrentando invasores desde os tempos do Império Inca, passando pelo ciclo da borracha no século XIX e chegando à invasão dos madeireiros, desde os anos 1980 até hoje, especialmente na fronteira do lado peruano.

Moisés e Benki Payáko são dois experientes instrutores do ERC e fazem parte da equipe de desenvolvimento curricular. Eles estão na primeira linha de defesa contra a invasão das companhias madeireiras. Muitos Ashaninka perderam a vida para proteger suas terras. Benki e Moisés, seu irmão mais velho, descobriram que era inútil lutar contra os madeireiros e as companhias de mineração, e implementaram uma solução diferente. Eles perceberam que a maioria dos madeireiros das comunidades vizinhas vivia na pobreza, ou seja, que se tratava de um problema econômico, visto que essas pessoas lutavam para alimentar suas famílias. Benki e Moisés apresentaram uma solução brilhante: eles começaram a treinar os indígenas e não indígenas das comunidades vizinhas em modos de vida e administração florestal sustentáveis, criando soluções verdes (as famílias produzem os produtos para vender, com os equipamentos que têm em casa) e baseadas em práticas ambientalmente saudáveis. Com o tempo, eles instauraram toda uma nova economia verde. Benki agora implementou a "Escola da Floresta", treinando milhares de pessoas anualmente.

Moisés passa a maior parte do seu tempo viajando para comunidades indígenas de todo Acre e da região amazônica, relacionando-se com outras tribos indígenas, encorajando-as a retornar às tradições que foram perdidas, promovendo o fortalecimento e o renascimento das comunidades indígenas. Moisés introduziu a solidariedade entre quatrocentos grupos étnicos. Ele fortaleceu e uniu as vozes dos povos indígenas por toda a região, em suas capacidades de usar habilidosamente meios não violentos de lutar contra companhias madeireiras e mineradoras.

Assim como Moisés e Benki Piyãko acharam um caminho único para trabalhar na preservação da cultura nativa Ashaninka, todo ser humano tem um papel único a desempenhar a serviço da Terra. A busca da visão é um maravilhoso presente da tradição das culturas indígenas, capaz de ajudar qualquer um a descobrir sua nota única na sinfonia da vida e a cantá-la com intensidade.

HANNE MARSTRAND nasceu na Dinamarca e fundou, com seu marido, Maurice Strong, o Manitou Foundation – uma comunidade de 34 centros espirituais –, em Crestone, Colorado. Ela foi iniciada pelos líderes espirituais indígenas americanos e organizou a Sacred Earth Conference of International Spiritual, Religious and Environmental Leaders, que apresentou "A Declaração da Terra Sagrada", na abertura oficial da Eco-92. Durante a cúpula, Hanne também organizou o "Wisdom Keepers": uma cerimônia de duas semanas de orações e diálogos reunindo líderes religiosos e indígenas de todo o mundo. Hanne lançou o ERC durante o encontro dos Guardiões da Sabedoria, e considera a educação um elemento crucial para fornecer aos jovens as ferramentas necessárias para a sua própria restauração e a do planeta.

> O Conselho dos Guardiões da Sabedoria se encontrou na Eco-92. Lá, seus membros foram coautores da incisiva e detalhada declaração, que se mostra ainda mais relevante hoje.

A Declaração da Terra Sagrada

Pelo Conselho dos Guardiões da Sabedoria, Conferência Eco-92, Rio de Janeiro, junho de 1992.

O PLANETA TERRA ENCONTRA-SE EM PERIGO, como nunca antes. Com arrogância e presunção, o homem desobedeceu às leis do Criador que se manifestam na ordem natural divina.

A crise é mundial. Transcende todos os limites nacionais, religiosos, culturais, sociais, políticos e econômicos. A crise ecológica é um sintoma da crise espiritual do ser humano, emergindo a partir da ignorância. A responsabilidade de cada ser humano hoje é escolher entre as forças da escuridão e as forças da luz. Devemos, portanto, modificar nossas atitudes e valores e adotar um respeito renovado pela lei superior da Natureza Divina.

A Natureza não depende dos humanos e de sua tecnologia. São os seres humanos que dependem da Natureza para sua sobrevivência. Indivíduos e governos precisam desenvolver uma "Ética Terrestre", com uma orientação profundamente espiritual, ou a Terra será varrida.

Acreditamos que o universo é sagrado porque tudo é um. Acreditamos na santidade e na integridade de toda vida e de todas as formas de vida. Afirmamos que os princípios da paz e da não violência devem guiar o comportamento humano dos indivíduos entre si e com toda vida.

Vemos a perturbação ecológica como uma intervenção violenta na rede da vida. A engenharia genética ameaça o próprio tecido da vida. Exortamos os governos, cientistas e a indústria a refrear o afã cego à manipulação genética.

Convocamos todos os líderes políticos a manter uma perspectiva espiritual ao tomar decisões. Todos os líderes devem reconhecer as consequências de suas ações para as gerações futuras.

Convocamos nossos educadores a motivar as pessoas a viverem em harmonia com a Natureza e coexistirem pacificamente com todas as criaturas vivas.

Nossos jovens e crianças devem ser preparados para assumir suas responsabilidades como cidadãos do mundo vindouro.

Convocamos nossos irmãos e irmãs em todo o mundo a reconhecer e reduzir os impulsos da ganância, do consumismo e da indiferença perante as leis naturais. Nossa sobrevivência depende de desenvolvermos as virtudes de uma vida simples e autossuficiente, do amor e da compaixão, com sabedoria.

Ressaltamos a importância de respeitar todas as culturas religiosas e espirituais. Apoiamos a preservação dos habitats e estilos de vida dos indígenas e apelamos para que as perturbações na sua comunhão com a Natureza sejam reprimidas.

A comunidade mundial precisa agir rapidamente com visão e determinação para proteger a Terra, a Natureza e a humanidade da catástrofe. O momento de agir é agora. Agora ou nunca.

> Pracha Hutanuwatr e Jane Rasbash expressam nossa relação com a natureza e com nossos recursos naturais com valores budistas e taoístas, e ressaltam o quanto eles diferem do consumismo ocidental.

Manejando o paradoxo: um caminho do meio colorido

Pracha Hutanuwatr e Jane Rasbash

Quando coordenamos as sessões de visão de mundo para participantes budistas e chineses do programa da Ecovillage Design Education (EDE), tomamos emprestadas várias estruturas de pensamento básicas do budismo e do taoismo. Isso faz com que os participantes entendam a mudança de paradigma atual de forma muito suave e profunda. Essas estruturas de pensamento budistas e taoístas complementam as histórias sobre mudança de paradigma da nova ciência que está surgindo no Ocidente, que também apresentamos aos grupos. No entanto, é o sistema do *yin* e do *yang*, proveniente da filosofia taoísta, e a perspectiva do "caminho do meio" do budismo, que iluminam, inspiram e empoderam os participantes asiáticos, na medida em que se dão conta da sabedoria de suas raízes culturais.

Algumas estruturas de pensamento com as quais trabalhamos para retratar as abordagens orientais são:

O nominável e o inominável
O conhecido e o desconhecido
O uso da natureza e o respeito pela natureza
Indivíduo e comunidade
Competição e cooperação
Progresso linear e tradições cíclicas
Satisfação das necessidades e redução das necessidades

Este capítulo discute, brevemente, cada uma dessas estruturas de pensamento, mostrando a sabedoria e o conhecimento dessas tradições orientais.

Sugerimos que elas não apenas inspirem os participantes asiáticos a considerar uma mudança de suas visões de mundo para uma abordagem mais holística, mas também ofereçam material fértil para os participantes da EDE que estejam estudando o assunto ao redor do mundo.

O nominável e o inominável

O primeiro capítulo do Tao Te Ching diz:

> O Tao do qual se pode falar não é o Tao eterno;
> O nome que pode ser dito não é o nome eterno.
>
> O sem nome era o começo do Céu e da Terra;
> O nomeado era a mãe de dez mil coisas...
>
> Os dois são o mesmo
> Mas divergem em nome quando vêm à tona.
> Sendo o mesmo, são denominados mistérios,
> Mistério sobre mistério:
> O portal de todos os mistérios.

No budismo, nos ensinam que vivemos em duas realidades: a verdade convencional (*samatisacca*) e a verdade suprema (*paramtthacacca*). A primeira é composta por nomes, conceitos e valores que damos às coisas; a última é a realidade inominável por trás desses nomes. O certo e o errado, o bem e o mal, o todo e a parte, você e eu, o Céu e a Terra, o sucesso e o fracasso, a fama e a difamação, o irmão e a irmã, o homem e a mulher, todos pertencem à primeira categoria, que é muito importante e útil em nosso cotidiano, estabelecendo estruturas sociais e convenções. No entanto, o budismo e o taoísmo nos ensinam que essa categoria é apenas metade da verdade, ou apenas uma dimensão da realidade total. Precisamos estar conscientes de que existe uma outra dimensão que não tem nome, nem certo nem errado, nem bem nem mal, nem sucesso nem fracasso, nem eu nem você, nem irmão nem irmã, nem mãe nem filho...

Em situações reais da vida, as duas dimensões coexistem, como um todo, e não podem ser categorizadas. Na sociedade moderna, fomos ensinados a viver apenas no modo da verdade convencional, e isso faz com que percamos nosso equilíbrio. Para os seguidores do budismo e do taoísmo, levar muito a sério essa parte da realidade é a fonte de todos os problemas que enfrentamos.

O conhecido e o desconhecido

As duas tradições nos dizem para não confiarmos excessivamente no que sabemos. O que é conhecido pelos seres humanos é uma pequena parte da realidade total. Conhecemos o mundo através dos nossos sentidos, e eles são muito limitados no universo incognoscível. Os seres humanos não tiveram êxito ao tentar atravessar esse limite ao longo da história, apesar de todas as ferramentas que criamos para estender a capacidade de percepção de nossos sentidos. Quanto mais sabemos, mais sabemos que não sabemos. Vamos considerar nosso corpo: mesmo com o mais avançado conhecimento científico, a maioria das doenças ainda permanece sem explicação – mesmo para os melhores médicos –, com exceção de alguns aspectos mecânicos básicos. Sem falar de nossa mente: a maioria de nós não sabe ao certo por que é tão infeliz. A tragédia é que a maioria das pessoas é ensinada a acreditar que sabe muito e que o mundo é cognoscível. Os ensinamentos taoístas e budistas nos dizem para sermos cautelosos. O que sabemos é o que interpretamos por meio dos nossos sentidos e memórias preconcebidas. *O Livro do Caminho e da Virtude* afirma: "Saber que você não sabe é uma força. Não saber que você não sabe é um perigo". Os budistas dizem que "o dedo apontando para a Lua não é a Lua". O próprio Buda nos ensina a não acreditar de forma acrítica no que ele mesmo disse.

O uso da natureza e o respeito pela natureza

Somos ensinados a aplicar as premissas acima no que diz respeito à natureza incognoscível. É claro que, como seres humanos, assim como outros seres que vivem ao nosso redor, somos parte da natureza e precisamos usá-la para a nossa sobrevivência. No entanto, devemos usá-la com cuidado e retirar dela apenas o necessário. "A Terra fornece o suficiente para satisfazer as necessidades de todos, mas não a ganância de todos", como disse Gandhi. As duas tradições nos ensinam a ficar satisfeitos e felizes com uma forma de vida simples. O símbolo mais elevado da civilização tailandesa é uma cabana pequena, de telhado de palha, em um monastério na floresta. Nessa cabana, um monge, ou monja, vive e medita com uma refeição ao dia, a qual recebe graças à sua ronda matinal esmolando. Ele/ela possui apenas três mantos. Todo resto pertence à comunidade. A noção, profundamente ecológica, do valor intrínseco de todos os seres, não é possível sem uma sólida cultura do contentamento.

Quando analisamos criticamente, não surpreende que os especialistas norte-americanos em desenvolvimento, que vieram para a Tailândia nos anos 1950 e 1960, tenham aconselhado o primeiro-ministro ditador da época a fazer com que os monges budistas parassem de ensinar contentamento ao povo tailandês. Em função de seus vastos recursos naturais, o povo tailandês era visto como preguiçoso, inclusive pelas elites tailandesas, educadas no Ocidente. Hoje em dia, depois de cinquenta anos de desenvolvimento nos moldes americanos, as florestas tailandesas foram reduzidas de 50% para 10% do território; a maioria dos rios está poluída, e, vez ou outra, centenas de milhares de peixes morrem repentinamente por todo o país; a agricultura se transformou em um agronegócio mecanizado, que se utiliza de muitos produtos químicos; a maioria dos fazendeiros está endividada; nas grandes cidades, os shoppings se transformaram nos novos templos, onde as famílias gastam dinheiro em bens de consumo, em vez de gastar tempo meditando; e o consumismo substituiu a cultura do contentamento.

É claro que o povo tailandês se tornou menos feliz, e o país muito mais pobre em termos de recursos naturais, sem falar no abismo crescente entre os ricos e os pobres. Esse fenômeno está se espalhando por todos os países da Ásia hoje em dia. Naturalmente, há resistências e movimentos alternativos em todos eles, como o Gandhian Movement, na Índia, o Sarvodaya Movement, no Sri Lanka, o Spirit in Education Movement, na Tailândia, e o Prasantran Movement, na Indonésia.

Indivíduo e comunidade

O paradigma atual, que exagera a importância do que é nominável e conhecido, também cria desastres imensos para os indivíduos com a ideia mal interpretada de interesse próprio e individualismo. Para as pessoas modernas, o indivíduo se torna o cerne de todas as coisas que importam, ao custo da família, da comunidade e de outros laços sociais. Do ponto de vista budista, a individualidade é válida até certo ponto. No entanto, quando é enfatizada em excesso, se torna individualismo. Isso faz com que o indivíduo perca seu sentimento de pertencimento a uma comunidade. Essa é a fonte da alienação e da solidão contemporâneas. Mesmo com toda a riqueza, o poder e o reconhecimento que uma pessoa possa obter por meio do trabalho árduo, a vida fica sem sentido se não se consegue desenvolver uma relação verdadeira com alguém. O pior é que você não desenvolve uma relação verdadeira nem consigo mesmo, pois é ensinado que os objetivos mais importantes da vida são riqueza, poder e reconhecimento. Dos pontos de vista budista e taoísta, esse aspecto de alienação é ainda mais fundamental, já que se perde contato com o âmago do ser humano.

É claro que a sociedade tradicional, que define as pessoas de acordo com o lugar a que pertencem, nem sempre é perfeita. Há muitas histórias de tirania coletiva com relação ao indivíduo, no Ocidente e no Oriente. Consequentemente, desde a época do Renascimento, tem havido uma busca por um humanismo. Quando o pêndulo oscila demais, no entanto, perdemos o equilíbrio entre ser um indivíduo e ser parte de uma comunidade.

Competição e cooperação

Pelo tipo errado de educação e pela propaganda dos meios de comunicação de massa, somos ensinados a competir uns com os outros de forma materialista. Desde o jardim de infância, as crianças são doutrinadas a acharem que não são boas o suficiente. Precisam se esforçar para ser uma outra pessoa o tempo todo. Têm de fazer "isso" e "aquilo" melhor para serem boas o suficiente e serem amadas. Sendo feridas dessa forma desde muito novas, e bombardeadas durante toda a adolescência por propagandas e por um sistema educacional que defende essa inferioridade, é certo que, quando crescerem, se tornarão adultos desconectados de si mesmos. Foram programadas para acreditar que precisam comprar isso ou aquilo – e, então, uma outra coisa, e assim por diante – para serem completas e inteiras... Uma sensação profunda de que não são boas o suficiente é infligida na alma, o que é difícil de curar com terapia. O mundo moderno está repleto dessas almas feridas, comandando o maquinário de nossa sociedade e círculos de negócios, com um desejo inesgotável por mais riqueza, poder, reconhecimento e prazer sexual, sem saber os motivos dessa busca. Daí a necessidade urgente de reconstrução da comunidade na sociedade contemporânea.

É por isso que a EDE é muito relevante em todos os lugares. Encontramos homens e mulheres ansiando por um senso de pertencimento a uma comunidade. No entanto, quando ele ou ela a encontram, é muito difícil viver nela. A necessidade de se reeducar para as relações interpessoais é enorme. O núcleo mais profundo da essência da compaixão precisa ser reavivado. Isso não pode ser aprendido em uma sala de aula convencional, porque esse tipo de conhecimento não pode ser ensinado com aulas ou livros. Não se trata de um conhecimento convergente (referência a E.F. Schumacher), como o que é usado para construir um computador ou uma aeronave.

Progresso linear e tradições cíclicas

De um ponto de vista budista ou taoísta, as pessoas de hoje em dia também estão confusas com as ideias de progresso e de conhecimento. O conhecimento que possibilita a construção de um computador, de uma aeronave ou de uma bomba atômica é completamente diferente daquele que permite a alguém desenvolver um relacionamento intenso consigo mesmo e com os outros, ou do conhecimento da criação de uma sociedade democrática, justa e sustentável. Aqueles podem ser acumulados, esses não. Um desafio budista é dizer que a sociedade moderna não é mais democrática do que uma comunidade budista de 2,5 mil anos atrás. É claro que, em alguns aspectos, somos gratos ao progresso, afinal, ter um dente extraído sem dor é maravilhoso, mas isso depende do acúmulo de conhecimento técnico em odontologia. Para uma faculdade de odontologia, formar bons dentistas que se preocupem com o paciente mais do que com o dinheiro, no entanto, exige um tipo diferente de conhecimento e de enfoque educacional.

Tradicionalmente, tanto o budismo quanto o taoísmo – bem como outras correntes asiáticas – encaram a história como um processo cíclico e não linear. A qualidade do coração das pessoas de cada Era determina a qualidade da sociedade daquele período. Com o atual *ethos* de promoção da ganância e da violência na sociedade contemporânea, não há esperança para a democracia, a justiça e a sustentabilidade.

Satisfação das necessidades e redução das necessidades

Devido à incompreensão do significado de "progresso", a sociedade contemporânea também compreende mal o que é a felicidade. O pressuposto é que quanto mais você satisfaz seus desejos por riqueza, poder, reconhecimento e prazer sexual, mais feliz será. Os mestres taoístas e budistas ensinam o contrário. A abordagem verde ocidental de diferenciar necessidades e anseios é um passo na direção certa, mas não vai longe o suficiente, pois a definição das necessidades é delicada. No budismo, mesmo necessidades básicas podem ser reduzidas. Para Samdhong Rinpoche, o pensador budista mais proeminente e ex-primeiro ministro do Tibete, o caminho da maldade contemporânea é a produção de excedentes pelas tecnologias, porque é preciso estimular a demanda (ganância) para atender o excesso de oferta. Dessa forma, as necessidades contemporâneas são prolongadas indefinidamente.

Para a reconstrução de comunidades e de um planeta mais saudáveis, precisamos de indivíduos saudáveis, que reduzam significativamente suas necessidades materiais. Não precisamos viver uma vida monástica, como um monge ou monja que possuem três mantos, uma tigela com alimentos provenientes de esmolas, e uma cabana um pouco maior do que o tamanho de seu corpo, mas podemos tê-los como modelos. O homem e a mulher de hoje, com vários guarda-roupas lotados de trajes e acessórios, são excessivos. Buddhadasa Bhikku – proeminente monge e pensador budista – define o desenvolvimento como "bagunça e loucura".

Em nossos treinamentos para aumentar a consciência sobre a ganância e as monoculturas de consumo, levamos monges budistas, vestidos com o manto amarelo, para um dos maiores e mais movimentados shoppings de Bangkok. Os monges sentaram e meditaram antes de andarem lenta e atentamente pelo shopping. Tinham dinheiro, mas não podiam comprar nada ou falar com quem quer que fosse. A instrução era observar o que acontecia em sua mente quando viam todas as coisas no shopping. Elias Amindon e Elizabeth Roberts, ecologistas profundos, planejaram essa sessão quando introduziram a disciplina da ecologia profunda na Tailândia e no Sudeste Asiático, nos anos 1990. A prática passou a ser realizada regularmente, desde então, com muitos grupos diferentes, e é muito eficaz em conscientizar como a cultura de consumo estimula a ganância em nossa sociedade.

Concluindo, acreditamos que os valores básicos dessas duas tradições espirituais coincidem com os de outras tradições contemplativas ao redor do mundo. A lista desses pares de paradoxos é infinita. O caminho do meio não é uma concessão cinza entre o preto e o branco, é uma junção vibrante e colorida do *yin* e do *yang*. Esse caminho exige um potencial humano e uma sabedoria mais profundos para manejar esses pares de paradoxos, que vão muito além do comando do intelecto. Não há dúvida de que o discernimento intelectual, na direção correta, pode ajudar muito, mas nunca será suficiente. É preciso um novo tipo de educação, que cultive e fomente as qualidades mais saudáveis do ser humano: compaixão, bondade amorosa, conhecimento sobre a unidade de todas as coisas, o sentimento de não prejudicar e sim de servir aos outros. Isso significa uma transformação da consciência, do egocentrismo para uma consciência mais centrada na ecologia. Do *ego-self* para o *eco-self*. Esse tipo de educação não é completamente nova e pode ser transmitida por todas as tradições contemplativas. O xamanismo e algumas escolas modernas de psicoterapia, como a escola junguiana, podem ser complementares. A EDE é uma ótima introdução e inspiração a essas práticas saudáveis de longa duração, para os participantes, suas comunidades e o nosso Planeta Gaia – a Mãe Terra.

PRACHA HUTANUWATR é um escritor tailandês, estudioso da globalização e do budismo socialmente engajado. Ele é diretor do Wongsanit Ashram, perto de Bangkok, vice-diretor do Santi Pracha Dhamma Institute, diretor de programa para o Grassroots Leadership Training e membro do conselho do Spirit in Education Movement. Pracha já deu palestras e conduziu workshops em nível internacional. Seu livro mais recente é *Asian Futures: Dialogues for Change*, escrito em coautoria com Ramu Manivannan (Zed Books, 2005).

JANE RASBASH trabalha com desenvolvimento sustentável a partir de uma abordagem de espiritualidade engajada e de empoderamento. Ela vive na ecovila Findhorn e já deu aulas de EDE em Findhorn (Reino Unido), em Siben Linden (Alemanha) e na Tailândia. Ela é membro do conselho do Gaia Education. Atualmente, Jane está trabalhando como consultora estratégica e técnica para comunidades, educação sustentável e projetos baseados em direitos na Birmânia, na Tailândia e, mais recentemente, com a Global Ecovillage Network (GEN), em alguns países africanos. Jane é *coach* de líderes no Sul, que geralmente trabalham em situações extremamente desafiadoras. Ela é apaixonada por Vilas Tradicionais e Ecovilas.

> Gene Marshall explica porque o biorregionalismo é a chave para a coexistência planetária ecológica e pacífica.

A visão biorregional

Gene Marshall

O TERMO "BIORREGIONAL" APONTA para seres humanos vivendo uma relação de compromisso com determinadas regiões do planeta. Uma pessoa ou um grupo entra para a família biorregional dos "construtores de sociedade" quando tal pessoa ou grupo concorda, de forma sincera, com as seguintes afirmações:

> A Terra é meu lar; sou um terráqueo.
> Um continente da Terra é meu lar.
> Uma região da Terra é meu lar.
> Esse novo sentido de lar é simples, mas traz implicações:
> Os Estados Unidos, o Canadá, o México ou qualquer outra nação não é meu lar; é apenas minha nação.
> Meu estado ou província não é meu lar; é apenas meu estado ou minha província.
> O CEP do meu distrito não é meu lar; é apenas o CEP do meu distrito.
> A civilização ocidental não é meu lar; nenhuma civilização é meu lar; é apenas minha civilização.
> Se você é uma pessoa tribal, sua tribo não é seu lar; é apenas sua tribo.

Se comparadas às pessoas "civilizadas", as pessoas tribais são biorregionalistas, porque tradicionalmente vêm honrando todas as coisas vivas e inanimadas em uma região específica do planeta. Pelo fato de serem tribais, contudo, elas não podem ser consideradas biorregionalistas, porque o tribalismo divide e separa membros de não membros. Quando usamos o sentido de lar biorregional, para prever o futuro da sociedade humana, não vemos tribos ou civilizações; vemos uma confederação planetária de regiões terrestres semiautônomas.

Quando aplicamos o sentido de lar biorregional para prever o futuro dos sistemas políticos e sociais, não vemos uma economia global governada pela riqueza, sem fiscalização por parte das regiões locais e de seus habitantes. Vemos a criação de um consenso popular começando em cada localidade e se estendendo a uma governança sensível à Terra em todo o âmbito econômico para todos os membros ao redor do planeta.

Quando usamos o sentido de lar biorregional para prever o futuro das culturas humanas, não identificamos uniformidades de amplitude planetária, concebidas por anunciantes de produtos; vemos famílias locais de plantas, animais e humanos formando expressões ímpares de vivacidade em cada região do globo.

Essa visão é basicamente simples, mas tem implicações de longo alcance. Significa desligar, em nossa mente, o sonho de construir uma civilização melhor ou de retomar uma espécie de vida tribal. Significa sonhar um novo sonho. Esse novo sonho não é algo magnificamente idealista; é uma orientação realista para evitar um desastre ecológico insustentável. Embora possamos tirar muitas lições desses milhares de séculos de sociedade tribal, e desses sessenta séculos de civilização, devemos agora criar algo novo. Devemos enxergar tanto a hierarquia civilizacional quanto a intimidade tribal como padrões de vida obsoletos, inadequados para a situação real em que nos encontramos. Devemos sonhar um novo sonho. Biorregionalismo é um nome para esse novo sonho.

GENE MARSHALL tem um longo histórico de participação na renovação cristã e no diálogo inter-religioso. Nos últimos trinta anos, vem realizando pesquisas em tempo integral e treinamentos para a Realistic Living, uma organização sem fins lucrativos voltada à pesquisa religiosa e ética.
www.realisticliving.org

> Dhyani Ywahoo, do povo Tsalagi ocidental, descreve, por meio das Cinco Direções, a relação íntima que há entre o mundo natural e os fundamentos da sabedoria.

Vozes de nossos ancestrais

Dhyani Ywahoo

CADA UM DE NÓS TEM uma canção no coração. Através de pensamentos e ações, cada um cria uma vibração na atmosfera. Quando pensamos nos átomos dançantes que constroem e sustentam as formas de vida, podemos nos ver, para sempre, na dança. Tudo é vibração. Nossas ações reverberam em várias dimensões, e dessa forma nossos pensamentos e ações retornam para nós. Podemos chamar isso de *karma* ou destino; vivemos o resultado de nossos pensamentos e suas várias implicações interagindo com outros pensamentos. Da mesma forma que uma pedrinha de intenção que cai num lago de águas paradas cria ondas em todas as direções, a aparência e os fenômenos de nossa vida e de nosso mundo são ondas na superfície serena da mente universal.

Enquanto o mundo gira, aprendemos com os Adawee – sábios protetores das cinco direções, guardiões dos portões da mente –, dando forma ao que não tem forma. Sua sabedoria é expressa pelas cinco sabedorias: a da esfera da existência, reconhecendo a unidade fundamental das coisas, não obstante as diferenças no aspecto externo; a que faz o trabalho alcançar o sucesso; a que distingue as particularidades; a que equaliza, torna conhecidos os fatores comuns; a espelhada, aquela que reflete as coisas como elas são.

Reconhecemos as cinco sabedorias no rio de sabedoria que corre em nós permanentemente. Elas podem ser percebidas nos termos da Roda da Medicina e das direções sagradas, e em relação aos sistemas de cinco órgãos e aos cinco elementos. Quando temos uma percepção clara de como nossa mente expressa sabedoria, de como a aplicamos, temos mais chances de honrar o movimento da vida dentro de nós.

Nas águas congeladas do Norte, a sabedoria espelhada reflete nossas ações, suas causas, suas ondas na corrente do tempo, da mente e das relações. O guardião do Leste, Nutawa, Luz do Sol Emergindo, emana sabedoria de inspiração, de existência; a pessoa se dá conta de que está viva, o dom dessa pessoa se torna aparente. No Sul, as avós dançam perante suas cestas de sementes de boas causas, geração, sabedoria para ter êxito, trazendo fruição às coisas. No Oeste, entendemos padrões, a sabedoria das particularidades, enquanto o Grande Urso dança sobre a ignorância: "Transforme, transmute, traga o que é benéfico na dança espiral da vida". No centro, eixo do qual toda a experiência nasce, está a sabedoria que equaliza.

Devemos sempre dar a volta no círculo para encontrar a harmonia em nós mesmos. Ela nunca se perde realmente; devemos apenas aceitá-la e nos deixarmos ressoar com todo o Universo. Essa ressonância é a afirmação da Unidade. Nossa consciência está modelando o que está à nossa volta. Consideremos uns aos outros, todos juntos, como parte de uma mesma família humana; nosso dever como seres humanos é ver beleza, cantar, ser alegre, trabalhar na terra e compartilhar a abundância. Você aprendeu uma grande sabedoria? Passe adiante. Você tem um dom para os sons, para as ervas? Compartilhe. É o entrelaçamento dos harmônicos da consciência, da nossa mente, que restaura a tapeçaria sagrada da vida. Então, cada um de nós e todos nós devemos reconstruir o tecido; e o trançar se inicia no coração, percebendo a unidade interna. É algo simples e que exige muita disciplina, porque o corpo é o instrumento e os pensamentos são os músicos.

O povo Tsalagi diz que nós, juntos, estamos criando um mundo, nossos pensamentos e nossas interações estão moldando, de maneira intensa, as forças elementais da vida. Com o pensamento e a ação corretos, especialmente o entendimento do nosso propósito, do nosso dom nesse momento, poderemos trazer abundância e grande paz, através de uma compreensão pacífica dentro de nós mesmos, e reacender o Fogo da Sabedoria.

Extraído de *Voices of Our Ancestors: Cherokee Teachings from the Wisdom Fire*, Dhyani Ywahoo, Shambala Books, 1987.

DHYANI é membro da tradicional Etowah Band ou Nação Tsalagi Ocidental (Cherokee). Ela atua em círculos de meditação.

> Maddy Harland descreve as maneiras práticas com as quais podemos nos reconectar com a Natureza na condição de indivíduos e grupos, partilhando a alegria do nosso fabuloso mundo natural e celebrando a vida em nosso planeta vivo.

Caminhos para a integração: redescobrindo a Canção da Terra

Maddy Harland

NÃO É UMA COINCIDÊNCIA que falemos de "aterrar" ou "colocar os pés no chão" a fim de estabelecer ou manter um sentido de estabilidade, ou um centro imóvel em nosso frenético mundo moderno. Geralmente, quando completamos uma prática de meditação, "aterramos" ao visualizar nossas raízes adentrando fundo a Terra, imitando a flor-de-lótus, um símbolo da elevação espiritual, com sua flor acima da água e suas raízes no fundo, na lama do lago, abrangendo três meios físicos.

A conexão com a natureza pode ser uma experiência de cura profunda. Ela pode estimular experiências positivas, nos tornar pessoas mais felizes, unir um grupo e incitar uma mudança na visão de mundo, saindo da separação para a integração. Lembro-me de, certa vez, caminhando pela South Downs, na Inglaterra, em um dia ensolarado, tomar consciência de que tudo na paisagem estava repleto de energia cintilante e dançante. Ela emanava de cada folha de capim, de cada pedra, do céu, das nuvens e até mesmo do corpo solitário passeando (eu!). Tornei-me convictamente consciente de que a paisagem e eu éramos feitos da mesma essência, por detrás das formas, e de que eu fazia parte de uma unidade maior. Foi um êxtase.

O grande poeta místico Rumi escreveu:

> Sou a poeira na luz solar, sou a bola do sol...
>
> Sou a neblina da manhã, o sopro da noite...
> Sou a centelha na pedra, o lampejo de ouro no metal...
> A rosa e o rouxinol inebriado com sua fragrância.

Sou a corrente do ser, a circunferência das esferas,
A escala da criação, a ascensão e a queda.
Sou o que é e não é...

Sou a alma em tudo.

Há muitas maneiras de se conectar com a natureza e de experimentar a inteligência e a rede interligada do nosso belo planeta Terra. O trabalho grupal é especialmente vantajoso, pois não só oferece uma grande conectividade com a natureza, como também pode intensificar o senso de identidade do grupo. E nem sempre precisamos dar início a sessões de grupo formais. Preparar uma refeição em uma fogueira, fazer música juntos, usando objetos domésticos como instrumentos de percussão, criar arte a partir de materiais locais, dormir sob as estrelas ou nadar em corredeiras são atividades que podem engendrar esse tipo de conscientização. Se a previsão é que o grupo fique junto por quatro semanas, pode-se criar uma pequena horta de verduras, pequena mas rica em biodiversidade. A horticultura aumenta nossa consciência a respeito dos elementos mutáveis, dos microclimas, da qualidade da água, das estações, da vida selvagem local e do processo de crescimento. Pouca coisa é mais miraculosa do que cultivar alimentos desde o estágio de semente, apreciar o padrão inerente à forma e participar do seu desenvolvimento por meio de boas práticas de agricultura. O plantio de sementes também pode ser um ato profundamente simbólico, já que podemos plantar nossas intenções como indivíduos ou grupo enquanto semeamos.

Respirando com a natureza

Outra técnica que um grupo pode compartilhar é adentrar, individualmente e em silêncio, uma área natural, combinando de se reencontrar dentro de vinte minutos. Trate essa atividade como uma meditação e encoraje todo mundo a desacelerar e ficar em silêncio. À medida que você andar, sinta o que o atrai. Quando se sentir atraído por uma planta ou árvore, peça permissão para visitá-la. Se sentir que não foi convidado, siga adiante. Se sentir que a permissão lhe foi concedida, sente-se junto à planta e a explore com seus cinco sentidos. Respire com ela, trocando gases. Imagine como a planta lhe fornece oxigênio, e você, dióxido de carbono. Vocês dois precisam um do outro. Visualize a simbiose. Imagine há quanto tempo os ecossistemas deste planeta dependeram dessa troca de gases. Ao terminar, expresse sua gratidão à planta ou árvore e à área natural. Quando se reencontrar de novo com os membros do grupo, peça a eles para que dividam suas experiências e para que contem como se sentiram. Não há necessidade de interpretar, explicar ou comparar experiências. Apenas compartilhem-nas sem julgamento. Agradeçam uns aos outros por terem participado dessa atividade juntos.

Celebração

Sejam quais forem nossas crenças ou bagagem cultural, criar um espaço sagrado pode ser algo ao mesmo tempo divertido e profundamente reverente. Pode ser uma celebração pessoal da natureza e das formas naturais e também um espaço tranquilo na principal área de ensino de um grupo. Pode ser criado em conjunto, como uma tarefa de grupo ou os facilitadores podem pedir aos membros do grupo que contribuam com o espaço como e quando for apropriado. Uma vela ou um incenso podem ser acesos todos os dias, e o grupo pode depositar, de modo coletivo, qualidades e intenções positivas no processo.

Entretanto, a maneira como esse local é utilizado precisa ter relação com o grupo e com sua cultura. Estamos aqui para encorajar uns aos outros, mas não para impor nossas crenças e cultura individuais. Na construção de um santuário da natureza, pense em usar objetos que simbolizem os quatro elementos – a água, o ar, a terra e o fogo –, e os posicione, de preferência, em relação às quatro direções. Essa prática é partilhada por muitas culturas nativas, inclusive os celtas e os índios americanos. Ela permite que as pessoas aprofundem sua orientação. Onde o Sol nasce e se põe? Qual a origem principal dos ventos e das chuvas? Onde a Lua nasce e se põe? Você pode querer incluir a "quinta" direção – a interior.

Esse processo de orientação com as quatro direções pode se expandir. Os momentos de transição – entre a noite e o dia, entre o amanhecer e o anoitecer ou entre a lua nova e a cheia – podem ser tempos de conexão poderosos. Dê uma caminhada em um desses momentos de transição, ouvindo os pássaros se dirigindo aos seus locais de repouso e os animais noturnos acordando. Observe o desabrochar e o fechar das flores, a luz que se altera no céu, as estrelas e os planetas, ofuscados pela luz do dia... Esses são tempos de expansão interior e de oportunidades de renovação da visão. Saboreie-os.

A recordação dos sonhos

Outra maneira de se conectar de modo profundo com o mundo natural é praticar a recordação dos sonhos. Comece a escrever um diário de sonhos e anote nele todos os seus sonhos, assim que você acordar. Muitas vezes seu inconsciente lhe oferecerá como resposta sonhos mais intensos e vívidos. Acrescente a isso uma sessão matinal em grupo, recordando, de modo breve, os sonhos significativos, e você terá uma rota dinâmica para a imaginação coletiva desse grupo. Símbolos arquetípicos e paisagens internas compartilhadas podem se desenvolver. O segredo é não ser muito analítico e tentar não interpretar tudo de forma simbólica, mas fluir com as imagens do sonho e permitir que elas se fixem na sua consciência durante os estados de vigília, assim como uma paisagem ou um lindo jardim se fixariam. A partir desse estado reflexivo, surgem *insights*; alguns pessoais, e outros mais interpessoais, até mesmo universais.

O biotempo ou diário "fenomenal"

Max Lindegger, designer de ecovilas e especialista em permacultura, contou-me uma história sobre fazendeiros no norte da Tailândia. "Era uma tarde abafada, e eu esperava que fosse chover a qualquer momento. Percebi que nosso lavrador estava regando suas mudas de vegetais. 'Por que se dar a esse trabalho?', passou pela minha mente: 'A natureza fará isso logo, logo!'. Ao lado, o fazendeiro vizinho estava ateando fogo ao restolho. Eu me perguntei por quê: 'Em breve vai chover, e o fogo será apagado de qualquer maneira!'. Mas não choveu! Como os lavradores sabiam?

Tang, um de nossos estudantes, me disse o seguinte: 'Como os lavradores observam o tempo todo e fazem isso há muitos anos (e há muitas gerações), eles percebem até mesmo as menores alterações. As formigas, por exemplo, deixam o solo, buscando um lugar mais alto, e até mudam as posições de seus ovos antes de uma chuva intensa. Algumas horas antes de chover, os insetos são atraídos pela luz. Os fazendeiros fazem uso desse fenômeno, acendendo luzes nas lagoas, para atrair os insetos para onde os peixes podem comê-los. Esses agricultores escutam o som dos grilos, que sofre uma alteração quando está prestes a chover. Já os sapos começam a 'cantar' antes de a chuva chegar. Da mesma forma, quando as vagens de tamarindo se enrolam apertado e se tornam estaladiças, é que o frio está chegando. As minhocas saem para a superfície e muitas vezes morrem, sendo isso um sinal de que o frio chegará logo.

Os calendários 'fenomenais' têm feito parte de muitas culturas. Lembro-me de uma história nativa americana que dizia que 'a época boa para plantar milho é quando as folhas de carvalho estão do mesmo tamanho que uma orelha de esquilo'. Essa é uma informação mais precisa do que as datas de plantio, já que está, provavelmente, relacionada com a umidade e a temperatura do solo.

Muitas dessas observações podem ser provadas cientificamente, mas algumas talvez estejam simplesmente além da ciência. Antes do tsunami de 26 de dezembro de 2004 ter atingido uma pequena ilha isolada, os Shong, povo local, saíram à procura de um lugar mais alto e seguro. Nenhum deles morreu. Quando perguntados como sabiam que um desastre estava prestes a acontecer, sua resposta foi simplesmente: 'Nossos ancestrais nos disseram'."

É útil perceber as alterações sutis no mundo natural à nossa volta, pois isso aprofunda nossa conexão e fornece um registro proveitoso em um mundo com variações climáticas. Adquira um caderno com folhas em branco (o suficiente para ter pelo menos meia página, ou uma página inteira, para cada dia do ano). Comece em 1º de janeiro, e escreva o dia (mas não o ano) no espaço destinado à data. Depois, apenas comece um diário de eventos biológicos, como, por exemplo, quando uma espécie de pássaros migratórios (como as andorinhas) chega e vai embora, ou quando você vê sua primeira flor silvestre favorita, ou quando uma árvore frutífera específica volta a ficar coberta de folhas, ou quando suas aves domésticas põem o primeiro ovo do ano, ou quando os peixes começam a desovar... Atribua uma cor para cada ano e crie um código no início. Assim você conseguirá identificar qual ano diz respeito a cada anotação e começará a fazer comparações anuais em relação às mudanças sazonais. Você ficará surpreso com os resultados.

Peregrinação moderna

De acordo com a tradição, caminhar longas distâncias até um lugar sagrado pode surtir um efeito transformador no peregrino. Colocamos de lado nossas preocupações diárias e focamos por completo em uma jornada especial. Sua Santidade Gyalwang Drukpa, líder da linhagem Drukpa, uma seita budista do Ladakh, nos Himalaias, deu início a uma nova tradição, que concilia a peregrinação com o ativismo ambiental e um cuidado com a Terra e Seu povo. Essa síntese de preocupações faz parte de uma questão emergente nos continentes. O próprio Ladakh está incluído no que é chamado de "terceiro polo" do planeta, uma vasta região glacial que agora está devastada pelo caos climático associado ao aquecimento global. Lá vivem 3 milhões de pessoas; e é também lá que se localiza 1/3 da água doce do mundo. As estações do ano são imprevisíveis; há nevascas no verão e temporais assustadores – 50 milímetros de chuva caem em sessenta segundos. Trata-se de uma paisagem árida e frágil que está cheia de plásticos descartáveis, que poluem o rio onde as pessoas bebem água.

Para os habitantes locais, o caos climático é causado pelo mundo industrializado. Eles não têm consciência de como esses plásticos decompostos são tóxicos. Para levar conhecimento sobre isso à região, todos os anos Sua Santidade Gyalwang Drukpa caminha 725 quilômetros do Siquim, na Índia, passando pelo Nepal, até o Ladakh, com setecentos monges e monjas budistas e leigos. Eles recolhem meia tonelada de lixo plástico ao longo da jornada, realizam workshops, educam o povo local a respeito das mudanças climáticas e do meio ambiente, organizam plantações massivas de árvores e praticam rituais budistas juntos. As pessoas são encorajadas a agir e a abrir mão da ideia de que são camponeses pobres, impotentes, à mercê de uma cultura ocidental que coloniza insidiosamente a mente e as práticas através da publicidade. Ele também ensina às monjas a arte do kung-fu e as vê como iguais, algo incomum em uma sociedade tradicional. A caminhada é uma maneira de disseminar o conhecimento, dividir as preocupações, criar uma comunidade e se conectar de modo profundo com essa região extremamente bonita da Terra.

Sua Santidade Gyalwang Drukpa fez um filme sobre essa jornada épica chamado *Pad Yatra*, que Joanna Macy e Chris Johnstone viriam a chamar de "Uma história da nossa Era". O tema principal do filme é o ensinamento de que se reconectar com a Natureza, ter consciência em relação ao meio ambiente e ter cuidado com a Terra são o âmago da prática espiritual. O ato de andar, de peregrinar, intensifica nossa compreensão e nos proporciona também grande alegria, pois vivemos em um mundo lindo, repleto de vida sensível.

Seguindo os passos de nossos ancestrais

Como podemos nos reconectar com a Terra, seja qual for o lugar onde moramos, para desenvolver um senso de reverência, alegria e compromisso em relação à criação de um mundo melhor? Acredito que o simples ato de caminhar pode nos fornecer uma via intensamente poderosa para expandir nossa consciência e nos fazer apreciar o que temos no local onde vivemos.

No verão passado, andei pela trilha Ridgeway, a estrada mais antiga da Grã-Bretanha. Ela atravessa a parte central do sul da Inglaterra, passa por colinas e vales arborizados dos Chilterns, pelas North Wessex Downs, ricas em vida selvagem nos habitats de pradarias de calcário, e adentra o Patrimônio Mundial de Avebury. A Ridgeway segue uma rota antiga sobre uma região elevada, que desde épocas pré-históricas é utilizada por viajantes, boiadeiros e soldados. Há muitos tesouros arqueológicos próximos à larga paisagem ondulante: túmulos do período Neolítico e da Idade do Bronze, fortes da Idade do Ferro, exemplos de antigos plantios em faixas e imagens de cavalos brancos esculpidos no calcário. É uma paisagem onde o passado está vivo, um banquete pré-histórico; é o Albion em sua forma mais monumental.

Essa não foi uma caminhada comum. Eu havia me unido a um grupo de pessoas que escolheram andar e viver "em comunidade", dividindo a rota e a comida e, principalmente, acampando juntas, sem regalia alguma, pelo caminho. Ao chegarmos de trem em Wiltshire, no Vale do White Horse, onde iríamos começar nossa jornada, só podíamos levar o que conseguíamos carregar, e isso incluía a tenda, o saco e a esteira de dormir. Por necessidade, tínhamos de viver de modo simples. Andávamos todos os dias, ora em grupo, ora isolados, mas sempre no topo, o que oferecia perspectivas panorâmicas maravilhosas. Graham Joyce, um arqueólogo de formação, que havia organizado a caminhada, nos ensinou os detalhes sutis das formas pré-históricas, como túmulos e diques, e também a ver os vestígios de agricultura da humanidade remota – eles ainda são evidentes nas colinas de calcário.

O próprio grupo era rico em experiências: havia artistas, músicos, especialistas na arte da sobrevivência, herboristas, um professor, um construtor de *yurts*, praticantes de yoga, especialistas em permacultura, andarilhos de longas distâncias... O acampamento evoluía em seu próprio ritmo à medida que caminhávamos pelas colinas e pelos vales a cada dia e aprendíamos a cuidar uns dos outros, todos realizando as tarefas diárias com grande generosidade. A cordialidade dessa comunidade temporária foi inebriante. Os egos não brigavam por espaço; todos permitiam que os outros fossem estimulados e que prosperassem. Parece idílico, mas foi assim durante aqueles nove curtos dias... E todos nós rimos mais do que tínhamos rido por anos.

A caminhada culminou na ancestral paisagem de Avebury. Havíamos andado pelo menos 16 quilômetros por dia – às vezes mais – por trilhas tortuosas para chegar lá, e tínhamos acampado em lugares excêntricos (fizemos acordos prévios com os donos das terras). A essa altura, estávamos em um estado de profunda imersão com a paisagem, sensíveis às plantas e às criaturas nativas, atentos às diferenças de cada colina ou vale e com uma sensação de bem-estar que é difícil de explicar. Andar, ou vaguear, tinha se tornado nossa meditação.

Nosso corpo havia mergulhado numa conscientização intensamente pacífica. Phillip O'Connor, um andarilho eloquente, descreveu isso como um "sentimento incomparável... como se a pessoa fosse uma oração percorrendo uma estrada...". Ele percebeu que, durante longos períodos de caminhada a pé, um ritmo mental intenso, "essencialmente poético", começava a dominar todas as suas percepções. "Todos os nódulos rígidos de conceitos são persuadidos, de forma sutil, a liberar seus estimados conteúdos... O 'senso de identidade' da pessoa 'propaga-se na paisagem'..."[11] O tempo linear torna-se irrelevante. Sentimo-nos imersos em uma temporalidade profunda, longa, lenta e exuberantemente plácida. A própria Avebury ganhou vida para mim à medida que Graham nos guiava, de modo simbólico, através das antigas mudanças de estação na Roda do Ano, venerada por nossos ancestrais de tal maneira, que chegaram a construir grandes monumentos para marcar e celebrar o tempo circular e o milagre do nascimento, da vida e da morte.

Aprendi diversas coisas naquela semana: amar a paisagem calcária em Downs de um jeito ainda mais acentuado, e entendê-la por meio da observação prolongada; apreciar a qualidade meditativa da caminhada e a vivacidade que ela proporciona ao corpo; prezar a cordialidade e o humor da vida em comunidade, reconhecer o quão gentis e generosas as pessoas podem ser e o quanto nós ansiamos por essa intimidade em nossa vida; sentir uma conexão com o nosso passado remoto. Tudo isso consumindo pouco e sem ir muito longe...

A mudança da cultura ocidental, passando do consumismo desmedido para uma vida dentro dos limites, pode parecer impossível enquanto estamos presos ao tumulto da vida normal. Porém, vi nesses poucos dias, como o futuro poderia ser, e isso demonstrou, para mim, o poder que há em viver de forma simples em um grupo e de estar completamente atenta aos elementos. Lembro-me do rito de passagem aborígene chamado *walkabout*, e da tradição indígena de descartar o tempo tecnológico e retornar ao tempo "profundo". Essa é uma consciência cíclica, e não linear, que honra as estações do ano, os ancestrais

---

11 Devereux, Paul. *Symbolic Landscape*. Glastonbury: Gothic Image Publications, 1992, p. 38-39.

e o processo de nascimento, vida e morte. Meus ancestrais celebraram esses eventos nas estruturas neolíticas extraordinárias encontradas em Avebury, no West Kennet Long Barrow, na Silbury Hill, nas grandes áreas arqueológicas, nas largas avenidas e no círculo de pedras sarsen de Avebury, e na nascente simples de Swallowhead.

Se você for seguir apenas uma das sugestões deste capítulo, sugiro que encontre as trilhas antigas do seu próprio país e siga os passos de seus ancestrais. Ache as áreas de acampamento deles, explore suas instalações remotas, descubra seus terrenos sagrados e mergulhe você mesmo em sua própria paisagem biorregional. Todos carregamos, dentro de nós, uma consciência indígena, uma consciência de um passado repleto de simbolismo e admiração pelo mundo natural. Nossa reconexão com esse senso de reverência pela Criação é uma prática profundamente prazerosa e permitirá que você se torne um defensor apaixonado do nosso planeta vivo, a Mãe Terra. E, se escutar com muita atenção, Ela talvez cante para você, mais uma vez, Sua música suave, a Canção da Terra.

Veja a biografia de **Maddy Harland** na página 12.

> Stephan Harding nos oferece uma visualização simples, que nos permite apreciar tanto a grandeza do nosso universo quanto a maravilha da nossa Terra "viva".

Sentindo o planeta redondo

Stephan Harding

DEITE-SE DE COSTAS, NO CHÃO, em seu local de Gaia. Relaxe e respire fundo algumas vezes. Agora, sinta o peso do seu corpo na Terra enquanto a força da gravidade o mantém no solo.

Sinta a gravidade como o amor que a Terra sente pela própria matéria de que é feito seu corpo, um amor que o mantém seguro e previne que você flutue para o espaço sideral.

Abra seus olhos e olhe para a vastidão do universo, sentindo, ao mesmo tempo, a grande massa da nossa Mãe Terra em suas costas. Sinta-a apertando você contra seu enorme corpo, à medida que ela lhe vira de cabeça para baixo sobre o vasto Cosmos que se estende abaixo de você.

Como é a sensação de ser mantido de cabeça para baixo dessa forma, sentindo as profundezas do espaço e o apoio da Terra, firme, quase como uma cola atrás de você?

Agora, sinta como a Terra se curva sob suas costas, alongando-se em todas as direções. Sinta seus grandes continentes, suas cadeias montanhosas, seus oceanos, seus territórios de gelo e neve nos polos, suas amplas capas de vegetação, estendendo-se, de onde você está, por toda a imensidão redonda do seu corpo inacreditavelmente diverso.

Sinta seu ar rodopiante e suas nuvens acrobáticas girando ao redor de sua superfície sarapintada.

Inspire a imensidão de nossa Terra viva.

Quando estiver pronto, levante-se e respire fundo, profundamente ciente, agora, da qualidade viva do nosso planeta.

Extraído de *Animate Earth: Science, Intuition & Gaia*. Green Books, UK e Chelsea Green, USA, 2006.

STEPHAN HARDING supervisiona o mestrado em Ciências Holísticas no Schumacher College, em Totnes, Inglaterra. Graduado em Zoologia e Ecologia Comportamental, já realizou trabalhos no Zimbábue, no Peru e na Venezuela. Foi também professor convidado na Universidade Nacional da Costa Rica, em 1990, antes de voltar à Inglaterra para ajudar a fundar o Schumacher College. Stephan é autor de *Animate Earth: Science, Intuition & Gaia*.

> O haikai teve origem no Japão entre os amantes da natureza e os andarilhos espirituais. Está baseado na pura economia da forma e na generosidade extrema do espírito. Com um traço da caneta e um espírito liberto, o bom haikai toca alto e fundo, conecta experiência e mente consciente. É o som de uma flauta solitária em uma vasta sinfonia da vida.

Haikai japonês

Marti

A viagem do samurai

Anda altivo
fala pouco,

curva-se como o bambu.

Iya Valley, Shikoku

O pupilo zen

Uma tábua de madeira bruta,

esperando ser entalhada
em uma floresta sem fim.

Mount Hiei

Jazz na matriz de lótus

Padma-
garbha-
loka-
dhatu.

Templo Todai-ji, Nara

O caminho do peregrino

Passos voam entre a terra
e o céu,

Somente colinas e vales,
se interpõe no caminho.

Templo Kirihata-ji, Shikoku

Mestre zen

Acalma olhos límpidos
Dobra galhos,
Pega chuva

Cem luas em cem
Gotas de água.

Templo Sojiji, Yokohama

Matemática

Rio negro
mais
lua prateada

igual a
água cristalina

Kyoto

Referência

Japan Haiku (org. MARTI), coleção Nature and Evolution. Tamil Nadu: Auroville Press Publishers, 2005.

MÓDULO 4

Saúde e cura

O mundo como uma onda holográfica: a teoria da cura global

Cura planetária: uma nova narrativa

Curar a nós mesmos

O poder da reconciliação e do perdão

O coração inteligente

Diálogos do círculo de paz: eu sou porque você é

O espelho partido

Maher – nascendo para uma nova vida: uma entrevista com Lucy Kurien

Saúde no Sul Global

Um estilo de vida saudável

O sonho das crianças

Toda doença resulta da inibição da vida da alma. Isso é válido para todas as formas, em todos os reinos. A arte do curador consiste na libertação da alma, para que a vida possa fluir através do aglomerado de organismos que constituem qualquer forma específica.

Alice Bailey, Cura esotérica

> Dieter Duhm oferece uma nítida perspectiva de um mundo holográfico, repleto de energias interpenetrantes e informações dinâmicas. Duhm indica o caminho para uma sociedade de paz e harmonia, indo muito além da sociedade atual, "*high-tech* na guerra e Neandertal no amor".

O mundo como uma onda holográfica: a teoria da cura global

Dieter Duhm

O UNIVERSO É UMA UNIDADE VIVA. Tudo que está contido no mundo se encontra em um processo de evolução mútuo e congruente. Qualquer coisa que aconteça se espalha como uma onda holográfica pelo espaço e pelo tempo. O que acontece em um lugar está acontecendo em toda parte (com adaptações correspondentes e em diferentes escalas). Nem mesmo uma pequena pedra pode ser movida sem que algo aconteça com o todo. E nenhuma estrela pode se apagar, sem que algo mude na Terra. Cada ato de guerra e cada ato de amor deixa para trás vestígios no tecido fino da biosfera. A matéria do mundo, que está sendo levemente empurrada para algum lugar, vibra por toda parte. O mundo reage a todos os eventos, das estruturas moleculares às galáxias, e de um pensamento delicado a sistemas de informação complexos. O que estamos fazendo neste momento pode alterar a estrutura molecular de nossos dentes, o ritmo de crescimento de nossos cabelos, o comportamento de nossos cachorros ou a esperança de algumas pessoas em aldeias pacíficas na Colômbia.

Cada pensamento e cada ação deriva de um movimento na matéria do mundo. Não podemos empreender nada nem fazer novos planos se não formos tomados pela onda holográfica da matéria do mundo. Tudo que se manifesta, em qualquer ponto do planeta, surge das ondas invisíveis da totalidade maior. Não somos somente receptores da matéria do mundo, mas também seus ativistas e seus órgãos condutores. A cada ação, a cada pensamento, algo está sendo modificado. Se ao menos conseguíssemos construir informações complexas para a paz em algum lugar do mundo – que tenha também a habilidade de resistir às forças contrárias –, essas informações seriam eficazes em toda a noosfera do nosso planeta. O projeto de Biótopos de Cura surgiu dessas reflexões. Quanto mais esses lugares (pontos de acupuntura) se desenvolverem, mais firme será a aliança da paz mundial.

O novo cenário

O mundo é um *continuum* oscilante. Os fatos que se apresentam como massacres e guerras são oscilações globais que podem surgir, em outros locais, de uma maneira muito mais discreta. A vida global na Terra, inclusive todas as ocorrências psíquicas, é um *continuum* de frequências. Ninguém está alheio. O que se manifesta, em famílias abastadas e resguardadas, sob a forma de amor desiludido, mentiras secretas e agressões latentes, ganha proporções muito maiores, em outros lugares, sob a forma de ódio e genocídio. Paz e reconciliação recém-criadas enviam vibrações para o círculo do mundo e atingem todos os lugares.

Não vivemos mais em uma Era da matéria, mas em uma Era da frequência e da energia. As vibrações espirituais e psíquicas têm uma natureza mais incisiva do que as materiais. Levando-se em consideração esses pontos de vista, um panorama totalmente novo para a possibilidade de cura do nosso planeta se abre. O que significa entrar na frequência correta da totalidade. De acordo com o físico quântico David Bohm, um grupo de pessoas, entre dez e cem membros, cujas vibrações combinem bem, é capaz de mudar o mundo.

Um organismo é atacado por uma enfermidade que se manifesta em vários locais do corpo. Um médico inteligente não trata cada um desses pontos e sim todo o organismo. Ao transpor essa ideia para a situação global do nosso tempo, você verá que um plano inteligente não mais trabalhará pela paz apenas em lugares em crise. Em vez disso, se concentrará na cura do organismo global, tanto da humanidade quanto do planeta. A questão não é apenas o fato de que milhares de áreas distintas estão doentes. A totalidade precisa de uma injeção de energia nova. A noosfera necessita de informação nova. Os núcleos das células requerem um estímulo novo para serem capazes de enviar impulsos inovadores, que orientem os organismos.

Cinco percepções fundamentais

A Terra e a humanidade inteira formam um organismo integrado, um sistema holístico, que reage como uma totalidade aos impulsos curativos injetados.

A informação essencial de um novo código de vida não violento está direcionada às esferas mais profundas da comunidade, da verdade, da confiança, do amor, do erotismo e da religião. As bifurcações que preparam o caminho para a evolução humana no planeta a partir da tomada de novas direções – uma vez que os pré-requisitos materiais sejam atendidos – estão situadas no âmbito mais íntimo do ser humano. O trabalho pela paz é um trabalho de cura, e, para isso, o desenvolvimento da confiança é um fator central. Se perguntarmos o que a paz significa, a resposta é: confiança. Confiança entre seres humanos; confiança entre amantes; confiança entre pais e filhos, jovens e adultos; confiança entre mulheres que amam o mesmo homem, entre homens que amam a mesma mulher; confiança entre nações; confiança entre seres humanos e animais, seres humanos e a natureza, seres humanos e o mundo. O sentido mais profundo está em encontrar o código da confiança. Os Biótopos de Cura são lugares onde as condições capazes de apoiar o surgimento e o crescimento da confiança perpétua são conscientemente criadas.

Nem apelos morais, nem conversões individuais, nem exercícios espirituais individuais produzirão a mudança necessária. Em vez disso, novas estruturas sociais e comunitárias precisam ser desenvolvidas para promover o crescimento contínuo da verdade, da confiança e da solidariedade.

As comunidades do futuro construirão novas estruturas da esfera interior dos seres humanos e, desse modo, produzirão um campo global de efeitos transformadores. Um novo código de vida emergirá do funcionamento de um sistema holístico e modificará a vida no planeta.

O direcionamento do poder

A sociedade é um sistema de direcionamento de energias cósmicas e humanas. O direcionamento da energia disponível, e a possibilidade de que esta nos leve ou não à felicidade, dependem, em larga escala, dos sistemas de direcionamento mental, social e tecnológico, que nossa cultura desenvolveu. Os fluxos de energia podem ser levados a colidirem uns com os outros, para produzir paralisia, medo, hostilidade, violência e doenças psicossomáticas (desejos sexuais versus princípios morais, obediência versus rebelião). Por outro lado, os fluxos de energia podem ser direcionados de tal forma que se harmonizem entre si, produzindo, desse modo, cura, amor e cooperação em um plano mais vasto e elevado. O mundo precisa de novos sistemas de direcionamento capazes de orientar e recuperar as energias contidas em sua matéria. Novos sistemas de direcionamento significam novos sistemas de pensamento, novos conceitos de vida e um novo sistema de cooperação entre as forças da vida em desenvolvimento.

A comunidade

Os novos níveis de ordem existem em novas formas de comunidade e na cooperação entre as criaturas na natureza. Formas mais elevadas de união são formas mais elevadas de consciência. Na minha opinião, só será possível encontrar as informações vitais e explorar as forças essenciais para um mundo emergente, se a pesquisa estiver fundamentada no desenvolvimento e na construção de comunidades reais. Trinta anos de trabalho em comunidades – tais como a experiência do Projeto dos Biótopos de Cura, nas ecovilas de ZEGG e Tamera – revelam, talvez mais do que qualquer outra coisa, a profundidade das transformações necessárias para que uma mudança de paradigma ocorra na esfera humana. O novo código de vida é resultado de comunidades operantes; comunidades essas em que os conflitos habituais de autoridade, reconhecimento, dinheiro, sexo e amor finalmente foram revogados em favor de uma estrutura humana baseada na verdade, na transparência e no apoio mútuo. Particularmente nas áreas do sexo e do amor, a trajetória tem de ser traçada de uma nova maneira, para que a verdade e a confiança possam se desenvolver. O código de confiança das novas comunidades se baseia na verdade e na transparência. Para que isso seja possível, as forças eróticas devem ser amplamente aceitas e integradas à vida da comunidade. As antigas separações entre a moralidade sexual, aceita como discurso oficial, e os desejos secretos devem desaparecer e dar espaço a uma integração sexual que não mais recorra a repressões ou mentiras.

Neste momento, as formas de pensamento ultrapassadas devem ser revistas e uma nova reflexão ética precisa acontecer e superar, de longe, todos os manifestos humanitários conhecidos. O desenvolvimento de futuras comunidades não violentas talvez seja a aventura mais profunda do nosso tempo. O conhecido biólogo Lynn Margulis contribui com esse debate ao dizer o seguinte: "Se quisermos sobreviver à crise social e ecológica que criamos, talvez sejamos forçados a embarcar em empreendimentos comunitários totalmente novos e dramáticos".

O conceito global de cura começa com um desenvolvimento concreto de comunidades operantes. Este, obviamente, mostrou-se muito mais difícil do que qualquer desenvolvimento em armas iônicas ou engenharia genética. Em vez de formarem tais comunidades, as pessoas continuam esperando pelo surgimento de um Messias que as venha libertar. No entanto, existe uma inteligência comunitária capaz de desenvolver o código da cura.

O código da cura

O novo código consiste em novas informações contidas nos genes humanos e que precisam ser combinadas e ativadas de novas maneiras. Antigas cadeias de informação da guerra, da inveja, do medo e da violência, que vêm se manifestando por anos e têm sido mantidas em plena atividade, precisam se dissolver e ser substituídas por novas cadeias. A totalidade da vida está construída sobre a informação. O sucesso ou o fracasso das pessoas, e também de todas as criaturas, dependem da informação que é ativada. Nada está fixado para sempre, praticamente qualquer matriz pode ser realizada se a informação correta for ativada. Vivemos em uma verdadeira "multiversidade", com uma quantidade infinita de "universos paralelos" latentes. Eles também são conhecidos como "hologramas paralelos". Há hologramas do medo e da confiança, da separação e da conectividade. Qual dessas várias possibilidades se manifestará em nossa vida vai depender da informação que retiramos do mundo, assim como da informação que lançamos de volta. Esse processo pode ser melhor compreendido se considerarmos, por exemplo, seu funcionamento em um relacionamento amoroso.

David Bohm falou da "ordem implícita" que gera todas as aparências externas no mundo manifesto. O que se manifesta a partir da ordem implícita depende dos tipos de informação, pensamento e visão que são ativados. Se desejos são atendidos ou não, se metas humanas são atingidas ou não, se experimentamos felicidade ou infelicidade no amor, depende completamente das cadeias de informação que são ativadas a partir de nossos pensamentos e comportamentos. A chance de se alcançar uma reconexão pacífica com a totalidade depende da dissolução bem-sucedida de dogmas da religião patriarcal – hostil ao amor – e sua substituição pelo conhecimento mais generoso de uma Era "mariana".

Informação não é uma coisa abstrata; na verdade, ela é formada por impulsos mentais cheios de vida. A informação autêntica sempre tem o poder de produzir algo novo. Albert Einstein disse: "O que pode ser pensado também pode ser feito". Esses são pensamentos autênticos e visões autênticas que movem o conteúdo latente da ordem implícita para um "estado animado" e o direciona para a sua manifestação. Visão e realidade estão ontologicamente interconectadas.

Campos de informação

Vivemos em um mundo holográfico. Toda a informação está disponível e pode ser coletada a qualquer momento. Teoricamente, a totalidade da informação mundial pode ser "baixada" em qualquer lugar, a qualquer hora e na frequência necessária. É possível explorar as informações do mundo, ou de certas áreas do conhecimento, como, por exemplo, do campo da matemática ou da música. Todos nós conhecemos os fenômenos das chamadas crianças-prodígio. Elas dominam habilidades musicais ou matemáticas que superam em muito nossa imaginação. Apesar de, na maioria das vezes, não possuírem inteligência acima da média, essas crianças parecem ter um tipo de antena com a qual se conectam a partes do banco de dados universal de uma forma especial. Nossa comunidade já teve um hóspede que era capaz de criar poemas similares aos de Goethe sem jamais ter estudado o autor. De alguma forma ele estava conectado a um "campo Goethe". Há um homem, que reside na Inglaterra e possui um Q.I. baixo, que é capaz de tocar cinquenta peças de música clássica ao piano sem cometer nenhum erro. Ele está claramente conectado a um campo musical. Pessoas como Houdini, assim como clarividentes e outros médiuns, alguns curandeiros mentais, yogues, acrobatas circenses, praticantes de esportes radicais têm habilidades psíquicas (PSI). As PSI não se adequam às noções habituais do mundo material. Essas pessoas estão conectadas a informações situadas além da física convencional.

As informações do mundo – sejam elas conhecidas ou não – estão em todos os lugares. Neste exato momento e neste local específico em que você está sentado, lendo este texto, há frequências de rádio de todas as estações de transmissão ao redor do mundo, assim como existem as ondas de rádio de todas as galáxias do universo. Eu preciso apenas ligar o rádio e ir para um determinado comprimento de onda para atrair informação. O mesmo ocorre com a televisão e a internet: a presença invisível no espaço pode se tranformar em algo visível, por exemplo, ao tomar a forma de uma figura ou de palavras escritas.

Uma maravilha atrás da outra! O mundo invisível está cheio de informações e frequências. Se não tivéssemos aparelhos receptores, não saberíamos nada sobre isso! O mesmo acontece com a inflamabilidade da madeira: se não tivéssemos um fósforo para acendê-la, não saberíamos nada sobre esse assunto. (Como é enorme a diferença entre o mundo visível e as possibilidades reais que ele abriga; agora vamos transferir isso para as pessoas!). Um imenso mundo invisível cheio de possibilidades está sempre presente.

As frequências sempre contêm informação. Que frequências recebemos depende inteiramente de nossas aptidões sensoriais, de nossas antenas e de nossas orientações intelectual e espiritual. Somos capazes de reorientar nossas antenas e as frequências curativas a partir de um trabalho mental, da meditação e das preces, através da música e da dança, da alimentação adequada e de exercícios físicos. A princípio, não há nenhuma possibilidade que se mantenha fechada para nós. Mesmo no porão mais escuro, a cura pode ocorrer, como foi mostrado pelo combatente da resistência francesa, Lusseyran, durante seu confinamento no campo de concentração Buchenwald (veja seu livro *Memórias de Vida e Luz*). Em cada lugar na Terra, a "matriz sagrada" está ativa, desde que nossas funções sensoriais estejam sintonizadas e conscientes de sua presença. Toda a informação necessária para a cura dos seres humanos está presente na Terra, tornando-se disponível se conseguirmos construir estações de base adequadas. Estas estações são o organismo humano e a comunidade humana.

A construção de campos

Como e por que a nova informação de cura pode ser espalhada globalmente? A resposta se encontra no funcionamento especial dos sistemas holísticos. A informação compatível com o sistema, e nele introduzida, afeta todas as suas partes (veja a analogia acima sobre os organismos doentes). Todas as partes estão conectadas entre si por frequências e estão em ressonância. A humanidade, em conjunto com a totalidade da biosfera, é um sistema holístico. O que eu faço para os animais tem efeito nas pessoas e o que eu faço para os seres humanos tem efeito nos animais. A estrutura básica da vida é a mesma em todos os seres, e a estrutura da informação do código genético também faz parte disso. Essa estrutura pode ser encontrada em todos os seres vivos – na urtiga, assim como na minhoca, no tubarão e nos seres humanos. Essencialmente, ela é a mesma em todos os lugares. A distinção está na maneira de cada ser vivo se expressar.

Todos os seres fazem parte de um "único ser" e de uma "única consciência". As frequências, informações e energias estão todas conectadas entre si, em um ciclo contínuo – tudo faz parte de uma totalidade. Juntas, elas constroem uma internet biológica, com contatos de rádio contínuos entre todos os participantes. De acordo com Sheldrake, isso gera fenômenos, como os "campos morfogenéticos", que, por sua vez, constroem uma "ressonância mórfica". Se um novo impulso for introduzido no sistema holístico, isso afeta todas as partes. Se ele contiver uma nova informação essencial, ocorrerá uma mundança relacionada aos campos de informação, o que se faz notar como uma "mutação", um "salto evolucionário" ou uma "transformação". Tais transformações ocorrem na vida de indivíduos, assim como na vida de populações inteiras. Toda a evolução parece ter acontecido a partir do impacto de tais mutações relacionadas aos campos de informação. Se conseguirmos efetuar uma mudança nos núcleos relacionados às áreas do amor, da confiança, da sexualidade e da comunidade, então esse evento vai, com certeza, provocar uma mudança de direção marcante na evolução humana.

Esse acontecimento interno poderia afetar de formas imprevisíveis as situações externas. Uma sociedade com realizações humanas no amor e com comunidades operantes não mais terá de contar com satisfações vicárias, como o consumismo, a possessão, o poder e a vanglória. A destruição da natureza, que está relacionada às necessidades compensatórias de pessoas insatisfeitas, vai chegar ao fim. O desenvolvimento de comunidades planetárias em que as necessidades elementares de pertencimento e conectividade são atendidas teria, desta forma, um efeito ecológico fundamental. Os pensamentos curativos no domínio ecológico, social, sexual e espiritual estão intimamente interligados.

A interação de novos sistemas ocorre por "infecção" e por ressonância. Vemos o fenômeno da "infecção" em todos os lugares do planeta. Não precisamos de bactéria nem de vetores materiais para isso. Se ocorrer uma mudança em um sistema, essa alteração provavelmente é transferida para outro, similar, já que os sistemas se infectam mutualmente.

Esse fenômeno é conhecido na física e na química; nós o conhecemos melhor ainda entre pessoas. Um exemplo simples: se alguém começar a tossir durante uma palestra, muitos outros começarão a tossir. Um campo de tosse latente cria uma reação em cadeia. Um exemplo ainda melhor: se a juventude do mundo ocidental entra em uma crise existencial e um filósofo como Sartre ou Camus expressa essa crise, centenas de milhares de jovens na Alemanha e na França passam a ler a literatura existencialista. Quando um novo campo de pensamento aparece na física como, por exemplo, a teoria quântica, ela se desenvolve em pouco tempo (Congresso de Copenhague, 1927) e passa a ser aceita por todos os físicos. Quando os primeiros grafiteiros fazem desenhos incríveis nos muros, em breve vemos os mesmos desenhos em todas as metrópolis, em estações de metrô e em pilares de pontes do mundo todo, de Nova York a Tóquio. Prestem atenção a esses exemplos! Por que esses mesmos desenhos aparecem, de repente e com a mesma perfeição, nas muralhas em ruína da região portuguesa do Alentejo, afastada de tudo?

Se um campo latente para uma nova ação, um novo desenvolvimento ou uma nova mudança existe em meio a uma população, então esse campo latente pode se transformar em realidade visível assim que os primeiros elementos o modificarem. Assim que as primeiras células da humanidade forem capazes de desenvolver novos sistemas para uma vida livre e construir comunidades operantes, o campo se expandirá e se converterá em realidade visível em vários locais.

Vivemos uma verdadeira época de transformações. Ela está, para usar as palavras de Ernst Bloch, cheia de "latências utópicas". Novas possibilidades, já existentes nas cadeias de informação de um universo em transformação, anseiam por serem liberadas.

A humanidade vem travando guerras há milhares de anos e ainda vive sob o estímulo de bandeiras e armas. As liturgias da violência se repetem continuamente, de Homero a Hollywood. Os mesmos padrões, as mesmas cadeias de informações no código genético, as mesmas sinapses no cérebro e os mesmos hormônios são ativados repetidas vezes, as mesmas palavras de ordem são gritadas e transmitidas para a geração seguinte. Elas são axiomas básicos de pensamentos equivocados que, por nunca terem sido examinados, levaram à globalização da crueldade, assim como aos axiomas masculinos da justiça e da ordem pública, da repressão sexual, dos corpos pecaminosos e de um Deus punitivo. A seleção parcial de informações a favor do poder, da guerra e da repressão levou ao progresso espantoso nas áreas técnicas e, ao mesmo tempo, ao recuo do desenvolvimento mental, ético e emocional, que retrocederam aos patamares de estruturas primitivas e pré-culturais. "*High-tech* na guerra e Neandertal no amor": este é o quadro cultural da civilização dos dias de hoje.

Imaginemos onde a humanidade poderia estar se tivesse usado a inteligência de que dispunha para o amor e não para a guerra! Uma civilização que produz armas autopilotáveis e leva laboratórios eletrônicos para Marte poderia ser capaz, também, de criar sistemas sociais completamente novos, nos quais violência e mentiras não mais teriam uma vantagem evolutiva e o amor não mais estaria ligado ao ciúme. Não é a natureza humana que está destruindo nosso planeta, mas a preponderância de escolhas unilaterais entre as nossas possibilidades. Não podemos mais reagir com acusações e raiva. A Terra não precisa de nossos sentimentos, e sim de nossa inteligência. Precisamos de uma nova base cultural e de um novo código de vida.

Extraído de *Future without War: Theory of Global Healing*, Dieter Duhm, BoD, 2007.

Dieter Duhm é cofundador da comunidade Tamera, em Portugal, e autor de vários livros, incluindo *The Second Matrix* e *Future Without War*. Psicanalista e sociólogo, abandonou o trabalho acadêmico e político desenvolvido anteriormente para estabelecer comunidades inovadoras para a "Pesquisa pela Paz" e os "Biótopos de Cura". Hoje em dia, ele está criando um centro para as artes e a cura, e vem trabalhando na formação de uma cooperativa global para um futuro sem guerra.

> Maddy Harland explora uma apreciação energética da paisagem e as maneiras com que podemos restaurar os ecossistemas, combinando conhecimento prático e científico com uma conexão profunda com a Terra, vista como um ser animado e inteligente.

Cura planetária: uma nova narrativa

Maddy Harland

A paisagem

A nova ciência de Gaia diz que nosso planeta é "animado", um ser inteligente, vivo e autorregulador. Por milênios, yogues têm nos ensinado que nosso corpo físico é animado por energias ou inteligências elementais com as quais podemos cooperar, no que diz respeito à cura, e que somos, de fato, um microcosmo em uma totalidade maior. A paisagem ao nosso redor é um "corpo" e tem uma integridade e uma inteligência que são governadas pelas leis da natureza. É possível estudar essas leis e trabalhar com essas energias sutis.

Há várias práticas, antigas e modernas, no campo da Agricultura Esotérica, que vão além dos sistemas de cultivo puramente orgânicos. Muita gente já ouviu falar do sistema de cultivo biodinâmico, desenvolvido pelo antroposofista Rudolph Steiner. A biodinâmica é uma prática que trabalha em um nível energético, assim como físico, e considera as influências planetárias sobre as plantas, como as fases da Lua e as constelações. Muitas vinículas famosas, na França, usam métodos biodinâmicos – embora nem sempre anunciem esse fato em seus rótulos –, pois essas técnicas aumentam o rendimento e ajudam a produzir vinhos excelentes.

Na Austrália, o frágil, antigo e vulnerável meio ambiente é facilmente exaurido e danificado pelas táticas de agricultura europeias. Espécies exóticas de plantas, como os arbustos espinhosos, podem crescer em profusão, da mesma forma que animais exóticos àquele habitat, como o coelho. Sistemas de pastagem excessiva e de aragem intensa esgotam depressa a camada superficial do solo. Consequentemente, os agricultores estão aprendendo a trabalhar com as energias sutis da Terra, a fim de curá-la, e de incrementar sua fertilidade. Naturalmente, algumas dessas práticas têm sua origem na Antiguidade; nossos ancestrais as conheciam bem. A seguir, descrevemos algumas delas de forma sucinta.

Litopuntura

Lithos: pedra (em grego), *Pungere:* perfurar (em latim)

A ideia da litopuntura foi desenvolvida por Marko Pogacnik, da Eslovênia, embora tenha uma origem remota. Ele identificou que construções humanas como edifícios, barragens ou estradas, quando posicionadas de modo inapropriado, podem cruzar as Linhas de Ley, os meridianos terrestres, e desorganizar os centros de energia que estão alinhados com os chacras na paisagem. Seu trabalho consistia em redirecionar ou desviar essas linhas e restaurar o equilíbrio inicial a partir da fixação de hastes de metal no solo, em pontos específicos, exatamente como faz um acupunturista. Mais tarde, ele aprimorou essa técnica ao descobrir que podia colocar pedras em posições adequadas nesses mesmos pontos a fim de restaurar o fluxo de energias.

Na Áustria, as autoridades responsáveis pelas rodovias começaram a usar monólitos a fim de evitar desastres em locais com elevado risco de acidente. Na rodovia A9 Pyhrn, na Estíria, dois megálitos enormes de quartzo branco foram erguidos com a ajuda de um druida geomante, Gerald Knobloch. Eles foram fixados longe da estrada, e o projeto foi mantido em segredo. Tentativas anteriores de colocar sinais de alerta haviam falhado na erradicação do problema. Em um período de dois anos, a taxa de acidentes caiu de seis fatalidades por ano para nenhuma. A taxa de 100% de sucesso não tem contestação, e os austríacos pretendem usar essa tecnologia em todos os outros lugares que têm um risco elevado de acidentes. Knobloch explica que fluxos de água desviados, pontes e projetos de construção atrapalham os fluxos de energia naturais, que afetam motoristas e criam "zonas de sono".[1]

Agricultores esotéricos australianos, com a ajuda da comunidade radiestesista, também descobriram outros efeitos benéficos provenientes da colocação de megálitos em hortas ou fazendas: a fertilidade e o cultivo melhoraram, as-

---

1 Ver *The Sunday Times*, 1º de junho de 2003.

sim como a saúde humana. Essa prática foi aperfeiçoada por Alanna Moore, uma especialista em permacultura, que ensina às pessoas a construir "torres de energia" com base em uma antiga ideia irlandesa. Basicamente, ela insere um tubo vazio, projetado com dimensões específicas, no solo, enche-o de pó de rochas paramagnético e constrói uma estrutura cônica para encapsulá-lo. A localização desse dispositivo é determinada através da radiestesia, visando o melhor resultado. Aparentemente, centenas dessas invenções estão sendo testadas em toda a Austrália por agricultores comerciais orgânicos ou biodinâmicos, assim como por horticultores, e há rumores da evidência do aumento da produtividade e da melhoria da saúde das plantas.

Na comunidade

Os acupunturistas usam os canais de energia (meridianos) no corpo humano e localizam "pontos" para aumentar o fluxo de energias curativas ao longo desses canais. Do mesmo modo, a agricultura esotérica reconhece os fluxos de energia na paisagem. Na Europa, existe também uma tradição milenar mantida pelos Mestres Maçons. Nossas grandes catedrais foram construídas por artesãos que trabalhavam com energias sutis sob a forma de arquitetura. O *design* da catedral simboliza o formato do crucifixo, a interseção do espírito (vertical) com a matéria (horizontal). Assim, o universo é envolvido, de acordo com o autor Peter Dawkins, com amor, alegria e admiração.

Esses artesãos tinham um entendimento acerca do sistema de chacras do corpo e o aplicavam à construção. A nave, onde a maioria das pessoas se senta, localiza-se no chacra do plexo solar – o abdômen do edifício. No ponto em que o transepto cruza com a nave (espaço chamado de cruzeiro), ergue-se a torre central, marcando o centro do coração. O coração é uma parte vital do prédio. Já a capela-mor contém os chacras associados à cabeça: o da garganta, onde a Palavra é falada e cantada; o Ajna, onde o bispo se senta (objeto chamado de cátedra), e de onde ele pode ver a catedral e coordenar a liturgia; e, bem no extremo leste, o chacra da coroa, onde está o altar-mor, o local da admiração, da alegria e da comunhão finais. A pia batismal costuma estar no chacra da raiz, o lugar cerimonial da entrada neste mundo e de novos começos.

Imagine construir comunidades com esse conhecimento a respeito dos chacras e de suas conexões energéticas. Peter usa a Findhorn Foundation como um exemplo do que é possível. A base da comunidade, o trailer onde Peter e

Projeto de Catedral
© Peter Dawkins

COROA
FRONTE
GARGANTA
CORAÇÃO
PLEXO SOLAR
SACRAL
RAIZ

Abside
Santuário
Presbitério
Coro

Capela de Nossa Senhora
Capela Mor
Retábulo
Altar-Mor
Trono

Púlpito

Transepto

Coro Alto
Altar da Nave

Nave

Pia Batismal

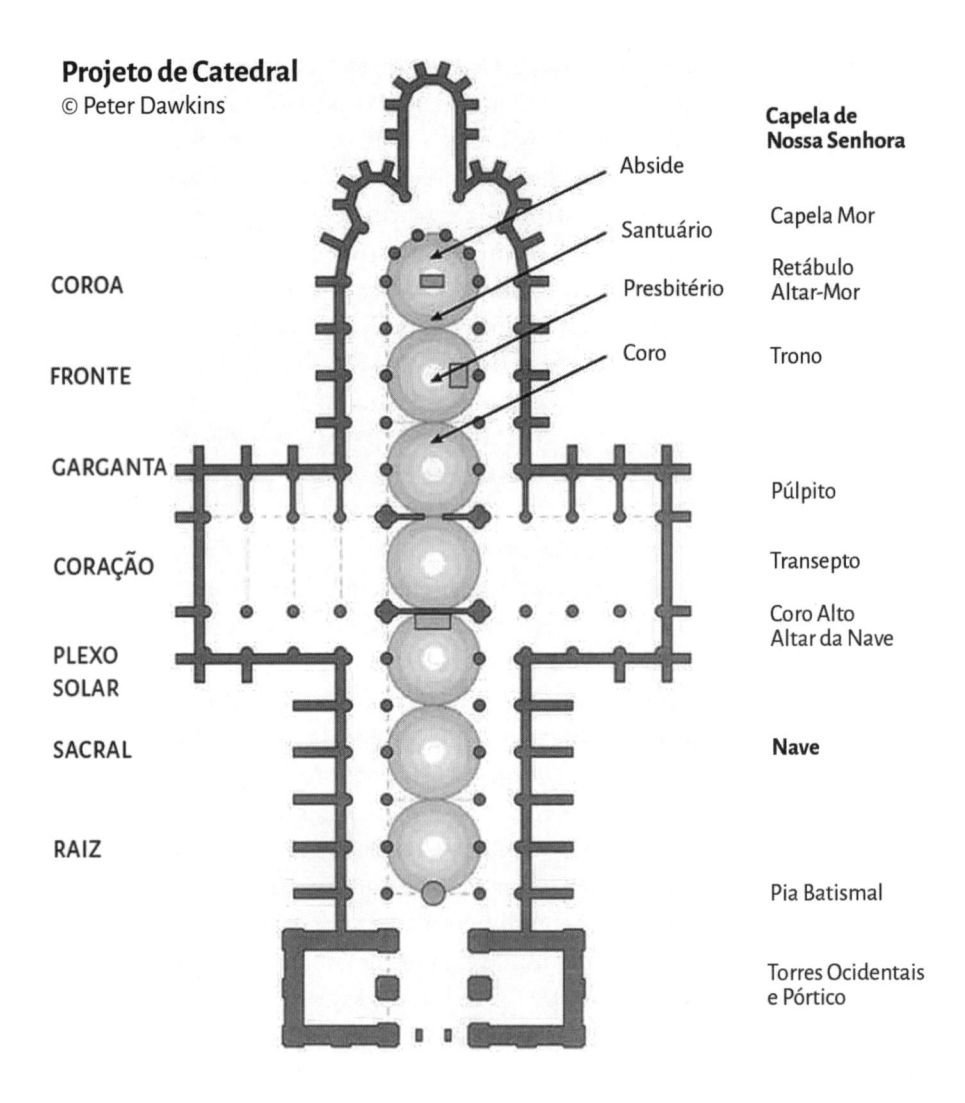

Torres Ocidentais e Pórtico

Eileen Caddy viveram com Dorothy Maclean bem no início, está localizada no centro cardíaco da associação. A comida é servida no plexo solar, o Centro da Comunidade; e reuniões, conferências e concertos acontecem no centro da cabeça, a Sala Universal. A livraria e as lojas ficam na área sacral, e o chacra da raiz abriga a Máquina Viva: uma estação ecológica de processamento de dejetos que recicla a água e o esgoto para a comunidade. Esse arranjo desenvolveu-se intuitivamente, mas não há motivos para não empregarmos o conhecimento usado pelos mestres maçons para assentamentos futuros.

Do mesmo modo, como a comunidade é um "corpo", podemos trabalhar de forma energética com ela. Se entendermos a máxima que diz que "a energia acompanha o pensamento", poderemos encorajar, curar e nos conectar com o *genus loci*, o espírito do lugar, por meio de orações, evocações e visualizações. A consequência é que as pessoas dentro da comunidade também se beneficiarão.

Cura planetária

Muitas forças poderosas estão operando dentro do nosso sistema planetário, sobre as quais quase nada sabemos. Isso não nos impede de oferecer a elas nossa cooperação. Existe um crescente movimento a favor da cura planetária que, em parte, originou-se dos aspectos mais esotéricos do movimento ambiental. Também há um movimento espiritual em crescimento que busca a harmonia planetária, e ambos estão começando a convergir.

Uma grande quantidade de besteiras já foi falada e escrita a respeito da cura planetária no movimento *new age*. É importante manter o foco na boa vontade e no conteúdo de nossos pensamentos, em vez de focar na abundância de fascínios cósmicos. Nunca conseguiremos entender por completo o grande processo da evolução do nosso planeta, e não devemos subestimar o potencial de regeneração da Terra – com a presença da humanidade ou, talvez, em última instância, sem ela (caso não consigamos refrear nossa capacidade de expelir gases de efeito estufa na atmosfera, tornando nosso lar inabitável para nós mesmos).

No que diz respeito à cura, é útil manter as coisas simples e com o pé no chão. Podemos usar o poder do pensamento para nos conectarmos com todas as pessoas benevolentes e imaginar uma rede poderosa de luz envolvendo, nutrindo e curando nosso planeta, enquanto a consciência de seus habitantes é elevada. É possível trabalhar com as fases da Lua para aprofundar nossos *insights* espirituais. Essa prática considera o tempo anterior à lua cheia como um momento de ótimas oportunidades, um período em que se pode lançar mais luz para que haja uma maior conscientização.[2]

Podemos meditar para que haja mais paz, compreensão e amor entre as pessoas, as comunidades e as nações. Também é possível transmitir nosso amor e estima ao lar extraordinário em que vivemos. Acredito que nosso planeta é,

---

2 Eastcott, Michal. *Reflections on the Rhythms of the Year.* Sundail House, s/d.

como cada um de nós, um ser incrivelmente belo, vivo e complexo, e que ele evolui a cada giro de seus próprios ciclos. Este ser merece nossa gratidão, respeito e todos os nossos esforços em busca da paz, da harmonia e da vontade de fazer o bem. Nossa prática de meditação tem um potencial de alcance bastante grande para desenvolver isso.

Duas extremidades se encontram – combinando o espírito com a matéria

Em todo o planeta há pessoas com capacidade técnica para restaurar ecossistemas danificados. Elas unem o conhecimento científico e prático a um compromisso profundo e duradouro de manter o bem-estar da Terra e de suas espécies, o que nos inclui, e têm percepções a respeito da inteligência da natureza. Essa combinação de discípulos de áreas científicas, como a ciência ambiental e a ecologia, e uma ética de serviço à humanidade e ao planeta, é poderosa e eficaz. Descreverei apenas três exemplos a seguir, mas poderia ter preenchido um livro inteiro com histórias.

Ao juntar as peças de um quebra-cabeça ecológico complexo, o biólogo Willie Smits encontrou uma maneira de fazer uma floresta tropical totalmente desmatada crescer de novo em Bornéu, salvando os orangotangos locais e criando um planejamento empolgante para restaurar ecossistemas frágeis. O dr. Chris Reij, um especialista na gestão sustentável de solos, na Holanda, vem desenvolvendo técnicas para reabilitar, de modo eficaz, terrenos degradados no Sahel, uma vasta faixa de terra que cruza o sul do deserto do Saara, indo do Oceano Atlântico até o Mar Vermelho. Cinquenta mil quilômetros quadrados já foram reflorestados. Por fim, um agricultor e especialista em permacultura austríaco, Sepp Holzer, posicionou sua própria monocultura de abeto vermelho nos Alpes austríacos, 1,5 mil metros acima do nível do mar. Sua fazenda é uma rede complexa de terraços agrícolas, canteiros elevados, lagos, vias fluviais e marcas no solo; está coberta de árvores frutíferas produtivas e outras vegetações, e tem uma casa de fazenda cuidadosamente aninhada em meio a tudo isso. Atualmente, Sepp trabalha em vários países do mundo, compartilhando seu conhecimento. Eu o conheci na ecovila Tamera, em Portugal, e vi com meus próprios olhos que a combinação de experiência prática, conhecimento técnico e conexão espiritual intensa com os elementos e com o solo podem, literalmente, atrasar o deserto.

Eu tinha ouvido falar que Sepp Holzer estava construindo lagos na árida Península Ibérica, em Portugal, na ecovila Tamera. Quando fui visitá-lo, no mês de fevereiro, imaginei que esses lagos estariam impressionantes depois das chuvas de inverno. Eu até tinha visto, na internet, o primeiro lago encher em 2010, mas não fazia ideia da escala do trabalho de restauração. Sepp e a comunidade de Tamera haviam, literalmente, represado um vale e impedido que a chuva e a camada superficial do solo escorressem em direção ao mar.

Uma produtividade cada vez menor nessa região rural e despovoada levou os agricultores pobres a tentar extrair mais do solo do que ele é capaz de aguentar. As ovelhas são criadas em tamanha concentração que o pasto é destruído. A natureza responde a isso desenvolvendo uma "casca", as estevas não comestíveis, Cistus, que costumam ser as primeiras a aparecer depois de um incêndio florestal. Noventa por cento das florestas de sobreiro remanescentes estão morrendo devido à compactação do solo, que destrói seu processo de micorriza. As restantes estão sendo derrubadas à medida que a cortiça cai em desuso, sendo substituídas pelo eucalipto, um faminto exótico em uma paisagem vulnerável. Com o fim dos carvalhos, morre um habitat único e rico em biodiversidade, e o lince-ibérico e a águia-de-bonelli estão ameaçados de extinção.

Sepp e os habitantes de Tamera reverteram esse processo em seu vale. Interromperam a sobrepastagem e a aragem, concentrando a produção de comida da comunidade nas frutas e nos vegetais. Há cultivos em canteiros elevados, em todos os lugares, cheios de vegetais anuais e perenes. As árvores frutíferas e de sementes oleaginosas forram as margens dos lagos. O córrego intermitente está represado, e há um sistema interconectado de lagos que fluem uns pelos outros à medida que a encosta desce até o vale. É quase inacreditável que, em uma paisagem tão árida, tanta água possa ser coletada. Essa água também está viva, com superfícies onduladas, repleta de sapos e peixes, para manter um equilíbrio saudável entre os mosquitos e os humanos. Sepp colocou suas mãos em concha e nos disse: "Deus nos dá água suficiente. Tudo que temos de fazer é encontrar um meio de segurá-la na paisagem".

O que foi conseguido nos primeiros três anos é espantoso. A neblina matinal surge dos lagos e deixa seu orvalho nas plantas adjacentes. As andorinhas descem depressa e o bebem. As lontras retornaram. Novas nascentes brotam das encostas nas montanhas. Os sobreiros mais jovens estão crescendo e produzindo sementes. Até uma águia-de-bonelli já visitou o lugar. Talvez ela volte com um companheiro. A paisagem inteira está armazenando uma água subterrânea cheia de vida.

O pulso do nosso planeta animado e inteligente palpita em mim. Meu coração se abre com o conhecimento de que podemos restaurar a Terra. Ouço histórias de pessoas e de projetos maravilhosos reconstruindo solos e regenerando terras exauridas, limpando vias fluviais, reflorestando regiões ricas em biodiversidade, desenvolvendo novas práticas de agricultura regenerativa e aplicando ideias inovadoras por todo o mundo. Todos eles partilham uma reverência por nosso belo planeta e discernimentos de como trabalhar com as leis da natureza e sua inteligência inata. A própria Terra responde, e sua capacidade de reparar e regenerar os ecossistemas é bem mais rápida do que podemos imaginar. Essas histórias que revertem nossa sensação de desespero e desintegração devem fazer parte de uma nova narrativa.

Referências

Jackson, Hildur (org.). *Creating Harmony: Conflict Resolution in Community*. Hampshire: Permanent Publications, 1999.

Holzer, Sepp. *Sepp Holzer's Permaculture*. Hampshire: Permanent Publications, 2012.

Moore, Alanna. *Stone Age Farming: Eco-Agriculture for the 21st Century*. Austrália: Python Press, 2004.

Pogacnik, Marko. *Healing The Heart of The Earth: Restoring the Subtle Levels of Life*. Reino Unido: Findhorn Press, 1998.

Veja a biografia de **MADDY HARLAND** na página 12.

> Nossa medicina é um reflexo de nossas culturas. Tanto a prática alopática quanto as práticas complementares têm o seu lugar. Maddy Harland sugere que a cura vai além da medicina e é um mecanismo para a evolução da consciência.

Curar a nós mesmos

Maddy Harland

A **COMUNIDADE GLOBAL** Pachamama Alliance, tanto no Sul quanto no Norte, fala em inspirar um "Sonho Novo", uma visão de um mundo ainda por vir: um pássaro com suas duas asas, uma representando o Hemisfério Sul, com toda a inteligência e sabedoria dos povos indígenas, e, a outra, simbolizando os povos do Norte Global industrial, com suas habilidades técnicas, analíticas e inovadoras.

A medicina também é um pássaro com duas asas, uma delas representando as tradições da medicina holística, muitas das quais bem antigas, e, a outra, a recente medicina científica do Norte industrial. Nossa medicina alopática moderna entende o corpo como a soma de suas partes e, dessa forma, se propõe a tratar sintomas quando o organismo funciona mal. Com isso, não quero dizer que as partes não sejam magníficas. O sangue e o sistema linfático são arquiteturas maravilhosas que atravessam todo o corpo. A forma ritmada do batimento cardíaco, estimulado por impulsos elétricos, é pura poesia, enquanto que 90% do potencial de nosso cérebro intricado ainda permanece um mistério.

Recebemos prescrições de medicamentos e, algumas vezes, somos submetidos a cirurgias para remover um órgão defeituoso ou um tumor, para consertar uma fratura ou para reparar uma ferida. Esses são exemplos da ciência em seu aspecto mais prático e útil. Se eu quebrar o punho, serei imensamente grata pelas aptidões do cirurgião e, se eu pegar pneumonia, vou abençoar a invenção da penicilina. Meu avô não teve a mesma sorte e morreu de pneumonia, com pouco mais de cinquenta anos, em 1936. Não há a menor dúvida de que muitos de nossos medicamentos são valiosos, principalmente nos casos extremos. No entanto, da mesma forma que o Norte global se industrializou e passou a usar muitos produtos químicos na agricultura, também permitimos que nossa medicina fosse comercializada pela indústria farmacêutica e mecanizada pela ciência reducionista. Procuramos medicamentos e cirurgias como um padrão. Perdemos o respeito pela herança da medicina popular e rejeitamos qualquer prática que não possa ser "provada" pelas limitadas restrições da ciência materialista e reducionista.

A sabedoria e as percepções do herborista, do xamã e do yogue têm sido deixadas de lado em benefício de enfoques convencionais. Tornamo-nos pacientes, aguardando por um especialista para curar nossos sintomas, divorciados de nossas próprias responsabilidades e de uma consciência evolutiva, esperando passivamente para sermos curados. Porém, mesmo com todos os avanços nos serviços de saúde da ciência moderna, as sociedades industrializadas enfrentam uma crise no bem-estar. Estamos mais obesos e mais assolados por doenças do coração, diabetes, depressão clínica e câncer do que em qualquer outro momento da história da humanidade. Apesar de ainda reconhecermos os grandes privilégios da medicina industrializada em um momento de crise, precisamos evoluir para uma forma mais responsável de ficarmos saudáveis e de tratarmos as doenças.

Não há dúvidas de que a medicina "energética" e a fitoterapia funcionam. Os bebês respondem muito bem aos medicamentos homeopáticos, alheios aos argumentos convincentes do efeito placebo. As mulheres são capazes de dar à luz, relativamente sem dor, com a ajuda de um acupunturista qualificado. É fácil fazer tinturas simples ou preparados medicinais à base de plantas para amenizar sintomas agudos como tosses, resfriados e dores de garganta a partir de ervas comuns plantadas no jardim. Muitos medicamentos à base de plantas foram banidos da Europa, e há, agora, um movimento crescente que defende o retorno às nossas raízes populares e a volta do cultivo e da colheita de medicamentos caseiros.

Como a medicina energética funciona?

Tomemos a acupuntura como exemplo. Os acupunturistas entendem que o corpo não é apenas uma coleção de impulsos elétricos organizados, nem de órgãos e sistemas. O corpo é um campo energético vivo que possui canais, denominados meridianos, e a energia vital propriamente dita, que é chamada de *Qi*. O *Qi* flui pelos meridianos e cria uma rede de pontos que podem ser estimulados. Ao inserir minúsculas agulhas de prata pela superfície da pele, podemos estimular esses pontos e corrigir desequilíbrios no fluxo do *Qi*.

A acupuntura é uma prática milenar da medicina chinesa e se originou, supostamente, entre 1600 e 1100 a.C. Além disso, na maioria das culturas ainda há uma tradição de medicina energética e conhecimento de fitoterapia que compreendem o corpo não só como a soma de suas partes, mas como um sistema energético interligado, através do qual a vida flui. A doença resulta da interrupção desse fluxo, e o papel do profissional é promover a liberação das obstruções, de forma que as energias voltem ao equilíbrio.

Seria isso muito exagerado? Nosso mundo está vivo, cheio de energia. Faraday e Maxwell nos ensinaram que ondas eletromagnéticas invisíveis viajam pelo espaço. Também descobrimos que os impulsos nervosos são elétricos e que o coração não é meramente um músculo ou uma bomba, mas um sistema elétrico. Um artigo na revista *New Scientist*, intitulado "Healthy Vibes", descreve um pequeno sensor de cobre, desenvolvido por Terry Clark, da Universidade de Sussex, e pelos engenheiros Robert Prance e Christopher Harland. Esse sensor consegue detectar o campo eletromagnético do corpo a mais de um metro de distância e foi inventado porque o contato com a pele enfraquece e distorce o sinal. Esse "supersensor" produz os eletrocardiogramas mais precisos conhecidos até os dias de hoje.

Energia e matéria são intercambiáveis

O primeiro capítulo deste livro sobre ciência e espiritualidade, de William Keepin, baseia-se no conhecimento fundamental, desenvolvido por Einstein, de que energia e matéria são intercambiáveis. Com o uso de detectores precisos, descobriu-se que a luz – uma onda eletromagnética – também pode se comportar como se fosse composta de partículas (fótons). Isso funciona nas duas direções: descobriu-se que partículas subatômicas possuem ondas associadas a elas. A teoria quântica conseguiu obter a aprovação teórica para o fato de que a substância material tem tanto uma forma material quanto uma forma de onda (energética).

Em *A Doutrina Secreta, Síntese da Ciência, Religião e Filosofia*, Blavastsky explica a ideia de que matéria é energia vibrando em sua frequência mais baixa. Ela fala sobre o universo como "aquele Oceano de Luz infinito, onde um polo é Espírito puro, perdido na plenitude do Não-Ser, e, o outro, a matéria na qual ele se condensa, cristalizando-se em um tipo cada vez mais bruto, na medida em que desce para a manifestação". As partículas materiais, disse ela, são "centros de força infinitamente divisíveis", podendo a matéria, então, existir em diferentes graus de densidade. Nossos sentidos físicos evoluíram para perceber apenas um plano específico da matéria, que é interpenetrado por muitos outros mundos ou planos invisíveis a nós, compostos por uma gama de substâncias energéticas mais finas do que a nossa. Isso é conhecido pelos antigos *rishis* dos Himalaias, pelos taoístas da China antiga e pelos indígenas ao redor do mundo.

Todas as formas de cura energética reconhecem a existência de campos de energia dentro e ao redor do corpo. Somos mais do que a soma das partes, sejam elas órgãos e sistemas físicos ou campos elétricos. Nossos corpos são compostos por uma forma física – energia vibrando em sua frequência mais baixa –, mas também por formas invisíveis mais sutis. "A maioria das terapias complementares opera auxiliando no reequilíbrio da 'energia da vida' de um indivíduo, reconhecendo que a energia bloqueada ou alterada é geralmente a causa da doença ou de sintomas negativos. Essa energia flui ao redor e por dentro de cada um de nós, de uma forma muito específica, criando um campo energético sutil que informa e dá vitalidade à forma física. As energias geradas por nossos estados emocional e mental também afetam esse campo", explica Dinah Lawson, uma professora da International Network of Esoteric Healing.

A cura esotérica

Os filósofos esotéricos chamaram de "corpo etéreo" uma das nossas formas menos visíveis. Alice Bailey, autora de *Cura Esotérica*, diz: "O corpo etéreo é um corpo composto inteiramente de linhas de força e de pontos onde essas linhas (os meridianos descritos pelos acupunturistas) se cruzam, formando (nesse cruzamento) centros de energia". Essas linhas de força são conhecidas como chacras. Nós temos sete chacras principais, 49 chacras secundários e incontáveis chacras menos importantes por todo o corpo. Podemos aprender a detectar esssas forças de energia, da mesma forma que videntes sentem as mudanças de energia na paisagem. Também podemos visualizar o equilíbrio dos chacras principais e secundários.

Isso é, em essência, o que significa a expressão cura energética sutil: uma forma de sentir e trabalhar com as energias sutis do nosso ser. Essas energias sutis, assim como a teoria de campo de Einstein, estendem-se para além do campo eletromagnético ao redor de nosso corpo. Elas energizam nossas vidas emocional, mental e espiritual. Nossa vida é uma jornada de compreensão, e nossos desafios individuais são a superação de obstruções em nossos campos de energia e a busca pela expansão da consciência em todos os níveis. Estamos aqui para aprendermos a ser mais saudáveis e equilibrados fisicamente, mais inteligentes emocionalmente, mais refinados mentalmente e psicologicamente mais à vontade no mundo. No final das contas, no entanto, nossa jornada é espiritual; é perceber a interligação profunda de todos os seres na Teia da Vida; é entender que somos Um.

O estudo da cura esotérica oferece princípios práticos para orientar todos os profissionais, de qualquer disciplina:

> Um profissional da cura esotérica não tem a pretensão de curar, mas sim de auxiliar (quando permitido) no reequilíbrio do campo de energia do indivíduo. Isso é feito para que a própria energia de vida daquela pessoa possa fluir novamente, ajudando no processo da cura. O profissional vai se alinhar à Fonte ou Espírito de toda a Vida para que a energia flua por ele ou ela, e vai oferecer – mas nunca forçar – energia, e pedir que a cura seja dada de acordo com o desejo do *self* superior – ou alma – do paciente. (www.ineh.org)

A pessoa é tratada em sua totalidade, e não apenas em sua doença, e isso varia de acordo com as necessidades do indivíduo. Ao conectar-se com a fonte de toda a Vida e oferecer energia, o profissional não trabalha "em" alguém, impondo sua vontade individual, mas trabalha com a bênção da pessoa e com o fluxo de energia. Esse trabalho é baseado em uma compreensão prática do sistema de chacras e de como ele transforma a energia, que desce através dos sistemas nervoso, sanguíneo e linfático para os endócrinos principais e, depois, para os órgãos e ossos. A filosofia subjacente, descrita em detalhes por Alice Bailey no livro *Cura Esotérica*, é tão antiga quanto a própria yoga. Enquanto viajava pelo Butão, visitei a escola de medicina tradicional butonesa, que foi introduzida no país pelos tibetanos, no século VIII. Muitos dos gráficos na escola eram representações desse conhecimento, e também havia textos de yoga.

O nascimento

Além da compreensão de que a cura é um reequilíbrio dos fluxos de energia, há também o entendimento mais amplo de que nossa vida não é meramente uma "única" vida biológica. Recém-nascidos não são uma tábula rasa[3], mas almas que reencarnaram geralmente muitas vezes ao longo de vastos espaços de tempo. Hildur Jackson diz que precisamos tratar as crianças com o máximo respeito e amor durante a gravidez, quando estão entrando no mundo e na infância, e minimizar as intervenções médicas tanto quanto possível. Essas ideias são importantes para a cultura emergente de ecovilas e de *cohousing*, que costumam criar ambientes mais favoráveis a esses valores. Onde há uma comunidade esclarecida, há mais apoio para a nova família.

A morte

Na cultura ocidental, deixamos de valorizar tanto o papel dos mais velhos quanto o dos mais jovens, que podem ser intensamente criativos no delineamento da sociedade. Também perdemos nossa ligação com o grande mistério da morte. Em vez disso, nós a escondemos e tentamos higienizá-la.

A morte se tornou um desfecho a se evitar a qualquer custo, um temível processo agonizante a ser controlado pela intervenção médica. No entanto, cada vez mais se compreende que a morte não é um término derradeiro, mas uma transição que podemos aprender a abordar com dignidade e calma. Se somos realmente seres compostos de energia, a morte de nossa forma física é como se desfazer de uma roupa da qual não mais precisamos. Ao longo de nossas vidas, podemos aprender a praticar "o desapego"– do mundo material, de nossos vínculos, de nossos medos, de nossas paixões –, para que, então, nossos últimos dias não sejam uma perda terrível, podendo ser vividos com uma aceitação tranquila. Há vários relatos de yogues capazes de abandonar o corpo físico por vontade própria. Sabe-se de casos de algumas pessoas iluminadas que saíram de seu corpo intencionalmente e no momento que elas mesmas determinaram. Talvez não atinjamos esse nível de controle, mas podemos "morrer bem". De fato, já presenciei várias pessoas abandonarem seu corpo calmamente, uma vez que acharam que já tinham cumprido suas funções neste mundo. A morte pode ser uma transição bela nessas circunstâncias e, na verdade, a cura esotérica pode ajudar no processo de desprendimento do corpo. Além disso, um

---

3 Tábula rasa é a teoria de que os indivíduos nascem como um "quadro em branco", sem nenhum conteúdo mental interno, e que seu conhecimento é todo proveniente de experiências e percepções.

entendimento maior da morte é fundamental para a vida espiritual e para nos ajudar a definir e entender nossas prioridades mais profundas e o nosso propósito na vida.

Muitos ensinamentos espirituais sugerem que a própria vida é uma preparação para se aprender a morrer bem, a abandonar todos os vínculos e medos, e avançar para uma nova fase de consciência. Os praticantes do esoterismo chamam a encarnação de "limitação" e a morte do corpo de "libertação". Quando percebemos que a morte é a transição para uma consciência além da vida individual, além da forma material, começamos a encará-la de maneira positiva, e não mais negativa. Esses ensinamentos nos mostram que a única morte real é a limitação – exatamente o que é a encarnação em um corpo físico compacto –, a partir da perspectiva de uma mente esclarecida. A libertação da limitação (o corpo físico) é, na verdade, a entrada em uma vida superior. Esses ensinamentos invertem a lógica do pensamento convencional. Somos condicionados a acreditar que a morte é o fim e que a vida precisa ser mantida a qualquer custo. No entanto, percebemos que o que chamamos de "vida" é realmente uma limitação restritiva, e o que chamamos de "morte" é, na verdade, uma ampla libertação. Considerando a morte como libertação das limitações da forma, começamos a entender o motivo pelo qual os yogues podem escolher o momento de sua morte e por que morrer pode ser uma transição suave. Em *Cura Esotérica*, de Alice Bailey, ela diz:

> Saiba que aquela luz descende e se concentra; saiba que, a partir do ponto focal escolhido, ela ilumina a sua própria esfera; saiba também que a luz ascende e deixa na escuridão aquilo que ela – no tempo e espaço – iluminava. A essa descida e a essa ascensão, os homens chamam de vida, existência, e falecimento; Nós que andamos pelo Caminho Iluminado chamamos de morte, experiência e vida.

A vida entre vidas e a reencarnação

Muitas culturas consideram a reencarnação uma parte importante da sua filosofia e crença. O Dalai Lama, em sua autobiografia, descreve suas últimas vidas e conta como foi reconhecido na atual, ainda menino, como a 15ª reencarnação, sendo então criado em um monastério. A maioria das culturas acredita em reencarnação, apesar de a religião cristã oficial ter declarado, no Segundo

Concílio de Constantinopla, no ano 553 d.C, que a reencarnação é uma heresia formal. Antes dessa época, a reencarnação era um ensinamento cristão fundamental. *Reincarnation: The Phoenix Fire Mystery* explora as religiões, as filosofias, a ciência e a literatura, e demonstra que muitos dos maiores sábios do mundo, na verdade, tinham uma ideia de quem haviam sido em vidas anteriores e de onde tinham vivido. Isso os ajudou a achar propósito em sua vida presente.

O psiquiatra Ian Stevenson investigou muitos relatos de crianças pequenas que afirmavam se lembrar de uma vida passada. Ele conduziu mais de 2,5 mil estudos de caso durante quarenta anos e publicou doze livros, chegando à conclusão de que "a reencarnação é a melhor – apesar de não ser a única – explicação para os casos mais consistentes que investigamos". Embora sua pesquisa seja controversa, o cientista conservador Carl Sagan reconheceu a validade dos dados de Stevensen e recomendou estudos adicionais mais aprofundados.[4]

O futuro

Se considerarmos a cura pessoal como nossa responsabilidade, então os benefícios da medicina ocidental – tão dependente do petróleo para sintetizar, embalar e transportar os seus medicamentos – deveriam ser apenas desfrutados quando absolutamente necessários, em vez de consumidos passivamente como o único caminho para a saúde. Imagino um futuro em que será novamente normal ver as pessoas cultivando plantas úteis e medicinais em hortas orgânicas e biodiversas, e aproveitando suas propriedades terapêuticas a partir da produção de bálsamos, chás e tinturas. À medida que a ciência se torna mais sofisticada em sua capacidade de quantificar energia, eu prevejo um maior entendimento e uma maior valorização da eficácia de medicamentos energéticos.

Além disso, vai crescer a compreensão de que a evolução humana não é simplesmente a sobrevivência do mais forte, mas um processo coletivo de expansão da consciência que vem se revelando aos poucos. Isso modificará a maneira de vivermos em comunidade e aliviará os antigos atritos que existem entre nós. Essa expansão levará a uma reverência diante das energias fluidas da

---

4 Sagan, Carl. *O Mundo Assombrado pelos Demônios: a Ciência Vista como uma Vela no Escuro.* São Paulo: Companhia das Letras, 2006.

própria Vida e a uma conexão definitiva com elas. Apesar do bem-estar físico, emocional e psicológico ser importante, essa é a cura mais profunda.

> Somos todos visitantes neste tempo, neste lugar. Estamos de passagem. Nosso propósito aqui é observar, aprender, crescer, amar... E então voltamos para casa.
>
> PROVÉRBIO ABORÍGENE AUSTRALIANO

Referência

Bailey, Alice. *Cura Esotérica*. Niterói: Fundação Cultural Avatar, 2009.

Veja a biografia de **MADDY HARLAND** na página 12.

> Duane Elgin esboça os estágios do processo de reconciliação e dá exemplos inspiradores de como o poder do amor pode reconciliar a injustiça, movendo a humanidade para além da represália e em direção ao perdão e à restituição.

O poder da reconciliação e do perdão

Duane Elgin

O poder do amor

O amor compassivo é um poder transformador que não podemos quantificar ou medir, mas que traz força e resiliência incomparáveis às relações humanas. "O Amor", disse Teilhard de Chardin, "é o impulso fundamental da Vida... O meio natural pelo qual o curso ascendente da evolução pode prosseguir".[5] Sem amor, disse ele, "não há verdadeiramente nada à nossa frente, a não ser a prospecção proibitiva da padronização e da escravização – a ruína das formigas e dos cupins".

O amor compassivo pode fornecer uma "cola social" vital para nos manter unidos ao enfrentarmos desafios. Se nos separarmos, um colapso evolucionário parece garantido. Se nos unirmos de forma autêntica, contudo, temos o potencial real de dar um salto evolutivo. E, para nos unirmos, precisamos reconciliar as muitas diferenças que, hoje, nos dividem. Precisamos encontrar a harmonia onde hoje há discórdia. Precisamos cultivar o respeito e a consideração pelos outros, algo que, afinal, está nas bases do amor.[6]

O amor é a força de ligação mais profunda que existe no universo e, portanto, é um ingrediente vital em nossa jornada evolutiva rumo à totalidade. A evolução do amor não é diferente da evolução da consciência. Jack Kornfield, estimado professor de meditação, coloca as coisas dessa forma: "Vou contar um segredo a vocês, que é realmente importante... O amor verdadeiro é, de

---

5 Teilhard de Chardin, Pierre. *The Future of Man*. Nova York: Harper & Row, 1964, p.57.
6 Sorokin, Pitirim. *The Ways and Power of Love*. Chicago: Henry Regnery Co., 1967.

fato, o mesmo que consciência. Eles são idênticos".[7] Se pudermos aprender a lição de que o amor promoverá nossa evolução, e de que quanto maior nosso amor, maior nossa consciência, então estaremos alinhados para obter êxito em nossa jornada para casa. Com o amor – ou uma consciência madura – como fundamento, a marca da Era emergente poderia ser a cura de nossas muitas relações fragmentadas. Se isso vier a ocorrer, é muito possível imaginar um futuro que funcione para todos. Com reconciliação, há poucas dúvidas de que um salto evolutivo possa acontecer.

Uma consciência compassiva ou amorosa possui raízes antigas, mas vem ganhando uma nova importância à medida que nosso mundo se integra ecológica, econômica e culturalmente. Por compartilharmos, agora, o destino um do outro, fica cada vez mais claro que promover o bem-estar dos outros é algo que promove, diretamente, o nosso próprio bem-estar. Atingimos o ponto em que a Regra de Ouro se torna essencial à sobrevivência da humanidade. Essa ética ancestral, encontrada em todas as tradições espirituais do mundo, alerta que a maneira de saber como tratar os outros é tratá-los como você gostaria de ser tratado. Eis aqui algumas formas em que a Regra de Ouro foi expressa:

> Faça aos outros o que deseja que façam a você.
> Cristianismo (Lucas 6 : 31)

> Nenhum de vocês será um crente enquanto não desejar para seu irmão o que deseja para si mesmo.
> Islamismo (Sunan)

> Não fira os outros da maneira que você próprio se sentiria ferido.
> Budismo (Udana-Varga)

> Não faça nada aos outros que lhe causaria dor se fosse feito a você.
> Hinduísmo (Mahabharata 5: 1517)

> Não faça aos outros o que você não quer que façam a você.
> Confucionismo (Analectos 15:23)

---

7   Kornfield, Jack. "The Path of Compassion: Spiritual Practice and Social Action". In: Eppsteiner, Fred (org.). *The Path of Compassion.* Berkeley, CA: Parallax Press, 1988, p.29.

Por mais diversos e segregadores que sejamos, a família humana reconhece essa ética da compaixão comum no cerne da vida. Para mim, isso é sinal de que há, na humanidade, uma base para a reconciliação.

O amor e a compaixão não têm apenas raízes remotas; a história também atesta seu impacto e seu poder duradouro. Ao longo das Eras, mestres compassivos, como Jesus, Buda e Lao-Tsé, careceram de riquezas, exércitos e posição política. Mas, como explica o falecido professor de Harvard, Pitirim Sorokin, em seu livro *The Ways and Power of Love*, eles foram guerreiros do coração e reorientaram o pensamento e o comportamento de bilhões de pessoas, transformando culturas e mudando o curso da história. "Nenhum dos grandes conquistadores e líderes revolucionários pode, mesmo que remotamente, competir com esses apóstolos do amor em termos de magnitude e durabilidade da mudança ocasionada por suas atividades."[8] Em contrapartida, a maioria dos impérios rapidamente erguidos por meio de guerra e violência – como os de Alexandre, o Grande, César, Gengis Khan, Napoleão e Hitler – ruíram em anos ou décadas após seu estabelecimento.

O governante Ashoka, que viveu na Índia trezentos anos antes de Jesus nascer, é um exemplo do poder do amor nas questões humanas.[9] O príncipe Ashoka nasceu em uma importante dinastia de guerreiros e herdou um império que se estendeu da Índia Central à Ásia Central. Em nove anos de governo, ele lançou uma enorme campanha para conquistar o resto da Índia subcontinental. Finalmente, após uma batalha feroz, na qual mais de 100 mil soldados morreram, a terra foi conquistada. Ashoka caminhou pelo campo de batalha naquele dia, olhando para os mortos, para os corpos mutilados, e sentiu grande pesar e remorso pela chacina e pelo desterro de pessoas que havia conquistado. Ele imediatamente encerrou sua campanha militar, converteu-se ao budismo e devotou o resto de sua vida a servir à felicidade e ao bem-estar de todos.

Os 37 anos do benevolente governo de Ashoka deixaram um legado de cuidado, não apenas no que concerne aos humanos, mas também a animais e plantas. Seus decretos, criando santuários para animais selvagens e protegen-

---

8 Sorokin, Pitirim, *op. cit.*, p.71.

9 Essa descrição foi extraída, principalmente, de Sorokin, *op. cit.*, p.67, e de Easwaran, Eknath. *The Compassionate Universe*. Petaluma, CA: Nilgiri Press, 1989.

do determinadas espécies de árvores, talvez sejam o exemplo mais remoto de ações ambientalistas promovidas por um governo.[10] Os trabalhos de caridade realizados por Ashoka incluem o plantio de árvores que produziam sombra e pomares ao longo das ruas, a construção de casas de repouso para viajantes, estábulos com água para animais e a doação de dinheiro aos pobres, idosos e desamparados. O fim da guerra e a ênfase à paz marcaram sua administração política. Todos os seus secretários eram encorajados a disseminar a boa vontade, a simpatia e o amor pelo seu próprio povo, bem como para com os outros. Uma das maiores responsabilidades dos secretários era a de agir em favor da paz, disseminando a boa vontade entre raças, seitas e partidos. Suas atividades culturais fomentavam a educação e as artes cênicas, inclusive a construção de anfiteatros. Sorokin resume o legado de Ashoka como "um exemplo arrebatador de reconstrução pacífica, amorosa, social, mental, moral e estética de um império".[11]

O governo compassivo de Ashoka fundou o maior reino da Índia até a chegada dos britânicos, mais de duzentos anos depois. O pilar do leão, símbolo de Ashoka, sobrevive até os dias de hoje como o emblema oficial da República da Índia, e também está em todas as moedas e notas indianas. "Em meio às dezenas de milhares de nomes de monarcas que povoaram as colunas da história", escreveu o historiador H. G. Wells, "o nome de Ashoka brilha – e brilha praticamente sozinho – como uma estrela".[12]

Baseado em exemplos como esses, Sorokin concluiu que reconstruções sociais inspiradas pelo amor e executadas de forma pacífica têm muito mais sucesso e produzem resultados muito mais duradouros do que reconstruções inspiradas pelo ódio e executadas de forma violenta. Repetidamente, ele reparou que "ódio gera ódio, força física e guerra geram reações violentas e revides, e esses fatores raramente, quando nunca, levam à paz e ao bem-estar social".[13]

---

10 Kolanad, Gitanjali. *Culture Shock!* India, Portland, OR: Graphic Arts Center Publishing, 1994, p.23.
11 Sorokin, *op. cit.*, p.68.
12 Ibid., p.110.
13 Ibid., p.69.

O processo de reconciliação

Reconciliação não significa esquecer o sofrimento e a injustiça do passado; na verdade, significa não deixar que o passado interfira nas oportunidades para o futuro. Quando injustiças históricas são publicamente conhecidas, e soluções realistas são encontradas, feridas do passado não mais impedem o progresso coletivo. Livres da necessidade de seguirem culpando alguém e se ressentirem, as pessoas deslocam seu foco das queixas quanto ao passado para as oportunidades no presente e no futuro.

O processo de reconciliação é complexo e envolve, no mínimo, três etapas: a necessidade, por parte daquele que foi lesado, de ser ouvido publicamente; a necessidade dos infratores de se desculparem publicamente; e, se apropriado, de oferecerem restituição e reparações.

Ser ouvido é o primeiro passo para a cura. Ao ouvirmos e nos conscientizarmos das histórias daqueles que sofreram, iniciamos o processo de cura. Nosso ato de ouvir coletivamente as feridas da psique e da alma humanas é vital para nossa cura coletiva. Em *An Ethic for Enemies*, seu livro sobre a política do perdão, Donald Shriver Jr. explica que, no uso popular, o termo "perdoar" é tido como "esquecer". Mas, segundo ele, esse não é o significado de "perdoar": "Ao contrário, 'lembrar e perdoar' seria um mote mais exato".[14] O perdão requer que desistamos da vingança como uma base para a justiça. Precisamos pedir clemência e tolerância a fim de interromper o ciclo de violência e contraviolência. O perdão também requer que o lado prejudicado busque entender as ações do infrator, a fim de restaurar a humanidade deste. Na etapa final da reconciliação, ambas as partes precisam criar uma nova relação para que se possa conviver em paz e respeito mútuo.

O arcebispo Desmond Tutu conhece mais do processo de reconciliação do que a maioria de nós. Ele foi presidente da Comissão da Verdade e Reconciliação (CVR), criada para investigar crimes cometidos durante o período do *apartheid* na África do Sul, entre 1960 e 1994. Ele descreve a lógica da reconciliação em seu país da seguinte forma: quando o *apartheid* acabou, a maioria negra da África do Sul teve de escolher entre três formas de obter justiça e continuar convivendo com a minoria branca do país. Eles podiam escolher a justiça baseada na retribuição, olho por olho; no esquecimento, não pense sobre o passado,

---

14 Shriver Jr., Donald. *Forgiveness in Politics*. Nova York: Oxford University Press, 1995, p.7.

apenas siga adiante rumo ao futuro; ou na restauração, oferecendo anistia em troca da verdade. É assim que Tutu explica a escolha deles:

> Acreditamos na restauração da justiça. Na África do Sul, estamos tentando encontrar nosso caminho para a cura e a restauração da harmonia em nossas comunidades. Se a justiça punitiva for tudo o que você busca, ao seguir a lei ao pé da letra, você está perdido. Nunca conhecerá a estabilidade. Você precisa de algo além da represália. Você precisa do perdão.[15]

A comissão recebeu mais de 7 mil pedidos de anistia em troca de relatos honestos sobre as violações dos direitos humanos. Antes que os trabalhos fossem encerrados, em 1998, cerca de 2 mil pessoas já haviam testemunhado perante a comissão, e esta recebeu aproximadamente 20 mil declarações de abusos de direitos. Ao concluir o trabalho da CVR, Tutu disse que, apesar de estar "arrasado pelo peso das depravações que o processo revelou", ele também "estava maravilhado, na verdade, estava radiante, pela magnanimidade e pela nobreza de espírito daqueles que, em vez de se tornarem amargos e vingativos, se dispuseram a perdoar aqueles que os trataram de forma tão terrível".[16] O vice-presidente da comissão, Dr. Alex Boraine, declarou que a maior contribuição da CVR à reconciliação social foi, talvez, o reconhecimento de que "a reconciliação não é fácil, nunca é barata e é um desafio constante". Apesar de o processo que fechou a Era do *apartheid* ter sido confuso e agonizante, ele foi eficaz, ao criar as fundações para um novo início. Boraine explicou que muitas pessoas relataram que aparecer diante da comissão tinha, finalmente, posto um fim a seus "pesadelos de isolamento", e que, pela primeira vez desde a perda de seus entes queridos, passaram a dormir à noite. Outras falaram de um "coração partido que havia sido curado".[17]

O forte sentimento de comunidade encontrado na cultura sul-africana ajudou a inspirar essa abordagem da reconciliação. Na visão africana, a comuni-

---

15 Desmond Tutu citado em Tempest Williams, Terry. "Two Words", *Orion*, Great Barrington, MA, inverno de 1999, p.52.
16 Arcebispo Desmond Tutu. "A Message from the Chairperson", *Truth Talk: The Official Newsletter of the Truth and Reconciliation Commission*, África do Sul, julho de 1998.
17 Boraine, Alex. "A message from the Deputy Chairperson of the TRC", *Truth Talk: The Official Newsletter of the Truth and Reconciliation Commission*, África do Sul, julho de 1998.

dade define a pessoa. A palavra para isso é *ubuntu*, que traduzida grosseiramente significa "a humanidade de cada indivíduo está idealmente expressa na relação com os outros" ou "uma pessoa depende de outras pessoas para ser uma pessoa".[18] A partir desse sentimento pela comunidade surgiram os meios não violentos de levar a África do Sul da separação racial e do domínio de uma minoria à integração e à democracia.

Um segundo passo no processo de reconciliação consiste em um pedido de desculpas sinceras feito publicamente pelo infrator. Aqui estão alguns exemplos importantes de pedidos de desculpa públicos oferecidos nos últimos anos:[19]

- Em 1988, um ato do Congresso se desculpou "em nome do povo dos Estados Unidos" pela internação de nipo-americanos durante a Segunda Guerra Mundial.
- Em 1996, oficiais alemães se desculparam pela invasão da Tchecoslováquia em 1938 e criaram um fundo de reparação para as vítimas tchecas dos abusos nazistas.
- Em 1998, o primeiro-ministro japonês expressou "profundo remorso" pelo tratamento dado aos prisioneiros britânicos, pelos japoneses, durante a Segunda Guerra Mundial.

A relação entre o povo aborígene e os colonizadores europeus na Austrália, fornece um exemplo poderoso de pedidos de desculpa públicos e cura social. Em 26 de maio de 1998, o país comemorou seu primeiro "Dia da Desculpa", com o objetivo de expressar o arrependimento e o pesar compartilhados pelo povo sobre um trágico episódio na história australiana: o afastamento das crianças aborígenes de suas famílias com base na raça. Ao longo de boa parte deste século, crianças aborígenes eram retiradas à força de suas famílias com o intuito de integrá-las na cultura ocidental.[20] De acordo com um membro aborígene do

---

18   Battle, Michael. *Reconciliation: The Ubuntu Theology of Desmond Tutu*. Ohio: The Pilgrim Press, 1997, p.39.

19   Esses exemplos foram extraídos, em parte, de: Mitchell, Emily. "The Decade of Atonement", *Index on Censorship*, maio/junho de 1998, Londres (e reeditado em Utne Reader, março-abril de 1999, p.58-59).

20   Bond, John. "Aussie Apology", *Yes! A Journal of Positive Futures*, Ilha Bainbridge: WA, outono de 1998, p.22.

conselho, Patrícia Thompson, o Dia da Desculpa dá aos australianos a chance de fazer as pazes com sua história e de se unir para construir um futuro baseado no respeito mútuo. Thompson diz: "O que queremos é reconhecimento, compreensão, respeito e tolerância – de cada um, por cada um, para cada um". Em cidades, municípios, centros rurais e igrejas, as pessoas pararam suas atividades diárias para reconhecer essa injustiça. Além disso, centenas de milhares de australianos assinaram os "Livros da Desculpa".

O terceiro passo para a reconciliação é a restituição ou o pagamento de reparações. O arcebispo Desmond Tutu dá uma boa explicação para o papel da restituição, quando diz que completar o processo de reconciliação envolve mais que o reconhecimento e a lembrança da injustiça: "Se você rouba uma caneta e diz 'sinto muito' sem devolver a caneta, suas desculpas não significam nada".[21] Em casos como esse, é preciso que haja uma restituição. Desculpas criam um registro honesto. Restituições criam um novo registro. O propósito da reparação é reparar as condições materiais de um grupo a fim de restaurar um certo equilíbrio ou igualdade de poderes e oportunidades materiais.[22]

Além da reconciliação, há a realidade da convivência, no dia a dia, de antigos antagonistas. Um dos mais notáveis exemplos de reconciliação bem-sucedida nos últimos tempos está na mudança das relações entre os Estados Unidos, a Alemanha e o Japão. A Segunda Guerra Mundial começou em uma época totalmente belicosa, quando a morte em massa de civis era a norma; curar as feridas psicológicas daquela guerra poderia ter levado muitas gerações. Contudo, em poucas décadas, os Estados Unidos e seus inimigos de guerra amargurados, a Alemanha e o Japão, tornaram-se aliados pacíficos – exemplos claros de reconciliação bem-sucedida culminando em relações renovadas e respeito mútuo. Outros exemplos importantes de reconciliação incluem o processo de paz em andamento no Oriente Médio, certamente uma das regiões mais voláteis do mundo, e na Irlanda do Norte, onde o processo de reconciliação parece estar pronto para superar séculos de separações e conflitos.

Como esses exemplos deixam claro, com uma reconciliação autêntica – ouvindo, desculpando-se e restaurando – o sofrimento do passado não precisa impedir o progresso futuro.

---

21 Ibid., p.224.
22 Yamamoto, Eric. *Interracial Justice: Conflict and Reconciliation in Post-Civil Rights America*. Nova York: New York University Press, 1999.

O custo da bondade

O custo da compaixão é muito menor do que podemos imaginar. O mundo possui os recursos materiais para que todos nós convivamos de forma sustentável. Poderíamos começar a fazê-lo eliminando os piores aspectos da pobreza – um pré-requisito fundamental, creio eu, para um salto evolutivo acontecer. Como concluiu o Relatório de Desenvolvimento Humano, de 1998, da ONU, temos "recursos mais do que suficientes para realizarmos isso".[23] Para defender essa afirmação, o relatório apresenta esses contrastes flagrantes:

- Para o acesso universal à água e ao saneamento, o custo anual adicional estimado é de 12 bilhões de dólares, que é o que se gasta com perfumes na Europa e nos Estados Unidos a cada ano.
- Para a saúde e a nutrição universais básicas, o custo anual adicional estimado é de 13 bilhões de dólares, que é 4 bilhões de dólares menos que os gastos anuais com comidas para animais domésticos na Europa e nos Estados Unidos.
- As prioridades de gastos mundiais ficam ainda mais nítidas com esses números: os gastos anuais em negócios de entretenimento no Japão acumulam 35 bilhões de dólares; em cigarros, na Europa, 50 bilhões de dólares; em bebidas alcóolicas na Europa, 105 bilhões de dólares; e em gastos militares no mundo, 780 bilhões de dólares.

O Relatório de Desenvolvimento Humano conclui que, "promover o desenvolvimento humano não é um empreendimento exorbitante". A conta final para garantir o acesso universal a serviços básicos – educação, saúde, nutrição, saúde reprodutiva, planejamento familiar, água potável, e saneamento – está estimada em 40 bilhões de dólares adicionais por ano.[24] Tal valor é menos de 1/10 de 1% da renda mundial. Como observa o relatório, isso é "pouco mais que um erro de arredondamento".

Dado que podemos facilmente bancar a eliminação das piores formas de pobreza, o que estamos fazendo quanto a isso? O relatório declara que o apoio

---

23 *Human Development Report 1998*, United Nations Development Programme. Nova York: Oxford University Press, 1998, p.37.

24 Idem.

ao desenvolvimento está em seu nível mais baixo desde que a ONU começou a observar estatísticas. Países financiadores alocam uma média de apenas 0,25% (1/4 de 1%) de seu PIB na assistência ao desenvolvimento de países mais pobres. Os Estados Unidos são a nação desenvolvida mais sovina quanto à proporção da riqueza total que doa.[25]

Os recursos existem para trazer uma melhora dramática na qualidade de vida de grande parte da humanidade e para iniciar um processo de reconciliação entre ricos e pobres. Em vez de um desenvolvimento descendente, do rico para o pobre, deveríamos lançar uma abordagem ascendente, focada diretamente aos pobres e aos sem voz.[26] Se usarmos igualdade, simplicidade e cooperação como nossas orientações, teremos recursos para sustentar toda a humanidade rumo a um futuro antevisto. Como disse Gandhi, "temos o bastante para a necessidade de todos, mas não para a ganância de todos".

Não podemos alcançar a maturidade se continuarmos divididos entre uma minoria que detém grande riqueza e uma maioria que está destinada à absoluta pobreza. Precisamos criar um futuro de desenvolvimento mutuamente garantido, no qual o progresso não deixe ninguém para trás e também fortaleça os ecossistemas dos quais nosso futuro comum depende. Poderíamos criar algo parecido com o Plano Marshall, que restaurou a Europa depois da Segunda Guerra Mundial. O mundo inteiro poderia se unir para instituir os fundamentos da sustentabilidade. Dados os parâmetros inteligentes para uma vida leve e simples, o padrão e a forma de vida decentes poderiam variar conforme os costumes locais, assim como da ecologia, dos recursos e do clima. No seio dessa diversidade, se a família humana vir seu desenvolvimento coletivo como seu empreendimento central, o mundo terá uma base forte para um salto evolutivo.

O arcebispo Desmond Tutu afirmou que você pode imediatamente notar quando se entra em um lar feliz: "Ninguém precisa lhe dizer; você não precisa ver as pessoas felizes que moram ali. Você pode sentir nas texturas, no ar".[27]

---

25 ekic, Slobodan. "Rich Nations Grow More Stingy With Poor Nations", *San Francisco Chronicle*, 17 de outubro de 1997, World Section, p.A14.
26 Kinnock, Glenys. "One World". In: Shapiro, Debbie e Shapiro, Eddie (orgs.). *Voices from the Heart*. Nova York: Tarcher/Putnam, 1998, p.122.
27 Desmond Tutu. "Becoming More Fully Human". In: Shapiro, Debbie e Shapiro, Eddie (orgs.), *op. cit.*, p. 277.

Da mesma maneira, diz ele, temos ao nosso alcance o poder de criar, na Terra, uma atmosfera cultural impregnada de bondade, alegria, riso, verdade e amor. Se pudermos atestar o reservatório de dores pendentes que se acumulou ao longo da História, liberaremos um estoque enorme de criatividade e energia reprimidas. Em vez de se mobilizar ao redor de inimigos, poderíamos liberar nossa energia coletiva para criar um futuro sustentável e promissor.

Duane Elgin tem MBA em Administração e mestrado em Filosofia. É palestrante e autor internacionalmente reconhecido. Entre seus livros estão *The Living Universe: Where Are We? Who Are We? Where Are We Going?* (2009), *Promise Ahead: A Vision of Hope and Action for Humanity's Future* (2000), *Simplicidade Voluntária: Em Busca de um Estilo de Vida Exteriormente Simples, Mas Interiormente Rico* (2010, 1993, 1981) e *Awakening Earth: Exploring the Evolution of Human Culture and Consciousness* (1993). Em 2006, Duane Elgin recebeu o Goi Peace Award, em reconhecimento por sua contribuição para "uma visão, uma consciência e um estilo de vida" globais que fomentam uma "cultura mais espiritual e sustentável".
www.duaneelgin.com

> Descobertas recentes em cardiologia revelam que, do ponto de vista neurológico, o coração é muito mais complexo do que se imaginava. Isso lança novos *insights* científicos acerca das energias emocionais e das práticas espirituais da prece do coração.

O coração inteligente

Michael Stubberup e Matias Ignatius

AO LONGO DA HISTÓRIA, a humanidade conheceu a importância do coração no que se refere ao desenvolvimento emocional, à transformação da consciência e à sabedoria existencial. As grandes tradições espirituais do Ocidente e do Oriente praticam técnicas baseadas na conexão entre a respiração e o ritmo cardíaco. Séculos de experiência com seus estados internos propiciaram aos homens um grande conhecimento sobre a coerência entre o corpo, a mente e o espírito, e o papel do coração nessa relação.

Nas grandes tradições da sabedoria, o conhecimento acumulado ao longo dos séculos baseia-se na experiência, na observação, na repetição e na capacidade de reproduzir determinados estados da mente. Pode-se argumentar, então, que a ciência dos estados psicológicos internos surgiu dessa maneira, ou seja, baseando-se em séculos de evidência empírica. O mundo ocidental apenas reconhece o que pode ser medido objetivamente enquanto ciência. Contudo, com o desenvolvimento de novas tecnologias (como certos tipos de *scanners* do cérebro) e com o crescimento da neurociência e da neurofenomenologia, estamos nos aproximando de uma situação em que as ciências internas e externas podem se tornar dois lados da mesma moeda.

A separação entre o interior e o exterior é visível, por exemplo, na linguagem. O coração se chama *kardia* em grego. Na medicina moderna, reconhecemos o uso de *kardia*, por exemplo, nas palavras cardiograma (curva que mostra a atividade do coração) ou cardiologista (especialista em coração). Trata-se, então, de um termo científico que, de formas variadas, se refere ao coração físico. No entanto, a palavra original greco-bizantina tem um significado bem mais abrangente. O coração, nesse contexto, é compreendido não apenas como um órgão físico, mas também como o centro da vida espiritual de um ser humano, isto é, como o Self mais profundo e mais autêntico, por meio do qual pode se dar a união mística do divino e do humano. Recentemente, um lugar em particular tem trabalhado para colocar esse encontro entre a ciência interna e a ciência externa em foco: o HeartMath Institute, em Boudler Creek, Califórnia.

Nas próximas seções, oferecemos uma breve introdução à história do HeartMath Institute, aos aspectos da mais recente ciência da cardiologia e ao encontro incipiente entre a ciência moderna e as práticas da prece do coração.

O HeartMath Institute

As bases do HeartMath Institute foram desenvolvidas ao longo de mais de dez anos. Durante os anos 1970 e 1980, o fundador do HearthMath, Doc Childre, estudou o conhecimento sobre a ciência do coração disponível na época. Com o passar dos anos, ele conseguiu construir uma rede de cientistas. Em 1991, criou o HeartMath como uma organização sem fins lucrativos, com o objetivo de unir a ciência do coração e a área da educação. A intenção era desenvolver uma série de técnicas que fossem acessíveis a todos e tivessem potencial de criar melhorias tanto no equilíbrio físico e emocional como na saúde em geral. Hoje em dia, o HeartMath está envolvido em uma vasta gama de atividades, que vão de iniciativas científicas e programas educacionais dirigidos a estudantes até treinamentos voltados para profissionais de empresas e organizações.

Neurocardiologia: um cérebro no coração

Durante as pesquisas dos anos 1960 e 1970 sobre a comunicação entre o cérebro e o coração, John e Beatrice Lacey descobriram que o coração transmite informação para o cérebro de maneiras que determinam o modo como entendemos o mundo e respondemos a ele. Depois de vasta pesquisa, outro pioneiro da neurocardiologia, Dr. J. Andrew Armour desenvolveu, em 1991, o conceito de uma verdadeira rede neural dentro do coração. Ele descreve assim a sua descoberta científica:

> ... o coração tem um sistema nervoso intrínseco complexo e suficientemente sofisticado para, por si só, ser qualificado como um "pequeno cérebro".

O cérebro do coração funciona como uma rede independente, formada por diferentes tipos de neurônios, neurotransmissores, proteínas, etc. Essa rede permite que o coração aja independentemente do cérebro, ou seja, que perceba e sinta, aprenda e recorde.

Conexões entre o coração e o cérebro

O coração e o cérebro se comunicam de muitas formas diferentes; coisa que os pesquisadores no HeartMath Institute descrevem da seguinte maneira:

> ... aprendemos agora que a comunicação entre o coração e o cérebro é, na verdade, um diálogo mútuo, dinâmico e permanente em que um órgão influencia continuamente as funções do outro.

Essa comunicação é facilitada de quatro formas: a) energeticamente, por meio do campo eletromagnético; b) neurologicamente, através do sistema nervoso; c) bioquimicamente, via hormônios e neurotrasmissores; e d) biofisicamente, através das ondas de pulso nas artérias.

Os sinais eletromagnéticos do coração chegam ao cérebro imediatamente, enquanto a série de sinais neurais começa a surgir em oito milissegundos. Após aproximadamente 240 milissegundos, a onda da pressão sanguínea chega, sincronizando, consequentemente, a atividade neural – particularmente em relação às ondas cerebrais alfa.

O cérebro se comunica com o coração pelo sistema nervoso autônomo (SNA), que consiste em dois subsistemas: o sistema nervoso simpático, que prepara o corpo para as atividades ao acelerar o ritmo do coração, e o sistema nervoso parassimpático que, ao contrário, prepara o corpo para baixar o ritmo cardíaco. O sistema nervoso autônomo regula aproximadamente 90% das funções do corpo. A atividade nas duas partes do SNA cria mudanças no ritmo cardíaco, e isso é medido como variabilidade da frequência cardíaca (VFC).

As emoções e o ritmo cardíaco

Desde a Grécia Antiga, considera-se que as emoções e os pensamentos são processos separados. No início da Era Moderna, Descartes acreditava nessa noção, como ficou ilustrado em sua conhecida declaração: "Penso, logo existo". No entanto, como o neurologista António Damásio sugeriu em seu livro *O Erro de Descartes* (1996), pensamentos e emoções estão conectados de forma íntima, sendo estas últimas, de uma maneira geral, um pré-requisito para a tomada de decisões.

Os pesquisadores no HeartMath Institute conduziram experiências diferentes para medir os estados emocionais e suas conexões diretas com o coração. Eles o fizeram a partir da análise de oscilações nos ECG (eletrocardiogramas), que revelaram reações, embora pequenas, às emoções extremamente negativas. O batimento cardíaco por minuto também foi investigado, mas nenhuma correlação significativa com os estados emocionais foi encontrada. No entanto, quando os pesquisadores começaram a estudar as mudanças entre batimentos cardíacos individuais, uma descoberta interessante se deu. Eles descobriram que as mudanças de um batimento cardíaco para o seguinte refletiam mudanças no estado emocional. Essa descoberta foi publicada pela primeira vez no *American Journal of Cardiology*, em 1995, por McCraty e seus colegas: "Descobrimos que os padrões da variabilidade da frequência cardíaca são extremamente sensíveis às emoções, e que o ritmo cardíaco tende a se tornar mais ordenado e coerente durante os estados emocionais positivos". Em estudos subsequentes, foi descoberto que emoções positivas e construtivas, como bondade, gratidão, solicitude e amor, criam padrões suaves e estruturados no ritmo cardíaco (coerência). Por outro lado, emoções negativas, como raiva, frustração e ansiedade, criam padrões de ritmos cardíacos caóticos e desorganizados. A maioria das pessoas sente que essas emoções chegam e produzem um impacto, sem que consigam fazer muita coisa para mudar essa condição emocional ou seu desenvolvimento.

Inspirado em diferentes tradições espirituais, o HeartMath Institute desenvolveu uma série de técnicas para o autodesenvolvimento. Um exemplo é a técnica da Coerência Rápida, que foi elaborada para ensinar às pessoas maneiras de treinar e desenvolver, de forma ativa, padrões coerentes de frequência cardíaca. A partir desse tipo de exercício, é perfeitamente possível alcançar uma relaxada condição interior de equilíbrio emocional, assim como uma grande clareza mental.

Coerência Rápida:
1. Primeiro, foque sua atenção na área ao redor do seu coração.
2. Depois, respire como se a sua respiração estivesse entrando e saindo do centro de seu peito.

3. Ao respirar, tente encontrar e lembrar alguma situação pela qual você se sente grato.

Coerência cardíaca e treinamento no computador

Em 2000, o HeartMath Institute apresentou o Freeze Framer, um programa de computador projetado para ajudar as pessoas a alcançar uma condição de saúde mais coerente. Desde então, o programa ganhou vários prêmios por sua utilidade e precisão. O Freeze Framer é um sistema de *biofeedback* que conecta a pessoa, através de um sensor no dedo ou no lóbulo da orelha, ao computador. Esse sensor comunica o pulso e o sinal eletromagnético ao computador, que continuamente ilustra o grau de coerência entre o coração e o sistema nervoso autônomo. O nível de coerência é mostrado na tela em tempo real, de forma que, quem usa o sensor, consegue acompanhar as oscilações de seu equilíbrio interno à medida que faz o exercício. O desequilíbrio é mostrado como curvas irregulares acentuadas, sem muita estrutura, enquanto o estado de maior coerência e equilíbrio é representado por uma inclinação suave e curvas estruturadas, que se assemelham a ondas sinusoidais. Além disso, o programa mostra três colunas coloridas cuja cor vermelha sinaliza desequilíbrio; a verde, alto grau de coerência; e a azul, um grau mediano de coerência. Com essas duas ferramentas de ilustração – a curva contínua e as três colunas –, é possível ler o grau de equilíbrio ou desequilíbrio durante o exercício, permitindo uma reação da pessoa ao *feedback* da tela, quando ocorrerem distrações.

É interessante notar que esses exercícios, muito parecidos aos de muitas das tradições espirituais do mundo, são agora usados em alguns dos ambientes científicos mais avançados dos Estados Unidos.

Em nossa experiência, o Freeze Framer pode ser adotado como um complemento inspirador às práticas de meditação e de autodesenvolvimento, e como ferramenta moderna para se trabalhar em direção à maturação do coração. É uma experiência fascinante ver o estado interno de alguém ser representado em tempo real enquanto esse indivíduo trabalha a respiração e faz exercícios para o coração. O Freeze Framer é surpreendentemente sensível e preciso no registro de distrações e perda de foco. Isso o torna uma ferramenta interessante, pois consegue distinguir entre uma presença focada e estados mais tensos e distraídos. Se alguém se tornar muito determinado ou ambicioso, esses traços aparecerão imediatamente na tela como indícios de um padrão desorganizado. Por outro lado, se alguém for muito impreciso ou não estiver focado o suficiente, o *feedback* mostrará, igualmente, a falta de coerência. Dessa forma, a capacidade de criar um foco definido (mas ao mesmo tempo suave e não excessivamente ambicioso) é eficazmente demonstrada pelo programa. Ao usar o Freeze Framer regularmente, é possível aprender a acessar um estado mais coerente e, assim, concretizar uma gama maior de qualidades naturais e profundas do coração. Com o tempo, vamos conhecendo cada vez melhor alguns de nossos padrões internos habituais, passando a perceber a facilidade com que uma emoção ou pensamento consegue perturbar um estado coerente quase ideal, da mesma maneira que nos damos conta da dificuldade que é reconquistar esse estado de coerência.

A coerência psicofisiológica

O coração é o mais potente gerador de padrões de informações rítmicas no corpo. Com cada batimento cardíaco, um padrão complexo de informações neurológicas, hormonais e eletromagnéticas é enviado ao cérebro e ao restante do corpo.

Quando o padrão dos ritmos cardíacos é coerente, a informação neurológica que é enviada ao cérebro se fortalece. Esse padrão coerente, que no HeartMath Institute é chamado de coerência psicofisiológica, é a imagem geral de uma série de condições corporais e psicológicas harmoniosamente inter-relacionadas. A condição coerente depende amplamente do equilíbrio e da sincronização dos processos cognitivos, emocionais e fisiológicos. Essa condição é normalmente sentida, de forma subjetiva, como aumento da claridade mental e da criatividade espontânea. Um dos caminhos de transmissão da coerência psicofisiológica do coração para o cérebro se dá através do centro do coração (medula), no tronco encefálico, para o tálamo e a amígdala. Essas áreas estão intimamente conectadas com os lóbulos frontais, onde a razão e a emoção estão integradas e formam a base das escolhas e das decisões.

O papel da amígdala é especialmente interessante no que diz respeito à terapia e ao trauma. A amígdala é o centro em que as reações comportamentais, imunológicas e neuroendócrinas às ameaças do meio ambiente são coordenadas. Além disso, é o centro da memória emocional do cérebro. Quando há correspondência, ainda que pequena, entre uma memória traumática e um estímulo recebido, a amígdala envia imediatamente um sinal para o sistema nervoso autônomo, e os mecanismos de defesa do corpo são ativados. O que é particularmente interessante é a ligação direta entre a amígdala e o ritmo cardíaco, isto é, a atividade nas células principais da amígdala estão sincronizadas com o ritmo cardíaco. Assim, tudo indica que a coerência cardíaca regular, no decorrer do tempo, é o correlato fisiológico do processo de harmonização da confiança e das emoções, que acontece entre terapeuta e paciente, em sessões terapêuticas intensas.

A comunicação bioelétrica

As ondas do coração enviam padrões rítmicos que refletem as emoções sentidas por nós. Os estados emocionais, entre outras coisas, são enviados para outras pessoas através de campos eletromagnéticos gerados pelo coração. O campo elétrico do coração é sessenta vezes mais poderoso do que o do cérebro. Enquanto o campo de energia do cérebro não alcança mais do que alguns centímetros de distância do corpo, o do coração pode atingir mais de três metros de distância. Isso quer dizer – o que, de certa forma, não é nenhuma surpresa – que somos fortemente afetados pelo campo eletromagnético que irradia do coração de outra pessoa. Esse fenômeno vem sendo investigado rigorosamente no HeartMath Institute. Em uma experiência, um sujeito senta em uma cadeira e é submetido a um exercício de coerência cardíaca, enquanto outra pessoa, sentada a alguns metros dela, de forma relaxada, tem seu EEG (eletroencefalograma) monitorado. A constatação fascinante dessa experiência é que as ondas cardíacas coerentes da primeira pessoa podem ser vistas diretamente nas ondas cerebrais da outra pessoa. Em outra experiência, um menino e um cachorro são testados. O padrão do ritmo cardíaco do menino e o do cachorro são medidos quando eles estão juntos e, em seguida, quando separados. Antes de se juntarem e logo após se separarem, os padrões dos ritmos cardíacos são desorganizados e caóticos. Ao contrário, quando juntos, eles são não apenas coerentes, mas também sincronizados.

A prece e o HeartMath

Desde cerca de 300 d.C., na tradição hesicasta da Igreja Ortodoxa, o coração é considerado o centro da consciência. O sistema espiritual e a diversidade de ferramentas internas que focam no coração se baseiam nessa noção fundamental. Gradualmente, a prece do coração tornou-se a prática central. Trata-se de uma prece simplificada em que Deus é contactado através da repetição de uma única frase, enquanto o foco se mantém no coração. Ao longo dos séculos, as práticas hesicastas foram desenvolvidas centrando-se em diversas regiões e funções corporais, sendo a respiração e o ritmo cardíaco, contudo, as mais importantes. Em um dos mais conhecidos textos da Igreja Ortodoxa, um peregrino descreve sua prática desta forma: "Depois, eu comecei a praticar a prece de Jesus para dentro e para fora do coração, coordenada com a respiração, como Gregório, o Sinaísta, e também Kallistos e Ignatius nos ensinaram. Isso quer dizer que quando eu inspirava, olhava com o olho da mente para o coração, pensando e falando 'Senhor Jesus Cristo'; e quando expirava, 'tenha piedade de mim'".

Nessa tradição, esse exercício é chamado de Portão Supremo do Coração. A comparação dessa citação com o sistema de Coerência Rápida do HeartMath Institute revela uma semelhança surpreendente tanto no que se refere à estrutura quanto ao conteúdo. Nos dois sistemas há a) foco no coração estabelecido por b) inspiração e expiração através do coração, e c) coordenação da respiração por meio de visualização de uma qualidade "superior" ou positiva e significativa. A diferença crucial encontra-se no contexto dos dois sistemas. A prece do coração é desenvolvida dentro de um contexto religioso, onde há uma metaestrutura na forma de contato com o transcendente ("o céu", Cristo). Esse não é o caso do contexto do HeartMath Institute.

A ciência está começando a descobrir e comprovar o que, ao longo de milhares de anos, já era conhecido das tradições espirituais, tornando possível, agora, que a divulgação do conhecimento sobre essas valiosas práticas internas se dê de maneira menos dogmática. Isso pode ser muito proveitoso tanto para o desenvolvimento pessoal e profissional das pessoas quanto para sua condição existencial básica.

MICHAEL STUBBERUP e **MATHIAS IGNATIUS**, da Dinamarca, trabalham com um grupo de psicólogos e professores, explorando práticas da consciência que têm suas raízes em tradições da prece do coração e suas correspondências com a neurocardiologia do HeartMath Institute. Eles também trabalham com a inteligência das crianças, ajudando-as a encontrar seu núcleo interno, a focar e a relaxar a partir da introdução de técnicas simples nas escolas.

> Karambu Ringera relata a comovente história de como os diálogos do círculo de paz foram criados no Quênia, e qual foi a cura que eles trouxeram. Ela descreve por que as mulheres têm um papel vital a desempenhar nos trabalhos de paz, bem como na política.

Diálogos do círculo de paz: eu sou porque você é

Karambu Ringera

Quando cheguei ao campo de Pessoas Deslocadas Internamente (PDI) em Nakuru, Quênia, em janeiro de 2008, não estava preparada para a visão dos efeitos da guerra em meu amado país. Enquanto andava pelo campo, fazendo uma pesquisa sobre a violência, vi uma mulher vendendo tomates, sem se incomodar com a presença de um corpo perto dela. Havia tanta morte ao longo das ruas. Estou chocada com o que nos tornamos como nação – estamos tão distantes de nossa humanidade, deixamos de ver que o "outro" que está sendo massacrado aqui são companheiros quenianos.

Nos campos, meu coração sangrou pelas mulheres e crianças que conheci. Para comer, tinham uma caneca de mingau pela manhã; não havia almoço e o jantar era terrivelmente escasso, mas "destinado a manter a alma viva", como uma velha senhora me disse. As mães tinham que renunciar à sua própria comida para alimentar seus filhos. No campo, as meninas são conhecidas por trocar sexo por comida.

Estupros ocorrem com frequência: é dito às mulheres para cuidar de suas filhas e não ir ao banheiro à noite. Uma mulher me contou: "À noite os homens gritam, e conforme as mulheres fogem em pânico, eles as perseguem, assim como às meninas, e as estupram".

O vírus da AIDS se alastra como rastilho de pólvora no local. A equipe médica da Sociedade da Cruz Vermelha do Quênia distribui preservativos diariamente, que a cada manhã são encontrados usados por todo o campo. Mães com HIV positivo não têm comida para alimentar seus filhos; como alternativa, precisam amamentar seus bebês para evitar que chorem de fome.

Em Nakuru, não há ensino para as crianças. As mulheres imploram por ajuda, por recursos educacionais e materiais. Querem saber para quais escolas levar seus filhos; como podem deixar o campo para ver seus parentes; como podem se sustentar. Por ser de Meru, nove horas de carro até Nakuru, e não ter a capacidade de ajudá-las, eu as conduzi para os serviços da Cruz Vermelha do Quênia. Em certo momento, uma mulher muito determinada me disse: "Você não vai me deixar aqui". Hoje, vivo com ela e três de seus filhos em minha casa. Na época, ela não tinha ideia de onde estava seu primeiro filho. Ela não o via desde o dia em que cada um deles havia corrido em direções diferentes para escapar da violência.

O que deu errado após as eleições? Muitas foram as razões encontradas para a explosão de violência no Quênia após as eleições gerais em 2007, que consumiu mais de 2 mil vidas e a perda de propriedades estimada em milhões de *shillings* quenianos. Apesar do anúncio do resultado presidencial ter desencadeado a violência, há muitas causas importantes mais abrangentes para o que aconteceu, incluindo o legado colonial, que deixou as pessoas profundamente divididas, gerando disputa por propriedades de terras e instituições democráticas fracas.

Hoje, o Quênia – uma nação que conduz missões de paz em outros países – procura por mediadores de paz vindos de fora a fim de acabar com a crescente onda de anarquia. Até o momento, poucos estrategistas de intervenção entenderam que as mulheres e as crianças têm uma experiência do conflito diferente daquela dos homens. Em tempos de crise, precisamos reconhecer que a ajuda que atende às necessidades dos homens nem sempre atende às necessidades de mulheres e crianças.

Diálogos do círculo de paz

Enquanto pesquisava, rapidamente percebi que era importante achar uma maneira de dar autonomia a essas mulheres e encorajar o desenvolvimento de líderes pacíficos. Como uma ativista da paz e da mudança social, senti que havia a necessidade de focar em diálogos de paz para ajudar a resolver as diferentes necessidades das mulheres e das crianças. Enquanto muitas organizações oferecem aconselhamento para as pessoas deslocadas de seus locais de origem, as mulheres se perguntam como viverão junto com aqueles que destruíram suas casas e seus negócios. Eu senti que organizar diálogos de paz era uma maneira de começar a resolver esses problemas, um lugar por onde iniciar a reparação dessa dor.

Organizando diálogos informais do círculo de paz, comecei a encorajar as mulheres a compartilharem suas histórias. Era uma sexta-feira quando elas e eu nos sentamos em círculo. Algumas me contaram sobre assuntos dolorosos de família: maridos que as forçavam a sair de casa porque eram de grupos étnicos diferentes; mães forçadas a levarem seus filhos para outro lugar porque tinham o sangue de um grupo étnico indesejado. Uma mulher me contou sobre uma senhora que foi estuprada por uma gangue e depois rasgada porque os criminosos "queriam ver onde tinham estado". A mulher morreu.

Nesses encontros, propus três afirmações para ajudar a guiar nosso diálogo. Eu pedi às mulheres que completassem as afirmações: 1. "Eu tenho paz quando..."; 2. "A paz para mim é..."; e 3. "Em nome da paz eu me comprometo a ...". As respostas para essas questões foram variadas. Algumas mulheres disseram que têm paz quando rezam e leem a Bíblia; outras quando conseguem fornecer comida, abrigo e saúde para sua família; outras quando conseguem instrução para seus filhos.

As mulheres também deram diferentes definições de paz: paz é quando o conflito e a violência acabam; paz é quando todas as crianças no campo podem voltar para a escola; paz é quando há ajuda para aqueles que estão com AIDS, sejam viúvas, mães solteiras ou órfãos. As mulheres me disseram continuamente que a instrução era a única esperança para seus filhos, uma vez que haviam perdido todas as suas propriedades e não podiam mais sustentar sua família. No final, pedi para se comprometerem a rezar pela paz; a ajudar os necessitados e a encorajar umas às outras a ter esperança em Deus.

Um caminho a seguir

A violência no meu amado Quênia e o tempo que passei nos campos de PDI reafirmaram meu desejo de participar na cura dos laços partidos que me unem aos meus irmãos e irmãs, independentemente de suas origens étnicas. Essa cura começa com as mulheres. Assim como estiveram ausentes na política queniana desde 1963, quando alcançamos a independência, elas foram deixadas de lado nas iniciativas atuais para acabar com a crise política. Devemos fazer um esforço conjunto para incluir as mulheres quenianas nas iniciativas de construção da paz, se quisermos ver algum progresso nesse sentido.

Convencida de que os diálogos de paz são o primeiro passo no caminho a seguir, comecei a criar um programa de treinamento da paz, pelo Institute for Nonviolence and Peace (INPEACE), um programa lançado em 2005 no Congresso das Mulheres, realizado em Nairóbi no mesmo ano. Como uma resposta em curto prazo para a crise, o programa conduz treinamentos de paz para mulheres e jovens nos campos de PDI. Além disso, o treinamento de líderes, sobretudo políticos, é importante em discussões sobre a paz, para que possam compartilhar esse conhecimento com seus eleitores.

Recentemente, solicitei com sucesso às organizações locais do Quênia, apoio financeiro para sustentar esse programa tanto nos campos quanto entre líderes parlamentares.

Muitas coisas precisam acontecer, é claro, para que a violência seja reprimida. Atualmente, a iniciativa de paz liderada pelo ex-secretário geral da ONU tem sete homens e somente duas mulheres, ambas atuando na política. Organizações de direitos humanos, FBOs (a sigla para Faith-base Organizations), CBOs (Community-based Organizations), ONGs e a sociedade civil não têm nenhuma representação nessa iniciativa. Embora se trate de uma crise política – e por isso mesmo demande uma solução política – outras entidades da sociedade civil precisam ser incluídas no esforço de mediação.

O mais importante é que as mulheres precisam ser representadas, pois têm uma experiência única da violência, e isso deve ser destacado e reconhecido durante a mediação. Em virtude dos eventos atuais no Quênia, há uma necessidade urgente de implementar a Resolução 1325 do Conselho de Segurança da ONU. Ela exorta uma perspectiva de gênero na prevenção e na resolução dos conflitos. Essa resolução também convoca os estados e os participantes a assegurarem a plena participação das mulheres nos processos de paz.

A África é o meu santuário

A África, um santuário? Um porto seguro, um abrigo, uma proteção, um lugar de segurança, um refúgio, um retiro e um asilo. "Casa" vem à mente quando penso em santuário. E a África resume o conceito de "casa". Casa, um lugar supostamente "seguro", mas que não é. Na verdade, trata-se da lembrança constante de que não existe nenhum lugar seguro. A África é vista por pessoas de fora como uma região caótica, porém todos os lugares têm seu próprio tipo de caos. Focar na África ou em qualquer outro lugar em guerra, deixa-nos cegos para vermos nossas próprias regiões caóticas; faz-nos olhar sempre para fora, vivendo de modo (in)seguro em nossa casa, ao invés de olharmos para dentro, onde moram nossas feridas.

Eu tenho sido alguém que fala que a África é meu santuário. Mulheres na devastada Juba, no Sudão do Sul, me disseram o seguinte: "Eu não sei o que causou a guerra". Outra disse: "Nós acordamos uma manhã e havia guerra". Quando perguntei o que fizeram pela paz, elas disseram: "Eu rezei. Todos os dias eu ajoelhei e levantei minhas mãos para Deus e rezei pela paz". E me lembro de pensar: Isso foi tudo que fizeram? Somente rezaram? As mulheres no Quênia também disseram que deixaram tudo nas mãos de Deus. Uma delas até me disse que encontrou perdão em seu coração para os assassinos e destruidores do seu lar. Ela disse: "Quando realmente perdoei, estava livre em meu coração. Hoje em dia, durmo como um bebê".

Após alguma reflexão, percebi que essas mulheres deram não só tudo o que tinham, mas fizeram algo mais: elas rezaram. Isso era algo que podiam realmente oferecer em prol da paz no seu país; elas se entregaram a um poder maior, que nunca as abandonará, não importa o que aconteça. Rezar, entregar-se; a princípio, pensei que isso era uma atitude de mulheres impotentes, mas então refleti. Essas mulheres não eram impotentes, elas nunca desistiram: elas podiam rezar. E suas preces são algo que ninguém pode lhes tomar.

O mundo de hoje precisa de líderes que inspirem e capacitem outros a reconhecer seu próprio poder. A mudança só pode vir de dentro. Nós todos somos líderes, e se nos esforçarmos para empoderar os outros, podemos criar fortes padrões de mudança em nossas comunidades.

Eu carrego a crença de que preciso aprender a criar a paz, primeiro no meu próprio coração, porque a menos que eu esteja em paz, e conheça a mim mesma, será difícil conhecer e entender o outro e oferecer paz, ou mesmo criar a paz para mim e para o outro. No final, reconheci que sou o outro, e que o outro sou eu. Em um continente despedaçado por ataques de retaliação e conflitos baseados em diferenças religiosas e étnicas, devemos continuar a nos esforçar rumo a esse objetivo: reconhecer que o outro sou eu e que eu sou o outro. "Eu sou porque você é".

Karambu Ringera, PhD, é fundadora e presidente do International Peace Initiatives (IPI), organização com sede nos Estados Unidos e no Quênia, cuja missão é promover a paz e apoiar os esforços para atenuar os efeitos da guerra, da pobreza e da discriminação nos níveis mais elementares. Ela concluiu seu PhD em Comunicações Humanas, na Universidade de Denver, no Colorado, e possui graduações pela Universidade de Nairóbi, pela Universidade Natal, na África do Sul, e pela Escola de Teologia Iliff, em Denver. Em 2007, Karambu concorreu ao parlamento queniano, em Imenti do Norte, ficando em sexto lugar entre os quinze candidatos homens.

> Wangari Maathai descreve como a restauração de valores culturais, destruídos pela colonização, pode influenciar a cura profunda, não apenas de pessoas, mas também do meio ambiente.

O espelho partido

Wangari Maathai

O MONTE QUÊNIA É PATRIMÔNIO da Humanidade. A Linha do Equador passa bem no topo, e ele tem um habitat e um patrimônio ímpares. Por ser uma montanha coberta de geleiras, é a nascente de muitos rios no Quênia. Hoje em dia, em parte por causa da mudança climática e em parte por causa do desmatamento e de invasões para produção agrícola, as geleiras estão derretendo. Muitos dos rios que fluem pelo Monte Quênia secaram ou estão em níveis muito baixos. A diversidade biológica está ameaçada com a redução da vegetação natural.

"O que devemos fazer para preservar a floresta?", eu me pergunto. Ao incentivar as mulheres, e o povo africano em geral, a compreenderem a necessidade de preservar o meio ambiente, descobri o quanto é crucial retornar constantemente ao nosso patrimônio cultural. O Monte Quênia já foi uma montanha sagrada para o meu povo, os *kikuyu*. Eles acreditavam que o seu Deus habitava na montanha e que tudo o que era bom – as chuvas, a água potável – fluía dela. Quando avistavam nuvens (a montanha é bem pequena e geralmente fica escondida atrás delas), sabiam que iria chover.

Então vieram os missionários, que – com todo o respeito a eles, pois foram eles que realmente me ensinaram –, em sua sabedoria, ou falta dela, disseram: "Deus não mora no Monte Quênia. Deus está no Céu".

Temos procurado pelo Céu, mas não o temos encontrado. Os homens e as mulheres foram à Lua e voltaram e não viram o Céu. O Céu não está acima de nós: ele está bem aqui, agora mesmo. Logo, o povo *kikuyu* não estava errado quando disse que Deus vivia nas montanhas, porque se Deus é onipresente, como a teologia nos ensina, então Deus também está no Monte Quênia. Se acreditar que Deus está no Monte Quênia é o que ajuda as pessoas a preservarem a montanha, ótimo! Se as pessoas ainda acreditassem nisso, não teriam permitido o desmatamento ilegal ou o corte de árvores das florestas.

Após trabalhar por mais de duas décadas com diferentes comunidades quenianas, o Green Belt Movement (GBM) – que liderei até entrar para o então novo governo queniano, em janeiro de 2003 – também chegou à conclusão de que a cultura deve ser integrada a qualquer paradigma de desenvolvimento que tenha na sua essência o bem-estar dos povos. A missão do GBM é mobilizar a consciência das comunidades para a autodeterminação, a equidade, a melhoria das condições de vida, a segurança e a preservação ambiental, usando as árvores como ponto de partida. Quando iniciamos o movimento, acreditávamos que era preciso apenas ensinar as pessoas a plantar árvores e estabelecer ligações entre os seus próprios problemas e o meio ambiente degradado.

Porém, no decorrer da luta para realizar a missão e a visão do GBM, demo-nos conta de que algumas das comunidades tinham perdido características de suas culturas, que haviam, anteriormente, contribuído para a preservação do belo meio ambiente que os primeiros exploradores e missionários europeus registraram em seus diários e livros.

A cultura e o nosso meio ambiente

A cultura é uma parte importante da humanidade. As agências de desenvolvimento, os líderes religiosos e as instituições acadêmicas estão reconhecendo, cada vez mais, seu papel central na vida política, econômica e social de uma comunidade. Focar na cultura é importante para os ambientalistas, assim como para as comunidades tradicionais. Geralmente, quando falamos sobre preservação, não pensamos em cultura. Porém, nós, os seres humanos, evoluímos no meio ambiente em que nos encontramos. Para cada um de nós, onde quer que estejamos, o meio ambiente nos molda, define nossos valores, nosso corpo, nossa religião. Ele realmente define quem somos e como nos vemos.

O renascimento da cultura talvez seja a única coisa que se coloca entre a preservação e a destruição do meio ambiente, a única forma de perpetuar o conhecimento e a sabedoria herdados do passado, necessários para a sobrevivência de gerações futuras. Uma nova atitude em relação à natureza abre espaço para uma nova atitude no que tange à cultura e ao papel que esta desempenha no desenvolvimento sustentável; essa atitude se baseia em uma nova compreensão, a de que identidade própria, autorrespeito, moralidade e espiritualidade têm papel fundamental na vida de uma comunidade e na sua capacidade de tomar as medidas necessárias em benefício próprio e na garantia de sua sobrevivência.

Até a chegada dos europeus, as comunidades olhavam para a Natureza em busca de inspiração, de alimento, de beleza e de espiritualidade. Procuravam manter um estilo de vida sustentável e de qualidade. Era uma vida sem sal, sabão, gorduras para cozinhar, refrigerantes, consumo diário de carnes e outras aquisições que acompanharam o aumento das "doenças dos afluentes". As comunidades que ainda não foram submetidas a um processo de industrialização têm uma conexão com o ambiente físico e o tratam, geralmente, com reverência. Por ainda não terem comercializado seu estilo de vida e sua relação com os recursos naturais, possuem habitats com grande diversidade biológica, tanto de plantas quanto de animais.

No entanto, esses são os habitats mais ameaçados pela globalização, comercialização, privatização e pirataria de materiais biológicos neles encontrados. Essa ameaça global está fazendo com que comunidades percam seus direitos sobre os recursos que preservaram por muito tempo e que são parte de seu patrimônio cultural. Essas comunidades foram convencidas a considerar sua relação com a Natureza como primitiva, sem valor, e como um obstáculo ao desenvolvimento e ao progresso em uma Era de tecnologia avançada e fluxo de informação.

As feridas da colonização

Durante as longas e sombrias décadas de imperialismo e colonialismo, da metade do século XIX à metade do século XX, os governos britânico, belga, italiano, francês e alemão disseram às sociedades africanas que elas eram atrasadas. Disseram-nos que nossos sistemas religiosos eram pecaminosos; nossas práticas de agricultura, ineficientes; nosso sistema de governo tribal, irrelevante; nossas normas culturais, bárbaras, não religiosas e selvagens. Isso também aconteceu com os aborígenes da Austrália, com os indígenas da América do Norte e os povos nativos da Amazônia.

É claro que um pouco do que aconteceu e continua a acontecer na África foi e ainda é ruim. Os africanos participaram do tráfico de escravos; mulheres ainda sofrem mutilações genitais; africanos continuam a matar africanos por pertencerem a religiões ou grupos étnicos diferentes. Entretanto, eu não agradeço a Deus pela chegada da "civilização" europeia, porque sei, a partir do que meus avós me contavam, que muito do que acontecia na África antes da colonização era positivo.

Havia alguma prestação de contas à população por parte dos seus líderes. As pessoas eram capazes de alimentar suas famílias. Carregavam suas histórias – suas práticas culturais, suas narrativas e seu senso de mundo – em suas tradições orais, e essas tradições eram ricas e cheias de significado. Acima de tudo, viviam em harmonia com outras criaturas e o meio ambiente natural, e protegiam esse mundo.

A agricultura, a democracia, a tradição, a ecologia, são dimensões e funções da cultura. A agricultura é a forma com que lidamos com as sementes, as plantações, a colheita, o processamento e a alimentação. Um dos resultados do colonialismo foi a perda de lavouras de alimentos nativos, como o painço, o sorgo, a araruta, o inhame e os legumes verdes, assim como do gado e da fauna selvagem. Como a própria cultura, a posse de gado como um sinal de riqueza ou o cultivo dos próprios alimentos foram banalizados pelos colonizadores como indicadores de um modo de vida primitivo. A perda dos alimentos nativos e dos métodos de cultivo contribuiu para a insegurança alimentar no âmbito familiar e para a diminuição da diversidade biológica local.

As pessoas, quando sem cultura, sentem-se inseguras e obcecadas com aquisições de bens materiais. Isso lhes oferece uma segurança temporária que, em si mesma, é um bastião ilusório contra inseguranças futuras. Sem cultura, a comunidade perde em autoconhecimento e orientação, tornando-se fraca e vulnerável. Desintegra-se internamente, já que sofre uma perda de identidade, de dignidade, de autorrespeito e da noção de destino.

Encontrando nosso próprio espelho

Ao final dos seminários cívicos e sobre meio ambiente organizados pelo GBM, os participantes sentem que chegou a hora de segurarem seu próprio espelho e descobrirem quem são. Por isso que chamamos esses seminários de *kwimenya* (autoconhecimento). Até esse momento, os participantes haviam olhado através do espelho de alguma outra pessoa – o espelho dos missionários, ou de seus professores, ou de autoridades coloniais que lhes disseram quem eram e quem poderia escrever ou falar a respeito deles – para sua própria imagem partida Eles tinham visto apenas uma imagem distorcida, se é que realmente se viram!

Há um imenso alívio, e grande raiva e tristeza quando as pessoas se dão conta de que, sem uma cultura, não apenas elas são escravas, mas realmente colaboraram com o tráfico de escravos, e as consequências são duradouras. Sem sua própria cultura, as comunidades, que já não possuem nenhum patrimônio, não conseguem proteger o meio ambiente da destruição imediata nem preservá-lo para gerações futuras. Já que foram deserdadas, não têm nada para passar adiante.

Uma nova valorização da cultura pode oferecer às comunidades tradicionais uma chance de, literalmente, redescobrirem-se, e reavaliarem e recuperarem sua cultura. Não se trata de algo trivial, como recuperar um tipo de cerâmica ou de dança, ou qualquer outra ideia limitada que ocidentais ainda possam ter em relação às culturas nativas.

Sem dúvida, nenhuma cultura é aplicável a todos os seres humanos que desejam manter seu respeito próprio e sua dignidade; nenhuma pode satisfazer todas as comunidades. A humanidade precisa encontrar beleza na diversidade de culturas e aceitar que elas são feitas a partir de muitas línguas, religiões, vestimentas, danças, músicas, símbolos, festivais e tradições. Essa diversidade deve ser vista como um patrimônio universal da humanidade.

A libertação cultural apenas virá quando a mente das pessoas se libertar e elas puderem se proteger do colonialismo mental. Apenas esse tipo de liberdade permitirá a reivindicação da identidade. Somente esse tipo de liberdade fará com que lutem por seu destino, e também para serem respeitadas. As pessoas aprenderão a amar a si mesmas e o que a elas pertence somente quando as comunidades reconquistarem os aspectos positivos de sua cultura. Apenas aí elas realmente apreciarão seu país e a necessidade de proteger sua beleza e riqueza naturais. Então, elas terão um discernimento maior sobre o futuro e as próximas gerações.

©Amigos do Green Belt Movement, América do Norte, www.greenbeltmovement.org

Esse artigo foi publicado originalmente na *Ressurgence Magazine*, em 11 de novembro de 2004.

WANGARI MAATHAI ganhou o Prêmio Nobel da Paz por seus anos de trabalho com mulheres em prol da reversão do desmatamento africano. Ela fez faculdade nos Estados Unidos, no Mount St. Scholastica College, em Atchison, Kansas (1964), e na Universidade de Pittsburgh (1966). De volta ao Quênia, obteve seu PhD na Universidade de Nairóbi (1971), e então trabalhou como professora no Departamento de Medicina

Veterinária. Em 1976, Maathai começou a promover um programa de plantio de árvores para reverter o desmatamento e fornecer lenha para as mulheres quenianas. O programa logo ficou conhecido como Green Belt Movement e resultou no plantio de milhões de árvores, tornando Wangari Maathai uma importante figura política no Quênia. Em 1997, ela concorreu, sem sucesso, à Presidência e a um cargo legislativo, mas, em dezembro de 2002, foi eleita para o Parlamento e, em 2003, nomeada ministra do Meio Ambiente, Recursos Naturais e Vida Selvagem pelo presidente Mwai Kibabi. Maathai ganhou o Prêmio Nobel da Paz em 2004, quando o comitê do Nobel citou "sua contribuição para o desenvolvimento sustentável, a democracia e a paz". Ela foi a primeira africana a ganhar o prêmio. Faleceu em 2011.

> A irmã Lucy Kurien descreve seu notável projeto Maher, uma inspiração para as mulheres oprimidas de todos os lugares. Maher forneceu refúgio e reabilitação para mais de 2 mil mulheres vítimas de violência na Índia.

Maher – nascendo para uma nova vida: uma entrevista com Lucy Kurien

William Keepin

O PROJETO MAHER, situado na Índia, mais especificamente em Pune e redondezas, foi originalmente concebido como um refúgio para mulheres vítimas de maus-tratos, em 1997. Tornou-se tanto uma comunidade quanto uma próspera rede de comunidades-satélite engajadas em um inovador trabalho social, ecológico e espiritual. Maher é uma comunidade inter-religiosa onde pessoas de todas as castas e de todas as religiões vivem e prosperam juntas em alegria e amor, enquanto cuidam de mulheres e crianças oprimidas e desamparadas. Ela funciona como um poderoso raio de esperança em uma sociedade que foi devastada por um *apartheid* feito à base de distinção de castas, de divisão religiosa e de rígida opressão de gêneros. Uma conquista impressionante dentro de uma sociedade profundamente patriarcal. Entrevistamos a seguir a irmã Lucy Kurien, a diretora-fundadora de Maher.

William Keepin: O que a levou a fundar o projeto Maher?
Lucy Kurien: Na verdade, tudo começou no ano de 1991, quando eu trabalhava em um lugar chamado HOPE,[28] em Pune. Um dia, uma grávida de um edifício residencial adjacente veio ao convento, pedindo abrigo. Ela me disse que seu marido, um alcoólatra crônico, ameaçava matá-la para trazer outra mulher para dentro de casa. Eu me solidarizei com a situação dela, mas não tinha autoridade para lhe oferecer um abrigo naquele dia, pois minha superiora não

---

28 Human Organization for Pioneering Education é uma ONG cujo foco principal é a transformação social das mulheres indianas por meio da educação. (N. do T.)

estava lá e só voltaria no dia seguinte. Então prometi fazer algo por essa mulher no dia seguinte.

Mais tarde, naquela noite, inesperadamente, ouvi gritos de agonia horripilantes. Saí depressa para ver o que estava acontecendo e me deparei com uma cena horrível: uma mulher envolta em chamas. Quando ela me viu, correu em minha direção, gritando: "Socorro! Socorro!". De repente, reconheci-a como sendo a mesma mulher que tinha vindo falar comigo naquela tarde. Seu marido, em um ataque de fúria, havia derramado querosene e posto fogo nela – uma prática tragicamente comum na Índia. Agarrei um cobertor e sufoquei as chamas enquanto ela caía no chão. Com a ajuda de algumas pessoas que viram a cena, levei-a para o hospital. Porém, ela morreu, naquela noite, com queimaduras em 90% do corpo; estava grávida de sete meses.

Fiquei completamente arrasada. Não podia me perdoar por lhe ter negado ajuda mais cedo, naquele mesmo dia. Eu cresci em um ambiente familiar seguro em Kerala e não fazia ideia de que uma noite podia fazer uma diferença tão grande na vida de uma mulher. Eu queria fugir do mundo, de sua crueldade e maldade. Meus amigos, e, principalmente, um amigo chamado Padre D'Sa, fizeram-me desistir da ideia de me tornar reclusa e me ajudaram a fazer alguma coisa em vez de fugir.

Foi então que decidi criar um lar para mulheres traumatizadas e vítimas de violência; um lugar onde poderiam se sentir seguras, cuidadas e amadas, independentemente de suas religiões, castas e posições sociais. Levei alguns anos para convencer outras pessoas e angariar fundos, mas, finalmente, Maher abriu as portas de seu primeiro lar em 1997. Duas mulheres apareceram lá, logo na primeira noite.

WK: A senhora poderia descrever de forma sucinta o projeto Maher atualmente?
LK: Hoje, Maher é uma comunidade de aproximadamente 180 mulheres e seiscentas crianças, mais um time de 15 assistentes sociais, oito funcionários administrativos e um conselho de nove administradores. Cerca de metade das mulheres são "governantas" que cuidam das crianças e das mulheres vítimas de maus-tratos. Cada governanta já foi uma mulher maltratada que procurou refúgio em Maher, e sua recuperação é reforçada pela responsabilidade de oferecer amor e carinho a outras mulheres e crianças. Cerca de metade das crianças e mulheres vivem em nossa instalação principal, no vilarejo de Vadhu, a aproximadamente 32 quilômetros ao leste de Pune. As restantes vivem em nove lares-satélite, os "mini-Maher", criados em vilarejos vizinhos. Cada

comunidade-satélite tem duas governantas que alimentam e cuidam de cerca de vinte crianças.

WK: Quais são as principais características da comunidade Maher?
LK: Maher começou como um projeto para mulheres vítimas de maus-tratos e também para seus filhos, mas se tornou uma comunidade próspera, que vai além do alívio dos sintomas sociais, tratando das causas desses problemas nas comunidades indianas. Fazemos isso de cinco maneiras principais. Em primeiro lugar, criamos um ambiente carinhoso e estimulante para as mulheres e crianças na comunidade, onde todos são amados e respeitados. Em segundo lugar, Maher é um projeto inter-religioso e de mistura de castas. Isso significa que temos o compromisso de transcender todas as barreiras religiosas e de castas, que são algumas das forças mais destrutivas da sociedade indiana. Uma mulher em perigo que se refugia em Maher é recebida aqui de braços abertos, independentemente de sua religião, casta ou situação socioeconômica – algo que, até onde sabemos, é muito raro na Índia. Em terceiro lugar, oferecemos uma gama de habilidades essenciais, educação, terapia, recursos e outros serviços, não apenas para nossa própria comunidade, mas também para muitas comunidades vizinhas. Nossos programas voltados para os necessitados ajudam a diminuir as causas da pobreza, da negligência, da violência e da superstição, enquanto disseminam os benefícios do trabalho de Maher. Em quarto lugar, criamos uma casa para mulheres encontradas na rua, completamente abandonadas pela sociedade e que costumam ter transtornos mentais. Também oferecemos a elas um lar simples, uma comunidade amorosa e uma vida digna. Além disso, estendemos nossa ajuda aos *dalits* ("intocáveis") e aos "tribais", que não recebem assistência alguma do governo. Por fim, temos um respeito profundo pela natureza e pela interdependência de toda a vida, o que se reflete em tudo que fazemos. Em Maher, implementamos muitas práticas ecológicas e sustentáveis para minimizar o consumo supérfluo e para preservar o meio ambiente.

WK: Como o aspecto "inter-religioso" de Maher funciona em termos práticos?
LK: Cada pessoa deve escolher para si qual fé específica é a verdadeira vocação do seu coração. Em Maher, respeitamos todas as religiões e todas as escrituras sagradas. Celebramos vários feriados religiosos, como o Diwali (hindu), o Natal (cristão), o Eid al-Adha (muçulmano) e o Buddha Purnima (budista). Nosso santuário de oração tem cópias das principais escrituras, como o *Bhaga-*

vad Gita, a *Bíblia*, o *Corão* e o *Dhammapada*, com trabalhos artísticos ilustrando cada uma dessas tradições. Mas nunca promovemos uma religião em detrimento das outras em nossa comunidade. Maher prospera ao viver em conformidade com o Espírito Santo universal, que está no próprio alicerce de cada grande religião.

Maher foi fundada com uma fé profunda em duas coisas: em Deus e na bondade inerente das pessoas. Essa bondade é o reflexo do Divino em cada um de nós, e não importa a que fé pertençamos. Por exemplo, sou católica, o que significa que Jesus é meu guru pessoal. Porém, raramente falo sobre isso em público, pois se trata de meu relacionamento pessoal com Deus. Cada pessoa tem seu próprio relacionamento pessoal com o Divino, cada uma deve ter a liberdade de venerar seja quem for e da forma que escolher. O diretor-adjunto de Maher, Hirabegum Mulla, é muçulmano. O presidente do nosso conselho é um importante mestre de meditação *vipassana* na tradição budista. Nossos outros membros do conselho são hindus, cristãos, budistas e muçulmanos. Há hindus e muçulmanos entre nossos funcionários e residentes. Nosso laço unificador é que nós todos honramos o Divino. Sozinhos, oramos ou meditamos de maneiras diferentes, mas, nas reuniões comunitárias, não oramos a nenhuma divindade específica, apenas a "Deus", seja qual for o significado disso para cada um de nós.

WK: Como o compromisso de mistura de castas funciona na prática?
LK: Maher não reconhece distinções de castas. Em nossas atividades comunitárias, as pessoas de todas as castas se misturam, o que quebra os tradicionais tabus sociais indianos. Temos jantares comunitários em que as pessoas das castas mais altas e mais baixas sentam-se lado a lado e comem juntas, algo que nunca fazem fora dali. A extensão de nossa ajuda inclui as comunidades locais de *dalits* e dos nativos "tribais", que vivem em extrema pobreza. Na verdade, eles estão abaixo do degrau mais baixo do sistema de castas e nem são reconhecidos pelo governo indiano, ou seja, não recebem nenhum auxílio. Maher fornece assistência a essas pessoas, como poços e bombas-d'água, fornos solares e suprimentos básicos. Também construímos escolas e creches para seus filhos, que, caso contrário, não teriam oportunidades de educação.

Nosso compromisso de mistura de castas nos levou a aprender coisas maravilhosas. Por exemplo, costumávamos receber um carregamento de 15 quilos de verduras frescas toda semana de um doador anônimo. Levamos muito tempo para descobrir quem era esse doador, e, quando finalmente fomos à casa dele agradecer, ficamos chocados com a descoberta de que esse homem era extremamente pobre, da casta mais baixa. Ele vivia em uma cabana minúscula, de um único quarto, com sua esposa e suas quatro filhas. Sobrevivia com dificuldades como verdureiro e dava um jeito de separar 15 quilos para Maher toda semana. Ele foi inflexível ao recusar qualquer tipo de presente nosso como agradecimento, disse que sua família já tinha muito o que comer e que ele apenas queria ajudar outras mulheres e crianças. Então, alguns meses depois, na inauguração do nosso prédio novo, nós o chamamos para ser nosso Convidado de Honra e principal orador. Ou seja, havia brâmanes, da casta mais alta, e executivos importantes, que tinham financiado o edifício, sentados ali, na plateia, ouvindo o discurso pronunciado por um humilde vendedor de verduras. Ele havia doado com tamanha pureza de espírito, a partir de meios bem escassos, sem nunca ter tido nem o desejo de ser reconhecido por isso. Foi uma inspiração para todos nós.

WK: Como as mulheres vítimas de maus-tratos são cuidadas e reabilitadas em Maher?
LK: As mulheres admitidas em Maher recebem, inicialmente, o tratamento médico e a terapia necessários. Assim que elas se estabilizam e se adaptam, trabalhamos com cada uma individualmente, dependendo de suas necessidades e circunstâncias. A maioria gostaria de se reconciliar com seu marido e família, e por isso oferecemos apoio, através de aconselhamento, suporte legal e assim por diante. Nos casos em que isso é impossível, ou em que não querem voltar para seu marido, nós as ajudamos com os pedidos de divórcio ou com o desenvolvimento da competência de que precisam para sustentar seus filhos e a si mesmas. Alguns casos podem levar muito tempo. Também treinamos as mulheres em habilidades profissionais, como o artesanato e a costura, que são uma parte essencial da vida em Maher e funcionam como uma fonte de renda quando elas vão embora. Maher vende os produtos para fornecer uma modesta fonte de recursos para as mulheres.

WK: Como Maher serve às comunidades vizinhas?
LK: Criamos trezentos "grupos de autoajuda" em mais de 85 vilarejos. Cada grupo tem vinte pessoas, que fazem pequenas doações em dinheiro para um fundo comunitário. Qualquer membro pode pedir um empréstimo a uma taxa de juros nominal, e os rendimentos retornam ao fundo. Os grupos de autoajuda fazem as pessoas deixarem de depender de agiotas inescrupulosos, que cobram juros que vão de 60% a 100%. Esses grupos também agem como vias

importantes para aumentar a conscientização, em vilarejos rurais, sobre saúde, higiene, violência doméstica, alcoolismo e crenças supersticiosas. A maioria desses grupos é destinada apenas a mulheres, mas também temos dez grupos de autoajuda para homens, pois é importante trabalhar com comunidades inteiras, não apenas com o sexo feminino.

Nos vilarejos ao redor de Maher, não é comum haver assistência médica competente disponível. Na medida em que os recursos permitem, enviamos médicos e enfermeiras aos vilarejos vizinhos para realizar *checkups* gratuitos e atendimentos médicos. As crianças de Maher frequentam escolas de ensino fundamental e médio, mas muitas das mulheres largaram os estudos ou foram privadas de educação. Criamos instalações para as aulas do National Institute of Open Schooling, a fim de alfabetizar adultos, buscando ensinar habilidades e dar treinamento básico para essas mulheres e outros jovens adultos.

WK: Quais são os principais aspectos ecológicos de Maher?
LK: Muitas tecnologias ecologicamente corretas são empregadas em Maher para minimizar a poluição e o consumo de recursos não renováveis. Os coletores solares nos telhados geram boa parte da nossa água quente. Também temos fornos solares e até mesmo lâmpadas solares, que poupam o uso de eletricidade de alto custo à noite. Resíduos de comida e vegetais são compostados por meio da vermicompostagem, que usa minhocas para transformar restos orgânicos em um fertilizante bastante eficaz. O processo requer pouca manutenção e não produz odores ruins. Além disso, diminuímos o uso de plásticos, substituindo-os por papel reciclado e sacolas de pano quando possível.

Não utilizamos nenhum fertilizante ou pesticida químicos dentro das instalações de Maher. Toda a agricultura e a horticultura são praticadas com o uso de técnicas agrícolas orgânicas, e produzimos nosso próprio biogás para cozinhar. Adotamos um sistema de gestão global de resíduos, em que os restos sólidos são usados como adubo e os líquidos são levados por uma tubulação separada para irrigar a horta. Encorajamos as crianças a praticarem a horticultura e lhes damos pequenos lotes de horta e plantas para cuidar. Nós ensinamos sobre a interdependência fundamental de todas as formas de vida e as incentivamos a desenvolver respeito e amor profundos pela natureza. Nós as empenhamos em alcançar um grau elevado de consciência em relação à ecologia e ao meio ambiente. Em larga escala, Maher participa de um mutirão para a plantação de árvores na região de Pune, assim como de eventuais projetos de proteção de bacias hidrográficas em áreas onde a carência de água é grave.

WK: Como Maher é tão bem-sucedida na sociedade indiana, famosa pela dominação patriarcal extremamente arraigada e pela corrupção?
LK: Como já disse, em Maher, confiamos na bondade inerente das pessoas. Claro que temos nossa parcela de problemas. Mas nunca pagamos propina em Maher e nunca iremos fazê-lo. Muitas vezes isso nos causou atrasos na prestação de algum serviço, como a obtenção de um alvará de construção ou a conexão cedida pela companhia elétrica – por vezes, atrasos de mais de dois anos. Quando continuamos a nos recusar a pagar propina por uma licença, alguns oficiais vieram nos visitar. Mostramos o lugar para eles e fomos muito hospitaleiros, como somos com qualquer outro visitante. Eles gostaram muito do nosso projeto. Quando me puxaram para um canto e tentaram coletar propina através de sussurros, perguntei-lhes quanto dinheiro eles estavam pedindo. Eles estimaram uma quantia, e eu disse para me seguirem. Eu os levei para nosso salão principal, onde muitas mulheres estavam ocupadas confeccionando artesanatos e cozinhando, e as crianças estavam focadas em seus círculos de estudo. Sussurrei aos oficiais que, por essa quantia de dinheiro, teríamos de expulsar pelos menos quatro mulheres e seis crianças. Pedi para que eles, por favor, andassem pelo salão e escolhessem quais pessoas deviam ser postas na rua. De repente, ficaram muito quietos, deram a volta e foram embora. Pouco tempo depois, conseguimos nossa licença.

WK: O que você sonha para o futuro de Maher?
LK: Adoraria ver mais gente se apresentando e se comprometendo com o trabalho vital de construir comunidades de cura e amor. É um trabalho muito gratificante, você não pode imaginar! E a necessidade é tão grande! Não apenas na Índia, mas em todos os lugares. Sabe, uma das minhas citações favoritas da Bíblia é: "Farta é a colheita, mas poucos são os trabalhadores". Infelizmente, isso é bem verdade. Aqui na Índia, pobre como esta nação é, o que nos falta em Maher não é o dinheiro, mas pessoas profundamente comprometidas. O dinheiro sempre virá, mas onde estão as almas que realmente se comprometem? Então minha oração para o futuro é que o fogo do verdadeiro amor incendeie o coração de mais pessoas e as inspire a se unir a nós nesse trabalho vital. Pode ser feito em qualquer lugar e é algo necessário em todas as partes do mundo.

A irmã **Lucy Kurien** é uma freira católica nascida em Kerala, sul da Índia. Ela fundou o refúgio inter-religioso Maher, em 1997, destinando-o a mulheres e crianças vítimas

de maus-tratos e oprimidas, nos arredores de Pune, Índia. Maher respeita todas as religiões, repudia o sistema de castas e forneceu reabilitação para 2 mil mulheres vítimas de violência. O trabalho da irmã Lucy e as histórias de cura impressionantes em Maher estão documentados no livro *Women Healing Women*, de William Keepin e Cynthia Brix (Hohm Press, 2009).
www.maherashram.org

> Rashmi Mayur, diretor do antigo International Institute for Sustainable Future, em Mumbai, e porta-voz líder pelo Sul, escreveu sobre os problemas de saúde no Sul Global a partir de um ponto de vista holístico, para a Cúpula Mundial sobre Desenvolvimento Sustentável, da ONU, em Joanesburgo, em 2002. Embora alguns de seus números tenham aumentado, o panorama básico apresentado por ele não mudou.

Saúde no Sul Global

Rashmi Mayur

A FALTA DE RECURSOS como água, comida e terra fértil ameaça gravemente a saúde das pessoas nos países em desenvolvimento. Doenças transmitidas pela água, como a cólera e a febre tifoide, praticamente erradicadas no Norte, ainda não foram controladas no Sul. Metade das pessoas no mundo não têm esgoto pluvial e sistema de saneamento, e 1 bilhão de pessoas não têm água potável. Em Manila, 40% dos moradores vivem em favelas. Muitos constroem seus barracos em lugares onde o fluxo de esgoto corre por baixo. As crianças brincam no esgoto, depois vão para casa comer – caso a família tenha conseguido alguma comida naquele dia – sem lavar as mãos porque não há água (além disso, colheres e garfos não fazem parte de sua cultura). Esse cenário é repetido por todo Sul. Consequentemente, 3,4 milhões de pessoas – a maioria crianças – morrem a cada ano por doenças transmitidas pela água. Com instrução e saneamento básico, a maioria dessas mortes nunca ocorreria. Porém, as doenças transmitidas pela água não são a maior ameaça à saúde que o mundo em desenvolvimento enfrenta. As três maiores ameaças são representadas pela malária, pela tuberculose e pela AIDS.

Segundo a OMS, 2 bilhões de pessoas – 1/3 da população mundial – mostra sinais de infecção tuberculosa latente. A tuberculose mata 1,5 milhão de pessoas todo ano e suas taxas indicam que ela pode matar 100 milhões de pessoas até 2050. A taxa crescente de infecção se deve, em grande parte, ao fato de que pessoas infectadas com HIV são mais propensas à tuberculose, e há novas cepas mais agressivas e resistentes ao medicamento do que as que conhecíamos no passado.

Em média, os casos anuais de malária variam, em todo o mundo, entre 300 e 500 milhões. Entre 1,5 e 2,7 milhões de pessoas morrem em consequência da doença, e pelo menos 80% delas na África subsaariana, onde 52% da população carrega o parasita da malária em seu sangue. Na África, 2,8 mil crianças morrem todos os dias de malária; no Brasil, a doença mata mais do que a AIDS e a cólera juntas. À medida que contabilizamos todos os custos da doença, do cuidado médico à perda de produtividade, vemos que a malária consome cerca de 2 bilhões de dólares anuais da economia da África – um valor que é desesperadamente necessário para outras coisas.

A situação está piorando: o mosquito Anopheles, que transmite a malária, está se tornando cada vez mais resistente aos pesticidas, e os parasitas da malária cada vez mais resistentes ao tratamento com os medicamentos habituais. A doença também vai se espalhar por novas áreas à medida que o aquecimento global transformar outras regiões em locais hospitaleiros ao mosquito.

Desenvolver novas drogas é importante, porém, não devemos ignorar a medicina local e os remédios à base de plantas que evoluíram ao longo da história. Eles podem ter um papel igualmente forte a desempenhar no controle da doença.

Ao mesmo tempo, devemos eliminar os mosquitos que transmitem o parasita da malária. Como prioridade, organizações de saúde nacionais e mundiais devem identificar os locais onde a água se acumula e o mosquito procria, e implementar programas para eliminar esses criadouros. Os predadores naturais que comem a larva do mosquito podem ser inseridos para reduzir o problema sem o uso de pesticidas químicos e seus prejuízos, intencionais ou não, para a saúde dos humanos, dos animais e da ecologia.

É na pesquisa, levando finalmente à imunização, onde se encontram os maiores avanços. Contudo, a pesquisa adicional necessária não é feita no mundo em desenvolvimento; e no Norte, a maioria dos recursos necessários à pesquisa é destinada à AIDS e a doenças relacionadas a estilos de vida do mundo desenvolvido, como o câncer e as doenças do coração.

É claro que o foco da pesquisa no tratamento da AIDS é necessário e bem-vindo. A AIDS se tornou a ameaça à saúde que mais rapidamente cresce no Sul e, depois das doenças transmitidas pela água, promete se tornar a de maior mortalidade. Dos 40 milhões de casos atuais de AIDS, 90% estão no Sul. Pelo menos 28 milhões de casos estão na África – onde, até o fim desta década, haverá 20 milhões de órfãos por causa da doença. Do modo como está, 5 mil africanos morrem todos os dias em decorrência da AIDS. Mas a doença também se espalhou pela China e pela Índia, e por todo o mundo em desenvolvimento.

O mundo precisa de 10 bilhões de dólares anualmente para administrar a epidemia de AIDS. O Sul não tem recursos suficientes para lidar com instrução, tratamento, instalações médicas e tudo mais a fim de combater essa praga. Esta cúpula tem de começar a formular uma abordagem global para erradicar a AIDS. As fundações privadas, como a Gates Foundation, nos Estados Unidos, estão começando a chamar a atenção para essa necessidade. Mas esses esforços devem ser coordenados em um plano internacional – e, claro, devem ser imensamente, na verdade, exponencialmente aumentados.

O Ph.D. **RASHMI MAYUR** nasceu na Índia. Foi cientista ambiental, escritor, professor, locutor de rádio, consultor da ONU e organizador da última Cúpula Mundial sobre Desenvolvimento Sustentável, em Joanesburgo, África do Sul. Faleceu em 2004. Ele dedicou sua vida a instruir as pessoas a respeito do estado do planeta e da "criação de uma Terra melhor".

> A Dra. Cornella Featherstone, que mora na ecovila Findhorn e trabalha como clínica geral, oferece um esboço do que um estilo de vida íntegro, balanceado e saudável significa para ela.

Um estilo de vida saudável

Dra. Cornelia Featherstone

Conectar-se com o Espírito

No início da manhã, a meditação no santuário permite que eu me conecte com o Espírito, com minha própria voz interna, que me diz que Deus está presente em toda sua plenitude para que eu O observe, que a inteligência da natureza e de outras manifestações da consciência estão acessíveis a mim, e que eu apenas preciso pedir por isso. Também posso ir para Taize cantar no Santuário Natural, a fim de elevar minha voz em alegria e devoção. Mais tarde, posso participar de grupos de meditação ou usar os santuários, os locais especiais da natureza, ou o lugar em que estiver para reconectar e praticar meditação, compaixão e contemplação.

Exercício

Uma caminhada até a praia, com alguns de nós nadando no estimulante estuário de Moray todos os dias, de maio a novembro (!), ou a participação em uma das aulas de exercícios disponíveis. Há muitas opções: yoga, tai chi chuan, dança (moderna, dos cinco ritmos, sagrada ou do ventre) e ginástica aeróbica, em vários momentos, ao longo do dia. Algumas dinâmicas são de fato aulas, outras são grupos de amigos que se encontram para apoiar uns aos outros e se divertir.

Alimentação

Um café da manhã saudável e orgânico em um ambiente calmo com a minha família, com os amigos ou sozinha me oferece o sustento para seguir com o dia.

A maior parte da minha alimentação vem das hortas e da Earthshare (nosso projeto de agricultura que conta com o apoio da comunidade): é orgânica, sazonal, cultivada com amor e local, pois não provém de plantações localizadas a quilômetros de distância, algo que custa muito caro à Terra. O que as hortas e a Earthshare não podem me oferecer, eu acho na loja de Phoenix: nossa loja comunitária que oferece de tudo, desde uma variedade de alimentos a ervas, remédios, produtos para o corpo, arte, artesanato e livros. Minhas compras apoiam um negócio local, que oferece emprego e traz riqueza ao coletivo.

Trabalho

Meu trabalho me inspira e me satisfaz: posso expressar minha preocupação por meus semelhantes e pela Terra de forma construtiva. Tenho a opção de compartilhar minha inspiração, meus interesses, minhas visões ou questões quando encontro com outras pessoas. Sei que a minha contribuição é apenas uma entre muitas que fazem da comunidade inteira o que ela é, e que isso colabora para o seu funcionamento no mundo.

Lazer

A arte, o artesanato e a cultura criam uma rica tapeçaria de alegria, cor e redes sociais. Somos abençoados com muitos centros de arte ativos: o Universal Hall para as artes cênicas, o Findhorn Pottery para a cerâmica, além de um centro de artes dedicado à criação da beleza e de um estúdio de tecelagem. Há um grupo de artesanato que apoia as feiras regulares de artesanato. Há muitas oportunidades diferentes para se produzir música, em diferentes corais, conjuntos e bandas, ou apenas *ad hoc*, participando de "trocas comunitárias" (noites de performances variadas no Hall) ou do "microfone aberto", nas noites de domingo, quando liberamos o intérprete que existe em nós. Muitos membros das comunidades usam o "tempo livre" para trabalhos voluntários. Na nossa sociedade, guiada pelo dinheiro, o ato de doar sem uma expectativa de retorno é algo terapêutico. Talvez devido à alegria de se fazer algo pelos outros, ou simplesmente à tarefa escolhida – servir às pessoas ou ao meio ambiente, ou apenas vivenciar a alegria de doar generosamente, voluntariamente – como uma expressão do serviço ou da abundância.

Governança

O empoderamento obtido por se ter expressão num contexto de vida mais abrangente é um aspecto essencial de nossa comunidade. Às vezes, reclamamos da quantidade de reuniões e apresentações às quais precisamos ir, mas elas oferecem uma chance de nos envolvermos, de ter nossa voz ouvida, de moldar a vida da ecovila. No processo contínuo de mudança, a saúde não é uma condição estática. Há muito a melhorar em nosso estado presente de saúde. Para trazer mudanças positivas, é importante identificar os próximos pequenos passos gerenciáveis, que podemos realisticamente dar para melhorar nossa saúde; seja uma mudança na dieta, nos níveis de atividade ou nos padrões de relacionamento. O próximo passo é se comprometer com essa mudança, que deverá enraizar-se na rotina a partir do estabelecimento de uma estrutura de apoio e supervisão. O respaldo comunitário é essencial para isso, e inclui não apenas a infraestrutura, que oferece uma extensa gama de oportunidades, mas, também, o apoio social que sustenta a mudança. A comunidade oferece uma gama variada de medicinas alternativas que pode apoiar a busca por uma melhoria no estilo de vida e por uma saúde com mais qualidade.

DRA. CORNELIA FEATHERSTONE é médica do serviço de saúde britânico e pesquisa a interface entre a medicina complementar e os cuidados de saúde básicos. Ela vive na comunidade Findhorn e fundou o Findhorn Bay Holistic Health Centre, em 1990, e o HealthWorks, o Centro Forres para o cuidado com a saúde holística, em 1994. Organizou uma série de conferências internacionais, incluindo a Health Care for the 21st Century e The Medical Marriage. É autora de vários artigos acadêmicos e coautora de *Medical Marriage – the New Partnership between Orthodox and Complementary Medicine*.

> Sabine Lichtenfels escreve orações para uma nova espiritualidade revolucionária, com o objetivo de apoiar a transformação tanto das pessoas quanto da sociedade. Aqui, ela oferece conselhos sábios que nos ajudam a criar relações harmoniosas e acolhedoras com nossos filhos.

O sonho das crianças

Sabine Lichtenfels

DÊ A SEUS FILHOS a possibilidade de se conectarem com o sonho deles.

Você não mais pensará: estes são meus filhos, eles me pertencem. Todas as crianças são filhos da Criação, elas vêm de MIM e retornam para MIM. Elas vêm com seu próprio plano para a vida.

É possível que você encontre em seus filhos seus companheiros e mestres cósmicos.

Não tente realizar seus próprios desejos incompletos através de seus filhos. Realize-os você mesmo.

Ouça a linguagem de seus filhos e sinta seu sonho; isso despertará seu próprio sonho. Assim que você começar a ver e entender o sonho deles, os filhos passam a ser uma bênção para o seu próprio despertar.

Apoie-os para que a sabedoria deles os alcance. Eles precisam do seu amor, do seu rigor, da sua transparência e da sua verdade.

Eles precisam, principalmente, que você se afaste, para que possam permanecer livres para se relacionarem com o mundo.

Conecte-se com o sonho de seus filhos. Essa conexão traz à tona um poder dentro de você.

Proteja seus filhos, dando-lhes a liberdade que lhes pertence. Dê-lhes tempo suficiente a sós, para que eles não percam sua conexão interna. Proteja-os do pingue-pongue das relações. Garanta que eles continuem conectados com a fonte de onde eles vêm – mesmo em sua presença. Nunca será tão fácil, quanto durante os primeiros anos de vida, aprender a ver e entender o espírito das plantas, dos animais e dos anjos.

Proteja este local sagrado das crianças, tornando-se consciente dessa conexão com a Criação. Não os perturbe, caso pareçam conectados com a Criação enquanto sonham acordados. Em vez disso, use o momento para sua própria reconexão. As crianças têm seus próprios anjos, guias e companheiros. Acompanhe-as nessa jornada de consciência, tranquilidade meditativa e comunicação. Torne-se também companheiro delas e ajude-as a encontrar orientação.

Não se alarme se seus filhos, temporariamente, revelarem-se tão revoltados quanto pequenos monstros. Eles repetem constantemente o processo inteiro da evolução do homem e da história de forma rápida. Dê-lhes então orientações claras, também, baseadas na sua própria tranquilidade.

Dê a seus filhos a oportunidade de encontrar e aceitar seu ser cósmico.

Ya Azim.

Escute a linguagem de seus filhos e sinta o sonho deles; isso despertará seu próprio sonho.

Referência

Lichtenfels, Sabine. *Sources of Love and Peace*. Belzig: Meiga, 2004.

SABINE LICHTENFELS é teóloga e cofundadora da comunidade Tamera, em Portugal. Ela se engajou em pesquisas comunitárias por trinta anos e fundou comunidades inovadoras para a "Pesquisa da Paz" e os "Biótopos de Cura". Sabine liderou inúmeras peregrinações pela paz em Israel, na Palestina, na Índia e na Colômbia. É autora de diversos livros, incluindo *Graça: Peregrinação para um Futuro sem Guerra*.

MÓDULO 5

Espiritualidade socialmente engajada

Interespiritualidade: estreitando os laços entre as
tradições religiosas e espirituais do mundo

O imperativo espiritual

Diretrizes para uma espiritualidade socialmente engajada

O silêncio e o sagrado: entrevistas com Craig Gibsone e Robin Alfred

Espiritualidade em Damanhur

Um breve retrato de Auroville, Índia

Plum Village: uma perspectiva espiritual da vida em comunidade

O despertar do indivíduo, da vila, da nação e do mundo:
a visão *sarvodaya* para o futuro global

Um ancião Hopi fala

É possível que o próximo Buda não tenha a forma de um indivíduo.
O próximo Buda pode muito bem assumir a forma de uma comunidade que pratica
a compreensão e a gentileza amorosa, que pratica uma forma consciente de viver.
Essa talvez seja a coisa mais importante que podemos fazer pela sobrevivência da Terra.

THICH NHAT HAN

> Iniciamos esta última seção com um dos desafios mais prementes de nossa época: a necessidade de estreitar os laços entre as tradições espirituais da humanidade e de reconhecer que suas diferenças são insignificantes quando comparadas às profundas semelhanças. Nada é mais importante do que trazer mais amor para este mundo; eis o verdadeiro objetivo de todas as religiões.

Interespiritualidade: estreitando os laços entre as tradições religiosas e espirituais do mundo

William Keepin

"**Eu sou um muçulmano**, um hindu, um cristão e um judeu – e vocês todos também são!" Assim falou Mahatma Gandhi, em um momento de inspirada exasperação, quando seus conselheiros o pressionavam a não se reunir com líderes muçulmanos durante a luta pela independência da Índia. Gandhi estava se referindo à verdade universal do coração. Ela é um direito nato de todo ser humano e pode ser encontrada em toda grande tradição religiosa e espiritual.

Daqui a mil anos, a humanidade se recordará desse nosso período histórico como o momento em que essa percepção crucial de Gandhi finalmente emergiu em larga escala. O período de cem anos entre 1950 e 2050 será visto como um dos momentos decisivos da história humana, quando o urgente trabalho de cura e reconciliação das diferenças religiosas terá, enfim, se realizado. Essa transformação não poderia ter começado mais cedo, pois precisava dos sistemas aprimorados de transporte e comunicação, desenvolvidos a partir do final do século XX – principalmente o avião e a internet. Também não poderia ter esperado para começar mais tarde, pois as discórdias religiosas que afligem a família humana no início do século XXI estão tão profundamente arraigadas, e as armas para destruição em massa são tão poderosas, que o mundo está à beira de uma guerra global de proporções catastróficas.

Nunca na história da humanidade foi tão importante estreitar os laços entre as diversas religiões do mundo. Cada umas delas oferece uma porta única para a verdade espiritual que reside dentro e além de todos os seres. Essas portas magníficas são lindamente trabalhadas, e nosso dilema básico é que nos limitamos a idolatrar as portas e a brigar sobre qual delas é a mais bonita, em vez de passarmos por elas e nos fundirmos com a realidade espiritual una.[1]

O coração humano clama pela criação de novos laços de amor, pela cura e pela reconciliação entre as diferenças; não apenas as diferenças religiosas, mas também as disparidades raciais, sociais, de gênero, casta e classe, como demonstrado no movimento Ocuppy Wall Street. Líderes políticos e religiosos esclarecidos estão pedindo por mais harmonia e colaboração entre as crenças. "Os riscos estão mais elevados do que nunca", diz o Dalai Lama, "não apenas em relação à sobrevivência de nossa espécie, mas do próprio planeta e das outras diversas criaturas com as quais compartilhamos nosso lar."[2]

Como resposta a esse pedido, as religiões mundiais estão, aos poucos, começando a se unir, apesar de suas múltiplas e vastas diferenças. Todas elas ensinam compaixão e respeito profundo pelo próximo, e a Regra de Ouro está em todas as tradições.[3] Uma vez, quando um grupo de respeitáveis rabinos se viu diante do desafio de ensinar a Torá inteira em poucos segundos, a maioria deles zombou com desdém de tamanho desaforo. Mas o grande rabino Hillel de repente rompeu o silêncio e disse: "Ame seu vizinho como a si mesmo. Todo resto é comentário; vão estudar".[4]

Claro que a família humana deixa muito a desejar na manifestação desse amor profundo, em uma escala prática ampla. Hoje, a realidade, em todo o mundo, ainda inclui disputas religiosas trágicas e conflitos que continuam a ameaçar a paz e a estabilidade globais, com matanças executadas em nome de Deus. Porém, no fim das contas, o único caminho realista a ser seguido é o da comunidade humana inteira vivendo como uma única família e uma única espécie em harmonia com as milhões de outras espécies neste planeta.

---

1 Agradeço a Tessa Maskell e a Martin Cecil pela sugestão desta metáfora.
2 Sua Santidade Dalai Lama. *Toward a True Kinship of Faiths*. Edimburgo: Harmony, 2010, p. 182.
3 Para versões da "Golden Rule in 21 different world religions", acesse www.religioustolerance.org/reciproc.htm
4 Ver http://gtorah.com/category/sources/hillel-shamai/

Inter-religiosidade e interespiritualidade

Hoje em dia, a espiritualidade ao redor do mundo está mudando. Os que acreditam nas comunidades religiosas tradicionais estão ultrapassando suas próprias tradições em busca de novas práticas e percepções. O número de membros de muitas igrejas tradicionais está em declínio, principalmente nos países ocidentais. O então papa Bento XVI lamentou o enfraquecimento das igrejas na Europa, na Austrália e nos Estados Unidos: "Não há mais evidência da necessidade de Deus, muito menos de Cristo", disse ele a padres italianos em 2005. "As chamadas igrejas tradicionais parecem estar morrendo."[5]

Uma matéria de capa, recente, da revista *Newsweek* declara: "Esqueça a Igreja, siga Jesus".[6] Enquanto isso, os movimentos espirituais não tradicionais estão crescendo rapidamente. Pioneiros espirituais independentes, como Eckhart Tolle, Marianne Williamson e Neale Donald Walsh atraem um grande número de seguidores. Diversas escolas espirituais que focam em ensinamentos esotéricos específicos ou em certos livros *new age*, como *Um Curso em Milagres*, vêm surgindo também. Publicado recentemente no YouTube, o vídeo "Jesus is greater than religion" teve mais de 18 milhões de visualizações em menos de um mês. Até mesmo pastores cristãos evangélicos, como o líder Rob Bell, começaram a questionar abertamente a ortodoxia estreita de suas tradições. Em 2010, a ONU declarou a primeira semana de fevereiro como sendo, anualmente, a Semana Mundial da Harmonia Inter-religiosa.

O termo "interespiritualidade", criado pelo falecido monge Wayne Teasdale, refere-se ao patrimônio comum do saber espiritual da humanidade, inclusive o compartilhamento de recursos, práticas e diálogos entre as tradições.[7] Embora as religiões mundiais apresentem grandes diferenças, essas disparidades externas são insignificantes diante das verdades vastas e universais que coabitam o âmago místico de toda religião. A reverenda Cynthia Brix oferece uma distinção entre a inter-religiosidade e a interespiritualidade: "Em sua essência, as religiões são uma só, e essa unicidade define um misticismo universal ou inter-religioso. A interespiritualidade reúne ensinamentos de duas ou mais tradições, por meio de estudos e práticas, para criar um caminho espiritual

---

5 Citado em "Religion takes a back seat in Western Europe", *USA Today*, 10 de agosto de 2005.
6 Sullivan, Andrew. "The Forgotten Jesus", *Newsweek*, 9 de abril de 2012, pp.26-31.
7 Teasdale, Wayne. *The Mystic Heart*. Novato, CA: New World Library, 2001.

realmente novo. O termo 'interespiritualidade' também serve para alargar a religião, englobando as pessoas que, embora sejam profundamente espirituais, não se identificam necessariamente com nenhuma das tradições mundiais, e proporcionando a elas um espaço de inclusão".[8]

As organizações interespirituais e inter-religiosas estão se alastrando rapidamente, estreitando laços e desfazendo barreiras rígidas entre as tradições religiosas deste planeta. Em 1945, havia três organizações inter-religiosas no mundo. Hoje, há mais de 2 mil apenas nos Estados Unidos, metade das quais surgiu a partir de 2003.[9] Segundo levantamento da World Alliance of Interfaith Clergy, há dez seminários inter-religiosos no mundo atualmente, quatro apenas em Nova York, um no Canadá, outro no Reino Unido, outro no México e um em desenvolvimento na Holanda. Juntos, esses seminários formam, ao todo, cerca de 250 sacerdotes inter-religiosos a cada ano, moldando uma nova vocação de sacerdócio inter-religioso.[10]

A interespiritualidade também está crescendo em várias outras direções. Pessoas insatisfeitas dentro de tradições religiosas estão expandindo sua identidade espiritual para incluir duas ou mais tradições religiosas em sua vida. Cristãos, por exemplo, vêm praticando intensamente a meditação budista ou a vedanta hinduísta. Muitos estão até mesmo aderindo a comunidades sufis. Esse fenômeno de "pertencimento multirreligioso" tem se disseminado e tem sido cada vez mais aceito.[11] Na realidade, essa mistura de tradições não é novidade, pois o cruzamento entre religiões tem um histórico rico. O zen é uma combinação entre o budismo e o taoísmo. O siquismo surgiu da conciliação entre o hinduísmo e o islamismo. Basta juntarmos o *shemá* judaico, que significa "amor de Deus", com o ensinamento de Hillel citado anteriormente, que

---

8   Brix, Cynthia. "Are You Interspiritual", *Integral Yoga*, verão de 2011, pp.12-13.

9   Rev. Dr. Dan Rosemergy, National Interfaith Alliance, "Building Interfaith Communities: The Challenge and the Vision", Conferência Big-I, Nashville, TN, 5 de fevereiro de 2012. Dados de 1945 do prof. Darrol Bryant, do Center for Dialogue and Spirituality in the World's Religions, Colégio Universitário Renison de Waterloo, Ontario, Canadá; apresentação na Conferência Big-I, Nashville, TN, 5 de fevereiro de 2012.

10   Rev. Philip Waldrop, presidente do Conselho da World Alliance of Interfaith Clergy, comunicação pessoal.

11   Como um exemplo, veja o livro escrito pelo estimado teólogo Paul Knitter, *Without Buddha I Could Not Be A Christian*. Londres: Oneworld, 2009.

teremos o duplo mandamento do cristianismo. A fé *bahá-í* promove a verdade unificada de nove religiões mundiais.

"O amor é a resposta. Você é a pergunta." Esse é o cabeçalho do site "Spiritual, But Not Religious", que representa uma comunidade de pessoas insatisfeitas com suas religiões. Elas somam entre 50 e 70 milhões apenas nos Estados Unidos, de acordo com o organizador do site, Steve Frazee. Outras organizações pioneiras incluem a Order of Universal Interfaith (criada por Wayne Teasdale, que sonhava com uma sociedade espiritual independente e que funcionasse como uma organização eclesiástica tipo "guarda-chuva", com abertura para muitas iniciativas espirituais novas e emergentes). Há também o Parlamento das Religiões do Mundo, criado em 1893 e retomado um século depois, que agora reúne cerca de 8 mil pessoas de todas as religiões a cada cinco anos; sem falar na Global Peace Initiative for Women, que organiza conferências internacionais para congregar líderes religiosos veteranos de várias tradições religiosas e para introduzir sua sabedoria coletiva nas altas esferas políticas. Juntas, essas novas e variadas linhas de pensamento fiam um outro tecido espiritual na sociedade.

Um avanço importante no campo da interespiritualidade foi a Snowmass Conference, criada pelo padre Thomas Keating, que reuniu líderes religiosos experientes das nove principais religiões mundiais: budismo, hinduísmo, judaísmo, islamismo, budismo tibetano, nativa americana, ortodoxa russa, protestante e católica. Em suas congregações, nos últimos trinta anos, esse grupo heterogêneo elaborou oito "Pontos de Comum Acordo", que formam a base para um tipo de espiritualidade universal, embora não a tenham denominado assim.[12] Tendo definido essa plataforma de entendimento e se tornado bons amigos ao longo do processo, esses líderes passaram a explorar, com cuidado, suas diferenças religiosas. Para sua surpresa e imenso contentamento, descobriram que suas perspectivas e práticas amplamente divergentes dentro das várias tradições religiosas tornaram-se uma fonte de profunda percepção e inspiração mútua. No fim, criaram mais laços por causa de suas diferenças do que em função de suas semelhanças.

Os oito pontos de comum acordo são os seguintes:

---

12 *The Common Heart: An Experience of Interreligious Dialogue*. Miles-Yepez, Netanel (org.). Herndon: Lantern Books, 2006.

1. As religiões do mundo são testemunhas da experiência da Realidade Última, a qual nomeiam de várias formas: Brahman, Allah, Absoluto, Deus, Grande Espírito, etc.
2. A Realidade Última não pode ser limitada por nenhum nome ou concepção.
3. A Realidade Última é fonte de infinita potencialidade e atualidade.
4. Ter fé é aceitar a Realidade Última, abrir-se e responder a ela. Nesse sentido, a fé precede todos os sistemas de crença.
5. O potencial para a plenitude humana – ou, de outros pontos de vista, para a iluminação, a salvação, a transformação, a bem-aventurança, o nirvana – está presente em qualquer pessoa.
6. A Realidade Última pode ser vivida não apenas por meio das práticas religiosas, mas também da natureza, da arte, das relações humanas e do serviço aos outros.
7. Enquanto a condição humana for vivida como algo separado da Realidade Última, ela estará sujeita à ignorância, à ilusão, à fraqueza e ao sofrimento.
8. Uma prática disciplinada é essencial para a vida espiritual. Porém, a realização espiritual não resulta dos esforços da pessoa, mas sim de sua experiência de unidade com a Realidade Última.

A Snowmass Conference demonstra a unidade essencial de todas as religiões e também revela como as inúmeras diferenças entre as religiões do mundo podem ser uma fonte de inspiração e iluminação mútuas e não de conflito. O que a Snowmass alcançou em pequena escala funciona como um poderoso foco de luz sobre o que é possível conciliar entre as religiões mundiais em uma escala maior.

O caminho interespiritual de amor

O amor é um princípio supremo e unificador em todas as religiões do mundo. Há paralelos marcantes entre, por exemplo, os ensinamentos fundamentais do cristianismo, do hinduísmo, do islamismo e do judaísmo, que juntos apontam para a possibilidade de um caminho universal do amor entre as tradições religiosas. Esses paralelos profundos são notáveis e inspiradores, mas, infelizmente, costumam passar despercebidos por causa da ênfase excessiva dada, hoje, às diferenças entre as religiões – e essas diferenças são geralmente bem menos profundas do que as semelhanças.

Ao explorarmos esses paralelos, devemos prestar atenção às diferenças fundamentais para não fundirmos, de modo superficial, tradições ou teologias distintas que não deveriam ser associadas. No entanto, também devemos permitir a aparição de uma verdade universal ou de um fundamento revelado por todas as tradições, podendo, no entanto, ser apresentado através de diferentes âmbitos e conceitos teológicos.[13] Desenvolvimentos recentes no caminho interespiritual de amor – que resumimos adiante com alguns exemplos curtos – estão resolvendo essas questões e indicando a direção para um caminho universal de amor.

O exclusivismo religioso e a luta por supremacia entre as religiões vão contra os ensinamentos de todas as tradições. As escrituras de cada uma das principais religiões possuem injunções que exigem o respeito às outras religiões.[14] Porém, durante os conflitos religiosos, as verdades espirituais comuns aos dois inimigos de guerra são geralmente desprezadas. Como lamentou o grande poeta indiano, Kabir, referindo-se aos conflitos entre hindus e muçulmanos: "Ó irmãos! Allah e Rama são apenas nomes diferentes para um único e mesmo Ser. O mundo inteiro está alimentando uma grande e nociva ilusão. Uma pessoa jura em nome dos *Vedas*, outra, em nome do *Corão*. Não há, na realidade, distinção entre esses dois caminhos. Essas pessoas brigam entre si por causa de um nome e perecem. Nenhuma delas conhece a verdadeira Realidade!"[15]

Os paralelos espirituais entre o hinduísmo e o islamismo são numerosos e profundos, como ilustrado em suas respectivas escrituras, o *Bhagavad Gita* e o *Corão*. O conceito de divindade apresentado nos dois livros é quase idêntico, assim como a injunção de adorar somente a Deus, e a nenhum outro. Os ensinamentos semelhantes são tão numerosos, e superam tão intensamente as diferenças entre as duas tradições, que o estudioso Pandit Sunderlal concluiu que, "em relação aos deveres básicos da vida humana... e à maneira de prospe-

---

13 Para uma análise mais aprofundada desses paralelos no cristianismo, no hinduísmo e no islamismo, veja Keepin, William. "The Interspiritual Path of Divine Love", apresentação na Conferência Big-I, Nashville, TN, 2012.

14 Para exemplos de ensinamentos de seis religiões principais, que incentivam o respeito pelas outras religiões, veja "Light of Universal Spirit", cap. 4, em Keepin, William e Brix, Cynthia. *Women Healing Women*. Chino Valley: Hohm Press, 2009, p.48, n.1.

15 Sunderlal, Pandit. *The Gita and the Qur'an*. Kathmandu: Pilgrims Publishing, 2005, pp.37-38.

rar nesta vida e alcançar a salvação no mundo que está por vir, o *Gita* e o *Corão* têm uma única e mesma visão".[16]

O terrorismo e a violência vão contra os ensinamentos de todas as principais tradições religiosas, e a violência, nas escrituras, só é admissível como última saída, e apenas em legítima defesa. O "apoio" à violência ou à guerra, atribuído tanto ao *Corão* quanto ao *Bhagavad Gita*, só pode ser entendido no contexto histórico em que ambos foram escritos. Nos dois casos, a guerra foi o último recurso de um povo que enfrentava a aniquilação total por um inimigo empenhado em sua destruição. Até Mahatma Gandhi, o grande defensor da não violência, disse que "onde há apenas uma escolha entre a covardia e a violência, eu recomendo a violência... Eu preferiria que a Índia recorresse ao uso de armas para defender sua honra a, de maneira covarde, se tornar ou continuar a ser uma testemunha indefesa de sua própria desonra... Mas eu acredito que a não violência é infinitamente superior à violência".[17] Tanto o *Gita* quanto o *Corão* ensinam a mesma coisa. Ao contrário da crença popular disseminada, a noção da *jihad* como uma "Guerra Santa" não aparece em lugar algum do *Corão*. Jihad significa "esforço", o esforço necessário para promover o desenvolvimento espiritual e a harmonia social; e, a menos que estejam frente a frente com um perigo mortal, os muçulmanos são ordenados, no *Corão*, a repelir o mal com algo melhor, para que seu inimigo se torne um amigo íntimo.[18]

Também há paralelos espirituais profundos entre o cristianismo e o hinduísmo, em que encontramos correspondências notáveis entre os ensinamentos e as vidas de Cristo e Krishna, mas que nunca são destacadas. Tanto Jesus quanto Krishna são proclamados Encarnações Humanas do Divino. Jesus e Deus, o Pai, são um; Krishna e Purushottama, a Divindade, também. Cada um deles fala em primeira pessoa com a autoridade e a palavra de Deus.

Tanto Cristo quando Krishna proclamam a si mesmos como o caminho exclusivo para Deus. Jesus diz: "Eu sou o caminho, a verdade e a vida. Ninguém vem ao Pai senão por mim" (*João*, 14:6). Krishna declara algo muito parecido no *Bhagavad Gita*: "Eu sou o Caminho, o Defensor, o Senhor. Sou o Pai do Univer-

---

16 Sunderlal, Pandit. *The Gita and the Qur'an*. Kathmandu: Pilgrims Publishing, 2005, p.20.
17 Prabhu, R. K. e Rao, U.R. (orgs.) "Between Cowardice and Violence". In: *The Mind of Mahatma Gandhi*. Ahemadabad, Índia, edição revista, 1967.
18 *Alcorão* 41.34. Veja a discussão esclarecedora em Mackenzie, Falcon and Rahman, *Religion Gone Astray*. Woodstock: Skylight Paths, 2011, pp. 66-80.

so" (9: 18, 17). Porém, aqui não há contradições. Como pode ser? O "eu sou" que Jesus diz é o *ego eimi*, o nome com que Deus Se declarou a Moisés.[19] É a eterna voz Divina, que fala através de todos os profetas e santos em todas as culturas, ao longo das Eras. É por isso que Jesus diz: "Antes de Abraão ser, eu era" (*João* 8:58), mesmo tendo Abraão vivido séculos antes. Krishna faz declarações anacrônicas quase idênticas no *Bhagavad Gita*. Por exemplo: o Cristo fundido com Deus, fala em primeira pessoa através e como Jesus; e Purushottama (Divindade) fala através e como Krishna, que também usa o pronome pessoal "Eu". Como o teólogo Raimon Panikkar explica, "Cristo é o símbolo cristão para a totalidade da Realidade", e outras religiões usam nomes diferentes para essa mesma Realidade.[20] Cristo e Krishna afirmam, cada um em sua própria época e manifestação, o único caminho para a unidade com o Divino.

Em direção a um caminho universal de amor

Os exemplos apresentados anteriormente são apenas uma pequena amostra dos vários paralelos espirituais encontrados entre o cristianismo, o hinduísmo, o judaísmo e o islamismo.[21] Não precisamos nos preocupar com o porquê da existência desses paralelos, ou com suas origens, embora essas sejam, sem dúvida, perguntas válidas. O importante aqui é que esses paralelos espirituais podem ser detectados rapidamente por qualquer um que se aprofunde nas respectivas tradições e escrituras, em vez de se contentar com as representações superficiais das religiões divulgadas na mídia ou em algumas formulações clericais e acadêmicas.

As diferentes religiões podem ser comparadas às árvores de uma floresta, que são, ao mesmo tempo, totalmente idênticas e completamente diferentes. São idênticas porque têm um tronco e inúmeros galhos, suas raízes penetram no mesmo solo e obtêm água da mesma fonte, e todas elas crescem verticalmente em direção à mesma luz acima delas. Entretanto, são diferentes porque algumas têm folhas, outras têm pinhas, algumas são caducifólias, outras pere-

---

19   *Ehyeh* em hebraico, Êxodo 3.14.
20   Panikkar, Raimon. *Christophany: The Fullness of Man*. Maryknoll: Orbis, 2009, pp.143-155.
21   Para uma busca mais detalhada, veja Keepin, William. "The Interspiritual Path of Love", no prelo, 2012.

nifólias, e assim por diante. Porém, apesar de suas muitas diferenças, importantes e maravilhosas, as árvores são, no fim das contas, muito mais similares do que diferentes. A mesma coisa acontece com as religiões.

Novas e importantes pontes estão sendo construídas, aqui, entre as diversas tradições religiosas e entre o Ocidente, o Oriente e o Oriente Médio. Essas pontes transpõem o abismo gigante entre culturas, tradições e períodos históricos radicalmente distintos. Isso confere um novo sentido ao ensinamento (cristão): "Onde dois ou mais estiverem reunidos em meu nome, ali eu estarei também". Um cruzamento interespiritual único ocorre quando duas ou mais religiões se unem, e esse é o trabalho vital tão necessário hoje em dia. Como Mirabai Starr explica: "Ao dizer 'sim' para o melhor do nosso próprio legado e adentrar os planos mais sagrados das tradições religiosas uns dos outros, podemos abrir caminho para uma Era de amor".[22]

Em conjunto, os paralelos espirituais delineados anteriormente apontam para um caminho universal de amor que une a alma humana com o Infinito. Esse caminho resplandecente do coração pode ser encontrado nas tradições religiosas, porém, em última análise, ele é independente e vai além de qualquer religião. O caminho está aberto para todos através do portão do coração. As tradições religiosas não criaram esse caminho. Na verdade, a existência dele foi o que deu origem às religiões. O propósito das tradições é expor esse caminho de forma clara e ajudar a alma a iniciar a jornada, nada mais que isso. Elas são apenas indicadoras do caminho. A jornada efetiva só pode ser feita pela alma aspirante.

"Deus é o segredo da humanidade. A humanidade é o segredo de Deus. Esse é o segredo dos segredos."[23] Fundamentalmente, devemos, cada um, desvendar esse segredo sozinhos e mergulhar de cabeça no "silêncio obscuro em que todos os que amam se perdem" (Ruysbroeck).[24] Pois nesse silêncio obscuro se encontra o Real, o Adorado, Aquele sem nome; e nunca poderemos descansar enquanto não nos fundirmos com Isso.

Para a biografia de **WILLIAM KEEPIN**, veja a página 12.

---

22   Starr, Mirabai. *God of Love*. Rhinebeck: Monkfish, 2012.
23   Ditado sufi, citado por Llewellyn Vaughan-Lee, Golden Sufi Center, Inverness, CA.
24   Ruysbroeck, Jan van. *The Adornment of Spiritual Marriage*, capítulo 4. Whitefish: Kessinger Publishing, 2007.

> Satish Kumar argumenta, de modo persuasivo, por que a espiritualidade precisa ser o alicerce da civilização – nos negócios e na política –, atuando como uma força pelo bem das mudanças sociais e de nossa vida pessoal, permitindo que a humanidade crie um mundo melhor, não apenas para nós, humanos, mas para o mundo natural como um todo.

O imperativo espiritual

Satish Kumar

A MATÉRIA E O ESPÍRITO são dois lados da mesma moeda. O que medimos é a matéria; o que sentimos é o espírito. Ela representa a quantidade; ele, a qualidade. O espírito se manifesta através da matéria; a matéria ganha vida através do espírito. O espírito confere sentido à matéria; a matéria dá forma ao espírito. Sem espírito, a matéria carece de vida. Somos, ao mesmo tempo, corpo humano e espírito humano. Uma árvore também tem corpo e espírito. Até as rochas, que parecem estar mortas, têm espírito. Não há dicotomia, dualismo ou separação entre matéria e espírito.

O problema não é a matéria, mas o materialismo. Do mesmo modo, não há nada de errado com o espírito, mas o espiritualismo é problemático. No momento em que sintetizamos uma ideia ou um pensamento com um "ismo", estabelecemos as bases do pensamento dualístico. O universo é universo, uma música, um poema, um verso. Ele contém infinitas formas, que dançam juntas em harmonia, cantam juntas em concerto, equilibram-se na gravidade, transformam umas às outras na evolução. Ainda assim, o universo mantém sua totalidade e sua ordem implícita. A escuridão e a luz, o acima e o abaixo, a esquerda e a direita, as palavras e os significados, a matéria e o espírito complementam uns aos outros, confortáveis em um abraço mútuo. Onde está a contradição? Onde está o conflito?

A vida alimenta a vida, a matéria alimenta a matéria, o espírito alimenta o espírito. A vida alimenta a matéria, a matéria alimenta a vida e o espírito alimenta tanto a vida quanto a matéria. Há uma reciprocidade total. Essa é a visão de mundo oriental, uma visão de mundo da Antiguidade, presente nas tradições tribais de culturas pré-industriais. Nela, a natureza e o espírito, a Terra e o Céu, e o Sol e a Lua estão em reciprocidade e harmonia eternas.

As culturas dualísticas modernas consideram a natureza violenta e sanguinária: os mais fortes e mais aptos sobrevivem e os fracos e dóceis desaparecem, sendo o conflito e a competição a única realidade verdadeira. A partir dessa visão de mundo, surge a noção de que mente e matéria estão separadas. Uma vez separadas, cria-se um debate em que se questiona se a mente é superior à matéria ou se a matéria é superior à mente.

Essa cosmovisão de ruptura, conflito, competição, separação e dualismo também deu origem à ideia de separação entre o mundo humano e o natural. Uma vez que essa divisão é estabelecida, os humanos passam a se considerar a espécie superior e se empenham em controlar e manipular a natureza para uso próprio. Vendo o mundo dessa forma, a natureza existe para o benefício humano, para ser posse e propriedade, e, se ela é protegida e conservada, isso acontece unicamente para que os humanos dela se beneficiem. O mundo natural – as plantas, os animais, os rios, os oceanos, as montanhas e o céu – é desprovido de espírito. E se existe mesmo um espírito, este se limita ao espírito humano. Porém, até isso é duvidoso. Nessa visão de mundo, os humanos também são considerados nada mais que uma formação de substâncias, moléculas, genes e elementos. A mente é vista como uma função do cérebro, sendo ele um órgão localizado na cabeça e nada mais.

O espírito nos negócios

Essa noção de uma existência não espiritual pode ser descrita como materialismo. Tudo é matéria; terra, florestas, comida, água, trabalho, literatura e arte são mercadorias compradas e vendidas no mercado – o mercado mundial, o mercado de ações, o chamado livre mercado. Esse é um mercado de vantagem competitiva, implacável, em que a sobrevivência do mais apto é o maior imperativo: os fortes competem com os fracos e ganham a maior parcela do mercado. Os monopólios são estabelecidos em nome da livre concorrência. Cinco cadeias de supermercado controlam 80% dos alimentos vendidos no Reino Unido. Quatro ou cinco corporações multinacionais gigantes, como as companhias Monsanto e Cargill, controlam 80% do comércio alimentar internacional. Os campos agrícolas pequenos e familiares não podem competir com os grandes e são forçados a recuar. Esse é o mundo onde o espírito foi afastado. Negócios sem espírito, comércio sem compaixão, indústria sem ecologia, finanças sem justiça e economia sem igualdade só podem levar ao colapso da sociedade e à destruição do mundo natural. A humanidade só poderá encontrar um propósito coerente quando o espírito e os negócios trabalharem juntos.

O espírito na política

Assim como o materialismo rege a economia, ele também governa a política. Em vez de enxergar as nações, as regiões e as culturas como uma única comunidade humana, as pessoas veem o mundo como um campo de batalha de nações que competem entre si por poder, influência e controle sobre as mentes, os mercados e os recursos naturais. O interesse de uma nação se contrapõe aos interesses das demais. A indiana é contrária à paquistanesa. A palestina, à israelense; a americana, à iraquiana; a chechena, à russa, e assim por diante... A lista é longa. E então temos uma política polarizada: "Se não está conosco, está contra nós", frase que se tornou a forma de pensar dominante. Se você não está conosco, não só está contra nós, como faz parte do eixo do mal.

Isso é política desprovida de espírito. O que podemos esperar de uma política assim a não ser rivalidade, discórdia, corrida armamentista, terrorismo e guerras? Os políticos falam de democracia e liberdade, mas buscam alcançar a hegemonia e ver seus próprios interesses atendidos. Como uma visão específica de democracia e liberdade pode servir para o mundo inteiro? Não é possível haver democracia e liberdade sem que haja compaixão, reverência e respeito pela diversidade, pela diferença e pelo pluralismo. A compaixão, a reverência e o respeito são qualidades espirituais, porém, a política fundada no materialismo considera os valores do espírito como sendo vagos, estranhos, utópicos, idealistas, irreais e irracionais. Mas aonde a política do poder, do controle e do interesse próprio nos levou? À Primeira Guerra Mundial, à Segunda Guerra Mundial, à Guerra Fria, à Guerra do Vietnã, à guerra em Caxemira, às guerras no Iraque, ao ataque às Torres Gêmeas de Nova York. Novamente, a lista é muito longa. A política sem espiritualidade provou ser um grande fracasso, e, portanto, chegou a hora de unir política e espiritualidade mais uma vez.

O espírito na religião

Por vezes, as palavras espiritualidade e religião se confundem, mas não querem dizer a mesma coisa. A política deve estar livre das restrições da religião, mas não dos valores espirituais. A palavra religião é derivada da raiz latina *religio*, que significa unir-se de acordo com certas crenças. Um grupo de pessoas se reúne, partilha um sistema de crenças, permanece unido e se apoia. Consequentemente, a religião amarra você. Já o significado da raiz da palavra espírito é associado à respiração, ao ar. Todos nós podemos ser espíritos livres e respirar à vontade. A espiritualidade transcende as crenças. O espírito se move, inspira, toca o coração e revigora a alma.

Quando um quarto – com suas portas, janelas e cortinas – fica muito tempo fechado, o ar dentro dele se torna viciado. Ao entrarmos no cômodo depois de alguns dias, o sentimos abafado, então abrimos as portas e as janelas para que o ar fresco entre. Do mesmo modo, quando as mentes estão há bastante tempo fechadas, precisamos de uma transformação radical, de um profeta para abrir as janelas a fim de arejá-las, mexendo com nossos pensamentos viciados. Um Buda, um Jesus, um Gandhi, uma Madre Teresa, um Rumi, uma Hildegarda de Bingen aparecem e sopram para longe as teias de aranha das mentes fechadas. Claro que não temos que esperar por eles: podemos ser nossos próprios profetas, destrancar o coração e a mente e permitir que o ar fresco da compaixão, da generosidade, da divindade e da sacralidade passe por nossa vida.

Os grupos e as tradições religiosas exercem um papel importante. Eles nos iniciam na disciplina do pensamento e da prática, fornecem-nos uma estrutura e nos oferecem um senso de comunidade, solidariedade e apoio. Uma muda de planta delicada precisa de um vaso e de uma vara para sustentá-la nos estágios iniciais do seu desenvolvimento, ou até mesmo da clausura de um viveiro para protegê-la das geadas e dos ventos frios. Quando está forte o suficiente, deve ser plantada a céu aberto, para que possa desenvolver suas próprias raízes e se tornar uma árvore totalmente madura. Da mesma forma, as ordens religiosas funcionam como viveiros de almas em busca de algo. Porém, no fim das contas, cada um de nós precisa fincar as próprias raízes e encontrar a divindade da sua própria maneira.

Há muitas religiões, filosofias e tradições boas. Devemos aceitar todas elas, e também o fato de que tradições religiosas distintas suprem necessidades de pessoas diferentes, em épocas, lugares e contextos diversos. Esse espírito de generosidade, inclusão e reconhecimento é uma qualidade espiritual. Sempre que as ordens religiosas perdem essa qualidade, tornam-se não mais que meras seitas protegendo seus próprios interesses.

Nos dias de hoje, as religiões institucionalizadas caíram nessa armadilha. Para elas, a manutenção das instituições tornou-se mais importante do que ajudar seus membros a crescer, a se desenvolver e a descobrir seu próprio espírito livre. Quando as ordens religiosas se agarram à manutenção de suas propriedades e à sua reputação, perdem a espiritualidade e se tornam como os negócios sem espírito. Assim como é necessário restaurar o espírito nos negócios e na política, precisamos restaurá-lo na religião. Isso pode parecer uma proposição estranha, pois a própria *raison d'être* de cada religião é buscar o espírito e estabelecer o amor universal. Na realidade, acontece o contrário. As religiões fizeram muitas coisas boas, mas também causaram muitos danos. Podemos ver que as tensões entre cristãos, muçulmanos, hindus e judeus são as principais causas de conflitos, guerras e desarmonia.

A rivalidade entre as religiões acabaria se elas percebessem que as crenças religiosas são como rios que fluem para o mesmo grande oceano de espiritualidade. Embora os diversos rios, com seus nomes variados, nutram regiões e pessoas diferentes, todos fornecem o mesmo revigoramento. Não há conflito entre os rios. Por que, então, deveria haver conflito entre as religiões? Sua teologia ou seu sistema de crenças podem ser diferentes, mas a espiritualidade é a mesma. Ela é o que mais importa. O respeito pela diversidade de crenças é um imperativo espiritual.

Espiritualidade e mudança social

Assim como os negócios, a política e as instituições religiosas precisam retornar às suas raízes espirituais, e os movimentos ambientais e de justiça social também necessitam adotar uma dimensão espiritual. Nos dias de hoje, a maioria dos movimentos pela mudança social se concentra em fazer uma campanha negativa. Eles apresentam cenários melancólicos e se tornam o reflexo das instituições que criticam.

O verdadeiro ímpeto para a sustentabilidade ecológica e a justiça social decorre de visões éticas, estéticas e espirituais. Porém, esse foco se perde quando os defensores dos movimentos se prendem a objetivos falsos, como o desejo de atrair a atenção da mídia ou a necessidade de trazer mais membros para suas organizações. Essas preocupações tornam-se um fim em si mesmas, e a apresentação de uma visão holística, inclusiva e construtiva é esquecida. Amar a natureza e atribuir um valor intrínseco a todas as vidas, sejam humanas ou não, é o solo essencial no qual os movimentos ambientais e de justiça social precisam fincar suas raízes. O alicerce de toda campanha é a reverência pela vida, e esse é um alicerce espiritual. Não há contradição entre uma campanha pragmática e uma perspectiva espiritual. O programa político de Mahatma Gandhi baseou-se em valores espirituais. O movimento dos direitos civis de Martin Luther King fundamentou-se em uma visão espiritual. Os atuais movimentos ambientais e de justiça social também exigem essa visão de mundo ampla, em vez de ficarem limitados às ciências ecológicas e sociais.

Espiritualidade e ciência

Geralmente, acredita-se que ciência e espiritualidade são como óleo e água: não podem se misturar. Essa é uma noção errada. Uma precisa da outra.

Quando a ciência renuncia às restrições colocadas pelas dimensões moral, ética e espiritual e esforça-se para alcançar tudo o que é alcançável, realizando experiências independentemente das consequências, ela nos conduz a tecnologias como as das armas nucleares, da engenharia genética, da clonagem humana e animal e dos produtos venenosos que poluem o solo, a água e o ar. É perigoso dar carta branca à ciência para dominar a mente humana e subjugar o mundo natural. A ciência contemporânea adquiriu um status de superioridade tal, que, atualmente, comanda a adesão total da indústria, dos negócios, da educação e da política. Alguns de seus experimentos tornaram-se tão rudes e cruéis que a fizeram ir além dos limites da civilização. Valores éticos, morais e espirituais são essenciais na moderação do poder da ciência.

Ciência e espiritualidade precisam uma da outra. Sem uma soma de habilidades racionais, analíticas e intelectuais, a espiritualidade pode facilmente se tornar uma busca sectária e egoísta. Fui monge por nove anos, e estava em busca da minha própria purificação e salvação. Via o mundo como uma armadilha e a espiritualidade como um caminho de libertação dele. Então, deparei-me com os escritos de Mahatma Gandhi. Ele disse que não há dualismo entre o mundo e o espírito. A espiritualidade não é só para santos, não está confinada às ordens monásticas ou às cavernas nas montanhas. Ela está na vida diária, desde o cultivo do alimento até os atos de cozinhar, comer, lavar a louça, varrer o chão, construir a casa, costurar as roupas e se importar com os vizinhos. Devemos trazer a espiritualidade para todas as instâncias da nossa vida: para a política, os negócios, a agricultura e a educação; e devemos fazer isso com uma abordagem científica.

Esse foi um *insight* tão inspirador, que eu decidi abandonar a ordem monástica e retornar ao mundo da vida cotidiana.

Suprindo as necessidades espirituais

Nós, seres humanos, temos nossas necessidades corporais, e também as espirituais. Comida, água, abrigo, calor, trabalho, educação e saúde são nossas necessidades essenciais. Precisamos exercer atividades econômicas para satisfazê-las. Porém, quando supridas, temos de encontrar um senso de contentamento e satisfação para podermos ser felizes e nos sentirmos completos. Precisamos saber quando já é o bastante. Se continuarmos com as atividades econômicas mesmo quando nossas necessidades essenciais forem satisfeitas, nos tornaremos vítimas da ganância e dos desejos. Muitas das nossas crises sociais, políticas e ambientais são crises de desejo.

Aqueles que lucram com as atividades econômicas sem fim esforçam-se em nos persuadir de que, tendo mais bens materiais, seremos mais felizes. Mas a felicidade não se origina apenas dos bens materiais; também temos necessidades sociais e espirituais: necessidade de comunidade, amor, amizade, beleza, arte e música. Temos de usar a imaginação e a criatividade. Precisamos ter a oportunidade de fazer coisas com nossas próprias mãos, de tempo para a quietude e a contemplação, de espaços para apreciar e aproveitar. Essas necessidades espirituais não podem ser satisfeitas ao nos tornarmos consumidores de bens fornecidos por companhias que lucram enormemente à custa do meio ambiente e da ética e em detrimento das futuras gerações. O materialismo tornou-se sua nova religião, e eles querem que todos se convertam e se tornem membros fiéis de sua fé.

Essa religião do materialismo é obviamente insustentável. Se os 6 bilhões de cidadãos do mundo tivessem o estilo de vida dos consumidores ocidentais e usassem a energia fornecida por combustíveis fósseis, precisaríamos de cinco planetas. Mas só temos um. Portanto, temos de inventar um estilo de vida de uma simplicidade elegante, onde as dádivas da Terra sejam partilhadas entre todos os seres humanos de forma justa, sem comprometer as necessidades dos outros seres não humanos e das gerações futuras. Essa simplicidade é o caminho para descobrir a espiritualidade. Adotamos a simplicidade não apenas porque o estilo de vida consumista é desleal, injusto e insustentável, mas também porque é causa de descontentamento, insatisfação, desarmonia, depressão, doença e divisão. Mesmo se não houvesse o problema do aquecimento global, da escassez de recursos, da poluição e do desperdício, ainda assim precisaríamos escolher um estilo de vida mais simples, que conduzisse à espiritualidade e fosse congruente com ela. Um estilo de vida assim, despojado do peso de posses desnecessárias, pode oferecer a oportunidade de explorarmos o universo da imaginação e de nele encontrarmos uma alegria sem limites.

Buda foi um príncipe: ele possuía palácios, elefantes, cavalos, terras e tesouros de ouro e prata, mas percebeu que toda essa riqueza o atrasava, o mantinha acorrentado à ganância, ao desejo, à ânsia, ao orgulho, ao ego, ao medo e à raiva. A ideia de que riqueza e poder o tornariam feliz era uma ilusão; a alegria por meio de posses materiais era uma miragem. Assim, ele adotou uma vida de pobreza nobre, o que significava uma aceitação voluntária de limites. Não havia explosão populacional naquela época, Buda não enfrentou uma escassez de matérias-primas ou recursos naturais, não existia o problema do aquecimento global, mas, mesmo assim, ele preferiu o caminho da espiritualidade e da simplicidade, porque essa foi a forma que encontrou de satisfazer as necessidades da alma e do corpo.

Espiritualidade e civilização

Minha terra, minha casa, minhas posses, meu poder e minha riqueza são ânsias de mentes estreitas. A espiritualidade nos livra de uma mente estreita e nos liberta do pequeno Eu, a identidade do ego. Por meio da espiritualidade, somos capazes de abrir as portas da grandeza da mente e do coração, lugares em que o compartilhamento, a assistência e a compaixão são as verdadeiras realidades. A vida existe apenas através da dádiva de outras vidas: toda vida é interdependente. A existência é uma intricada rede interconectada de relacionamentos. Compartilhamos o sopro da vida e, portanto, estamos conectados. Sejamos ricos ou pobres, negros ou caucasianos, jovens ou velhos, humanos ou animais, aves ou peixes, pedras ou árvores, tudo é sustentado pelo mesmo ar, pela mesma luz solar, pela mesma água e pelo mesmo solo. Não há limites, fronteiras, separação, divisão, dualidade; tudo é a dança da vida eterna, em que o espírito e a matéria dançam juntos. Dia e noite, Terra e Céu, todos dançam juntos. Onde houver dança, haverá alegria e beleza.

A religião do materialismo e a cultura do consumismo, que têm sido promovidas pela civilização ocidental, bloquearam o fluxo de alegria e beleza. Uma vez perguntaram a Mahatma Gandhi: "Sr. Gandhi, o que acha da civilização ocidental?". Ele respondeu: "Seria uma boa ideia".

Sim, seria uma boa ideia porque qualquer sociedade que descarta os valores espirituais, que luta pelos bens materiais, que entra em guerra para controlar o petróleo e que produz armas nucleares para manter seu poder político não pode ser chamada de civilização. A cultura moderna e consumista construída sobre instituições econômicas desleais, injustas e insustentáveis não pode ser considerada uma civilização. O verdadeiro objetivo da civilização é manter um equilíbrio entre o progresso material e a integridade espiritual. Como podemos nos considerar civilizados quando não sabemos viver uns com os outros em harmonia? Como podemos habitar a Terra sem destruí-la? Desenvolvemos tecnologias para alcançar a Lua, mas não a sabedoria para viver com nossos vizinhos nem os mecanismos para partilhar comida e água com nossos concidadãos humanos. Uma civilização sem um fundamento espiritual não é uma civilização.

O jeito com que tratamos os animais é um exemplo claro da nossa falta de civilização. Vacas, porcos e galinhas vivem como prisioneiros em fazendas industriais destinadas à agropecuária intensiva. Ratos, macacos e coelhos são tratados como escravos, como se não sentissem dor; tudo por causa da ganância e da arrogância humanas. A civilização ocidental parece acreditar que toda vida é descartável e está a serviço do desejo humano. O racismo, o nacionalismo, o sexismo e a discriminação etária foram contestados e, até certo ponto, erradicados, mas o humanismo ainda governa nossa mente. Como resultado, consideramos a espécie humana superior a todas as outras. Esse humanismo é um tipo de "especismo". Se quisermos lutar pela civilização, teremos de mudar nossa filosofia, nossa visão de mundo e nosso comportamento. Teremos de entrar em um novo paradigma, em que todos os seres são "interseres", interdependentes, inter-relacionados e "interespecies".

A espiritualidade começa em casa

Onde iniciamos essa revolução espiritual? Em nós mesmos. A autotransformação é o primeiro passo para a transformação social, política e religiosa. Todas as transformações começam de baixo e ascendem até englobar um mundo mais amplo. Essa é a lei do mundo natural. O carvalho grande e imponente começa com a semeadura de uma bolota no solo. Depois que a semente é plantada, ninguém sabe, por algumas semanas ou meses, se a bolota está viva ou morta ou se algum dia irá aflorar. Mas aquela transformação invisível debaixo da superfície da terra permite que a bolota saia do solo como um broto minúsculo e delicado. Ele ainda é pequeno e insignificante, mas é a partir desse começo insignificante, que se inicia o processo que, um dia, resultará em um carvalho imponente.

Minha mãe costumava dizer: "É melhor acender uma vela do que rogar praga contra a escuridão, mas antes que você possa acender outras velas, precisa acender a sua própria. Seja sua própria luz. Então, você poderá oferecer ajuda aos outros. Como poderá fazer alguém feliz se você mesmo não está feliz? Sua felicidade nasce da sua bondade para com os outros".

Assim, as transformações pessoal, social e política andam lado a lado; pois, quando estamos livres do medo e da ansiedade e em paz, somos capazes de nos envolver com a comunidade à nossa volta e com a sociedade em geral, a fim de provocar mudanças sociais e políticas que visam aprimorar a vida de todos. Esse ato abnegado de altruísmo, por sua vez, traz um senso de completude, satisfação e felicidade. Portanto, os âmbitos pessoal e político interagem.

Três passos práticos em direção à espiritualidade

Confiança

Vamos explorar algumas áreas da espiritualidade. A primeira e mais importante delas é a eliminação do medo e o cultivo da confiança. Se olharmos com atenção, perceberemos que muitas das nossas dificuldades psicológicas derivam do medo. A sensação de insegurança, a ambição para ser bem-sucedido, o desejo de provar nosso valor, os esforços para impressionar os outros, a ânsia de demonstrar poder sobre os outros e de estar no controle, o vício de fazer compras, consumir e possuir, tudo isso está, em última análise, ligado ao medo. Esse medo pessoal expande-se para a insegurança social e política. Portanto, o primeiro passo em direção à renovação espiritual é ver o fenômeno do medo em nossa vida, e nos darmos conta de que boa parte dele é agravada por mais medo. Medo gera medo. Não poupamos esforços para construir defesas físicas e psicológicas, mas elas apenas aumentam nosso medo. Mesmo quando temos armas nucleares para nos proteger, não nos livramos dele.

Além disso, a história provou que as armas nucleares não são defesas e não oferecem segurança. O ataque às Torres Gêmeas do World Trade Center, em Nova York, foi a prova de que, no fim das contas, todas as defesas são inúteis. Os agressores podem atacar com uma faca ou uma navalha, então qual o motivo de se esforçar tanto e gastar tempo e recursos na construção de ogivas nucleares, quando elas não oferecem proteção ou segurança? O país mais poderoso do mundo, os Estados Unidos, também é o país mais inseguro. Paradoxalmente, quanto mais defesas construímos, mais inseguros estamos. As sociedades ocidentais parecem estar obcecadas com proteção e segurança e não medem esforços para se assegurar contra todas as eventualidades. Essa obsessão tem um efeito paralisante.

O primeiro passo em direção à esfera espiritual é entender o medo, passando a cultivar a confiança. Confie em si mesmo. Você é tão bom quanto desejar sê-lo, é a personificação da centelha divina, do impulso criativo e do poder da imaginação, que sempre estarão com você e o protegerão. Confie nos outros: vocês estão no mesmo barco. Eles anseiam por amor tanto quanto você. Apenas nos relacionamentos com os outros é que você desabrocha. Você é porque outros são, e vice-versa. Todos nós existimos, nos desenvolvemos, desabrochamos e amadurecemos nessa dinâmica de mutualidade, reciprocidade e unidade. Ame e o amor será correspondido. Ofereça medo e o medo será retribuído. Plante uma semente de cardo e você terá centenas de cardos espinhosos. Plante uma semente de camélia e você terá centenas de flores de camélia. Você colhe o que planta; essa é a antiga sabedoria. E ainda não a aprendemos.

Então confie no processo do universo. O Sol está ali para manter toda a vida. A água, para saciar a sede. O solo, para produzir alimentos. As árvores, para dar frutos. No momento em que um bebê nasce, os seios maternos enchem-se de leite. O processo do universo está embutido no sistema de mutualidade sustentável à vida. Centenas de milhões de espécies – leões, elefantes, cobras, borboletas – são alimentadas, abastecidas de água, abrigadas e cuidadas pelo misterioso processo do universo. Confie nele. Como Juliana de Norwich disse: "Tudo ficará bem, todas as coisas ficarão bem".

Participação

A segunda qualidade espiritual é a participação. Participe do processo mágico da vida. Ela é um milagre: não podemos explicá-la nem entendê-la por completo, mas podemos participar ativa e conscientemente dela sem tentar controlá-la, manipulá-la ou subjugá-la.

Participar é fácil e simples. Deram-nos duas mãos maravilhosas para cultivar o solo e produzir a comida. Trabalhar com o solo, em uma horta, supre as necessidades do corpo tanto quanto as da mente. A agricultura industrial nos tirou o direito inato de participar do cultivo da comida. A agricultura industrializada e mecanizada em larga escala nasceu do nosso desejo de dominar. A agricultura local, natural e em pequena escala – ou melhor, a horticultura – é uma maneira de participar na cadência das estações. A Inglaterra deveria ter hortas, e não fazendas. Os animais deveriam ser libertados das prisões da pecuária intensiva. Produzir alimentos é um exemplo do princípio de participação. Assar pão, cozinhar a comida e dividir as refeições com a família, os amigos e os convidados são tanto atividades espirituais quanto sociais e econômicas. A cultura da *fast food* nos privou da atividade fundamental de participação no ritual diário, assim como da prática da nutrição física e espiritual. É incrível que as pessoas de toda a Europa tenham se inspirado no movimento italiano do Slow Food. *Slow food* é uma comida espiritual. *Fast food* é a comida do medo.

A lentidão é uma qualidade espiritual. Se desejamos restaurar a espiritualidade, temos que desacelerar. Paradoxalmente, apenas quando diminuímos nossa velocidade é que podemos avançar. Fazer menos, consumir menos e produzir menos nos permitirá ser mais, celebrar mais e aproveitar mais. O tempo é o que torna as coisas perfeitas. Dê tempo a si mesmo para fazer as coisas e para descansar. Leve o tempo que for para fazer, assim como para ser. É na dança do fazer e do ser que se encontra a espiritualidade.

Uma vez, o imperador da Pérsia pediu ao seu mestre sufi: "Por favor, aconselhe-me: o que eu devo fazer para renovar minha alma, reviver meu espírito e revigorar minha mente a fim de ser feliz no meu íntimo e eficaz no meu trabalho?". O mestre sufi respondeu: "Meu senhor, durma o quanto puder!". O imperador ficou surpreso e pasmo ao ouvir essa resposta e argumentou: "Dormir? Eu tenho pouco tempo para isso. Tenho de exercer a justiça, aprovar leis, receber embaixadores e comandar exércitos. Como posso dormir com tanta coisa para fazer?". Então o mestre sufi respondeu: "Meu senhor, quanto mais o senhor dormir, menos o senhor irá oprimir!". O imperador ficou sem fala; viu que o sábio sufi tinha razão. Mesmo tendo sido rude, ele estava certo.

Os países ocidentais estão em uma situação parecida com a do imperador da Pérsia. Quanto mais trabalhamos, mais consumimos: dirigimos carros, voamos em aviões, consumimos eletricidade, vamos às compras e produzimos resíduos. Quanto mais depressa fazemos essas atividades, mais danos causamos ao meio ambiente, aos pobres e à nossa própria paz de espírito. Então, a verdadeira participação é viver e trabalhar em harmonia com nós mesmos, com nossos concidadãos humanos e com o mundo natural. Participar não significa ser veloz ou eficiente, mas ter harmonia, equilíbrio e agir adequadamente.

Gratidão

A terceira qualidade espiritual é o senso de gratidão. Na nossa cultura ocidental, reclamamos de tudo. Se chove, dizemos: "O tempo está péssimo, não? Tão úmido e frio!". Quando faz sol, reclamamos: "Não está calor? Tão quente!". A mídia está cheia de reclamações e críticas. Os debates no parlamento concentram-se principalmente nos aspectos negativos das políticas de um governo. A oposição culpa o governo, e este culpa a oposição. A cultura da culpabilidade e da reclamação permeia tudo, até mesmo nossa vida familiar e nosso trabalho. Por causa da dominância da cultura da condenação, aprendemos a nos condenar também. "Não sou bom o bastante" é o sentimento generalizado. Seja lá o que fazemos, não apreciamos. Achamos que deveríamos estar fazendo algo diferente, outra coisa, algo melhor. Então, seja lá o que outras pessoas façam, não aprendemos a apreciar também. "Tive uma infância horrível", reclamamos. "Minha escola era péssima", refletimos. "Nunca sou valorizado pelos meus colegas", resmungamos, e esse tipo de crítica não para nunca.

A fim de desenvolver a espiritualidade, precisamos equilibrar nossa capacidade crítica com nossa capacidade de apreciação e gratidão. Temos de treinar nossa mente a reconhecer os dons que recebemos de nossos ancestrais, de nossos pais, professores, colegas ou de nossa sociedade em geral. Também precisamos expressar nosso agradecimento pelas dádivas da Terra. Que sistema gaiano maravilhoso é esse do qual fazemos parte! Ele regula o clima, organiza as estações e oferece abundância de nutrientes, beleza e prazer sensual a todas as criaturas. Quando estamos admirados e maravilhados com os mecanismos da Terra sagrada, nos sentimos abençoados e agradecidos. Quando a comida é servida, um senso de gratidão nos preenche. Agradecemos ao cozinheiro e ao horticultor, mas também agradecemos ao solo, à chuva e à luz solar. Até mesmo expressamos nossa gratidão às minhocas, que trabalharam dia e noite para manter o solo friável e fértil. Por mais experiente que seja o horticultor, sem as minhocas, não haveria comida. Então, em louvor, dizemos: "Vida longa às minhocas", e, além disso, nos juntamos ao poeta Gerard Manley Hopkins:

"Vida longa às ervas daninhas e à vida selvagem também". É a beleza da selva que alimenta nosso solo, enquanto o fruto da Terra alimenta o corpo.

A generosidade e o amor incondicional da Terra por todas as suas criaturas não têm limites. Plantamos uma pequena semente de maçã no solo. Em alguns anos, essa semente minúscula gera uma árvore e produz milhares e milhares de maçãs ano após ano. E tudo isso a partir de uma sementinha, às vezes semeada naturalmente. Quando, no outono, as maçãs amadurecem com sua polpa cheirosa, suculenta e viçosa, nós a comemos até não poder mais. A árvore não conhece discriminação; ela não faz perguntas. Pobre ou rico, santo ou pecador, tolo ou filósofo, vespa ou pássaro, um e todos podem receber o fruto livremente. O que mais podemos sentir pela árvore além de gratidão? E, da nossa gratidão, flui a humildade, já que a arrogância vem do ato de reclamar e criticar. Quando criticamos a natureza, chegamos à conclusão de que ela não é boa o suficiente: é imperfeita e instável. Ela precisa de nossa tecnologia e engenharia, então não poupamos esforços para melhorá-la, mas acabamos destruindo-a. Com um senso de gratidão, seguimos o curso da natureza, trabalhamos em harmonia com ela e apreciamos suas qualidades miraculosas.

Para resumir, o que estou ressaltando aqui é que não há dualismo e separação entre a matéria e o espírito. O espírito existe dentro da matéria, e esta, dentro dele. Mas nós os separamos, transformamos o espírito em um assunto privado e permitimos que apenas a matéria dominasse nossa vida pública. Temos de superar essa clivagem urgentemente. Sem essa superação, o mundo material, a própria Terra continuará a sofrer consequências catastróficas, e a sabedoria e os *insights* espirituais continuarão a ser vistos como práticas idealistas, esotéricas e exóticas, totalmente irrelevantes à nossa existência diária.

Quando pudermos superar esse rompimento, seremos capazes de incutir o espírito nos negócios, no comércio e na economia. Poderemos criar uma política que servirá a todos. Nossas religiões não serão divisoras; pelo contrário, se tornarão uma fonte de cura e de solução de conflitos. O movimento a favor da sustentabilidade ambiental e da justiça social inspirará, em vez de inquietar, e, pessoalmente, os seres humanos ficarão à vontade consigo mesmos e com o mundo ao seu redor. O casamento da matéria com o espírito, dos negócios com o espírito, da política com o espírito, da religião com o espírito e do ativismo com o espírito é a principal união necessária em nossa época.

As pessoas estão famintas por nutrição espiritual; fome essa que não pode ser sanada por meios materiais. Portanto, o grande trabalho que temos em nossas mãos é criar espaço e tempo para que elas descubram sua espiritualidade, assim como a espiritualidade alheia.

Minha argumentação a favor do espaço espiritual na vida não deveria ser necessária, mas, como nas últimas centenas de anos, a cultura ocidental tem negado o espírito e se ocupado com a elevação do status da matéria, nossa sociedade e nossa cultura perderam equilíbrio e completude. Para restaurar o equilíbrio, dei ênfase à importância do espírito. Em um mundo ideal, as pessoas reconheceriam que o espírito está sempre implícito na matéria. Tradicionalmente, as coisas eram assim: as pessoas peregrinavam para montanhas e rios sagrados; a vida era considerada sagrada e inviolável. Valorizávamos a dimensão metafísica das árvores. A árvore falante, a árvore do conhecimento e a árvore da vida expressam a qualidade espiritual implícita da árvore. Recuperar essa sabedoria perene é o maior imperativo da vida.

Este é o texto da palestra de Satish Kumar para o Schumacher Lecture. Ministrada em 30 de outubro de 2004 em Bristol, Reino Unido (www.schumacher.org.uk), ela foi publicada pela primeira vez na *Resurgence Magazine*, número 229.

Nascido na Índia e tendo começado a vida como um monge jainista, **Satish Kumar** é o editor da Resurgence Magazine (www.resurgence.org), que promove um modo de vida equilibrado dos pontos de vista ecológico e espiritual. Também foi pioneiro do movimento Human Scale Education. Fez uma peregrinação pela paz de 13 mil quilômetros, a pé, na década de 1960, da Índia até os Estados Unidos, passando por Moscou, Paris e Londres. Kumar cumpriu esse trajeto a fim de entregar aos então líderes das quatro potências nucleares do mundo um modesto pacote de "chá da paz". Ele fora manufaturado por mulheres em uma fábrica de chás indiana. "Diga o seguinte aos líderes: quando os senhores acharem que precisam apertar o botão, parem por um minuto e tomem uma xícara de chá fresco", falaram as mulheres.

> Antes de começarmos a criar novas comunidades e outras formas de serviço, algumas diretrizes fundamentais podem nos ajudar a manter nossas ações puras e nossas relações espiritualmente autênticas. Catorze princípios de ativismo espiritual estão aqui apresentados de modo sucinto; princípios esses que surgiram a partir de anos de serviço nessa área.

Diretrizes para uma espiritualidade socialmente engajada

William Keepin

Dos anos de facilitação do trabalho interior com líderes da mudança social nos programas do Satyana Institute, um conjunto de diretrizes ou princípios surgiu. A ideia era apoiar a prática da "espiritualidade engajada". Essas diretrizes foram desenvolvidas por profissionais e ativistas engajados na prestação de serviços, que queriam trazer mais amor e sabedoria espiritual para sua vida profissional diária. Tentar formular diretrizes universais desse tipo é, sem dúvida, muito arriscado. Portanto, as diretrizes a seguir são oferecidas como um estímulo à inspiração, e não como princípios definitivos. Em conjunto, elas sintetizam *insights* que já se mostraram úteis aos ativistas socialmente engajados, que tentam lidar com maneiras de integrar seus valores espirituais "internos" a seus trabalhos práticos "externos".

Transformação

Transformar a motivação de raiva/medo/desespero em compaixão/amor/propósito é um desafio vital para os líderes da mudança social de hoje, particularmente aqueles que combatem a injustiça em suas várias formas. Isso não significa negar a emoção nobre e apropriada de raiva ou indignação diante da injustiça social. Na verdade, isso implica uma transição crucial: a da luta contra o mal para o trabalho pelo amor. Os resultados em longo prazo são bem diferentes, mesmo que as atividades externas pareçam quase idênticas. O Fazer sucede o Ser, como diz o ditado sufi. Assim, "um futuro positivo não pode surgir da mente raivosa e desesperada", como afirma o Dalai Lama.

Martin Luther King enfatizou que devemos purificar nossas intenções antes de avançarmos para a ação direta pela mudança social. Caso contrário, os resultados de nosso trabalho poderiam, na realidade, prejudicar nosso propósito nobre em nome do seu avanço. Como Thomas Merton alertou: "Se tentarmos agir e fazer coisas pelos outros ou pelo mundo sem aprofundar nossas próprias autocompreensão, liberdade, integridade e capacidade de amar, não teremos nada para oferecer a eles. Não comunicaremos nada além do contágio de nossas próprias obsessões, de nossa agressividade, de nossas ambições egocêntricas".

Desapegar-se do resultado

É difícil colocar isso em prática, mas, na medida em que nos apegamos aos resultados de nosso trabalho, tendemos a nos elevar e a cair com nossos sucessos e fracassos – caminho garantido para o esgotamento físico ou emocional. Nossa tarefa é ter um propósito claro e desapegar do resultado, reconhecendo que uma sabedoria maior está sempre em curso. Como Gandhi salientou, "a vitória está na ação", não nos resultados. Também precisamos nos manter flexíveis perante as circunstâncias em mutação: "Planejar é inestimável, mas os planos são inúteis", diz Churchill.

Nos programas de treinamento em Satyana, vários líderes da mudança social reagiram de forma intensa a esse princípio. Certa vez, um advogado ambiental disse gaguejando: "Como posso entrar em um tribunal e não me apegar ao resultado? Pode apostar que eu me importo com quem ganha e com quem perde! Se eu não estiver apegado ao resultado, passarão por cima de mim! E quando eu perco, a Terra perde!".

A fúria desse homem ressalta o desafio pungente de implementar esses princípios no mundo real, com seus conflitos políticos e sociais. Mesmo assim, ele continuou voltando ao nosso retiro, tentando achar maneiras de amar seus adversários. Ele acabou vendo que se desapegar do resultado não significa nutrir uma indiferença passiva. Também reconheceu que, embora tenha sido difícil amar alguns dos adversários, uma forma de fazer isso foi amá-los por terem criado a oportunidade de ele se tornar uma voz fervorosa pela verdade e pela proteção do meio ambiente.

A integridade é a sua proteção

Se o nosso trabalho é íntegro, ele geralmente nos protegerá de energias e circunstâncias negativas. Podemos muitas vezes contornar a energia negativa nos tornando "transparentes" a ela, permitindo que passe por nós sem efeitos adversos. Essa é uma prática da consciência que podemos denominar *"aikido* psíquico".

Integridade em meios e fins

Um objetivo nobre não pode ser alcançado através de meios ignóbeis. A integridade dos meios cultiva a integridade nos frutos do nosso trabalho. Alguns participantes dos nossos treinamentos se envolviam regularmente em debates políticos, depoimentos e audiências. Sugerimos que usassem a prática tibetana *tonglen* para transmutar a energia negativa em compaixão e amor, bem ali na sala de audiências. Aqueles que a experimentaram a sério relataram que ela foi muito útil na neutralização de situações psicológicas carregadas e na redução da tensão em debates acalorados.

Não demonize seus adversários

Isso os torna mais defensivos e menos receptivos às suas visões. As pessoas respondem à arrogância alheia com a sua própria arrogância, criando uma polarização rígida. Seja um aprendiz eterno, desafie constantemente suas próprias visões.

O ideal é sempre contemplar pontos de vista alternativos, a fim de passar da certeza para a indagação perpétua. Isso é algo difícil de se fazer, pois muitas vezes nos sentimos seguros a respeito do que achamos que sabemos e das injustiças que vemos. Como John Stewart Mill observou: "Em todas as formas de debate, os dois lados tendem a estar corretos no que afirmam, mas incorretos no que negam". Ao entrarmos em uma situação de antagonismo, temos plena consciência da exatidão de nossas próprias afirmações, mas normalmente há uma certa dose de verdade no que está sendo afirmado por nossos oponentes, por menor que ela seja. Precisamos ser especialmente cuidadosos com aquilo que negamos, porque é aí que estão nossos pontos cegos.

Você é único

Cada um de nós deve encontrar e realizar sua verdadeira vocação. "É melhor trilhar seu próprio caminho, por mais humilde que seja, do que o de outra pessoa, por mais bem-sucedido que seja", diz o *Bhagavad Gita*. Todos nós temos uma melodia única para contribuir em prol da sinfonia da vida. Descubra a sua e cante-a com confiança, alegria e desprendimento; e deixe as vozes que compõem o resto da harmonia cuidarem de si mesmas.

Ame seu inimigo

Ou, pelo menos, tenha compaixão por ele. Esse é um desafio vital para a nossa época. Isso não significa ceder à falsidade ou à corrupção, mas passar do pensamento "nós/eles" para a consciência "nós", da separação para a cooperação, reconhecendo que nós, seres humanos, somos, em última análise, muito mais similares do que diferentes. Isso é desafiador em situações com pessoas cujas visões são radicalmente opostas às nossas. Seja firme quanto às questões, suave quanto às pessoas.

A prática de amar nossos adversários é, sem dúvida, desafiadora em situações com pessoas cujas visões e métodos são drasticamente opostos aos nossos, mas é aí que ocorre o verdadeiro crescimento. À medida que descobrimos que os problemas da humanidade também estão em nosso coração e em nossa vida, percebemos que também somos o "eles" de que geralmente falamos. Não estamos isentos e não somos diferentes.

Servir aos outros com altruísmo

Nosso trabalho é para o mundo, não apenas para nós. Na prestação de serviço, plantamos sementes em benefício dos outros. A colheita total do nosso trabalho pode não acontecer durante nossa vida, mas nossos esforços de agora possibilitam uma vida melhor para as futuras gerações. Obtenha satisfação e sinta gratidão pelo privilégio de ser capaz de prestar esse serviço e por fazê-lo com a maior quantidade de compaixão, autenticidade, coragem e perdão que puder reunir. Essa é a compreensão tradicional do serviço altruísta, e seu oposto também é verdadeiro, como refletido no princípio a seguir.

O serviço altruísta também nos serve

Quando servimos aos outros, servimos a nosso verdadeiro *self*. "É dando que se recebe." Somos fortalecidos por aqueles a quem servimos, assim como somos abençoados quando perdoamos os outros. De acordo com Gandhi, a prática da *satyagraha*, que significa "apego à verdade", confere um "poder inigualável e universal" àqueles que a exercem. A prestação de serviço é o interesse próprio iluminado, e cultiva um senso de identificação mais amplo, que inclui todas as outras pessoas. Embora não estejamos aqui para servir a nós mesmos, nada nos serve melhor que servir aos outros.

Não se isole da dor do mundo

Ao nos protegermos de eventuais mágoas e dores, impedimos a transformação. Deixe seu coração aberto e aprenda a viver no mundo com um coração despedaçado. Como Gibran diz: "Tua dor é o remédio com que o médico dentro de ti cura a ti mesmo". Quando nos abrimos para a dor do mundo, tornamo-nos o remédio que cura o mundo. Se repelimos a dor, na verdade impedimos nossa própria participação na tentativa que o mundo faz de se curar. Foi isso que Gandhi entendeu de forma tão acentuada em seus princípios de *ahimsa* e *satyagraha*. Um coração partido é um coração aberto pelo qual o amor flui e a transformação genuína começa.

Você se torna aquilo em que presta atenção

Sua essência é maleável, e, por fim, você se torna aquilo em que foca sua atenção mais profundamente. Você colhe o que planta, então escolha suas ações com cautela. Se sempre participar de conflitos, você mesmo se tornará alguém preparado para o combate. Se sempre oferecer amor, você se tornará o próprio amor. Cada um de nós é plenamente responsável por sua própria vida e por aquilo a que escolhe servir.

Reserve tempo suficiente para o retiro, a renovação e a escuta profunda

Saber quando se afastar faz parte de saber como avançar. Os maiores líderes espirituais e ativistas sempre fizeram retiros com o objetivo de se afastar do mundo, por um tempo significativo, para melhor servi-lo depois. Períodos prolongados de descanso ajudam a clarear a visão e o pensamento, relaxar o corpo e a mente e purificar as intenções. Isso expande nossa capacidade de servir, e cultiva uma perspectiva mais ampla e mais prudente de nós mesmos e do nosso serviço.

Confie na fé e abra mão de ter que entender tudo

Existem forças "divinas" em ação, que são maiores do que nós e nas quais podemos confiar por completo sem ter de conhecer seus mecanismos precisos ou suas metas. Ter fé significa confiar no desconhecido e oferecer a si mesmo como veículo voluntário para que a sabedoria e a benevolência intrínsecas do cosmos realizem seu trabalho. "O primeiro passo para a sabedoria é o silêncio. O segundo é ouvir." Se você pede de modo sincero, no seu íntimo, por uma orientação, escutando-a e depois seguindo-a cuidadosamente, você trabalha em consonância com essas forças maiores e se torna o instrumento para a música delas.

Fincar um alicerce na confiança inabalável não é uma fantasia excessivamente otimista ou um idealismo ingênuo, como alguns "realistas" podem interpretar. Pelo contrário, isso implica um alinhamento profundo e instintivo com o mistério e a maravilha da própria vida, invocando algo real, mas escondido, que vai além dos princípios científicos tradicionais. A fé não é uma adesão cega a qualquer conjunto de crenças, mas um conhecimento, por meio da intuição e da experiência, sobre as forças universais e as energias para além da nossa observação direta. Podemos aproveitar e nos conectar com essas forças ocultas, primeiro sabendo que elas estão lá, depois pedindo ou ansiando pelo seu apoio – ou, mais precisamente, pedindo-lhes para que nos permitam servir em seu nome. Na verdade, essa compreensão proporciona um grande alívio, à medida que reconhecemos que não cabe a nós saber de todos os passos para transformar o mundo, pois somos apenas agentes participando de uma vontade e uma sabedoria cósmicas muito maiores do que nós.

O amor cria a forma

Não o contrário. O coração cruza o abismo que a mente cria e opera em profundidades desconhecidas para ela. Não fique refém de um "pessimismo em relação à natureza humana sem contrabalanceá-lo com um otimismo em relação à natureza divina, ou você irá negligenciar a cura pela Graça", diz Martin Luther King. Deixe o amor do seu coração penetrar em seu trabalho e você não poderá falhar, embora seus sonhos talvez se manifestem de formas diferentes das que você imagina.

O que Martin Luther King chama de "cura pela Graça" é fundamental, mas vai muito além do que a mente pode compreender. A Graça é inefável aos sentidos, embora não seja menos real por estar oculta. Ela é o poder do amor em ação, e ele é o maior poder do universo. Sob essa perspectiva, King refutava seguramente até os pessimistas sociais e religiosos mais convincentes, que se baseavam somente na análise política e teológica (por exemplo, *Moral Man, Immoral Society*, de Reinhold Niebuhr). Negligenciar a cura pela Graça é negligenciar a própria fonte e o próprio alicerce de toda vida.

Epílogo

Antes do fim deste capítulo, alguém poderia perguntar se esses princípios podem ser "provados" científica ou filosoficamente de alguma maneira. Talvez não nos termos objetivos ou empíricos apreciados por materialistas e céticos. Porém, como somos ativistas espirituais socialmente engajados, não vivemos para provar; provamos pela nossa vivência. Nas palavras do poeta místico Rumi: "Se você está apaixonado, essa paixão é a única prova de que precisa. Se não está, de que lhe servem todas as suas provas?".

Como ativistas espirituais socialmente engajados na aurora do terceiro milênio, somos chamados a servir em duas funções distintas: como funcionários de um asilo para uma civilização agonizante, e como parteiras de uma civilização emergente. As duas tarefas são necessárias. A cultura da modernidade deve desaparecer e ser substituída por uma civilização do amor, se queremos que a raça humana se desenvolva e prospere. Somos chamados a andar pelo mundo com o coração aberto – presenciando a angústia e a decadência de uma civilização em declínio –, enquanto mantemos um entusiasmo sincero à medida que focamos nossas energias na inspiração visionária e na construção de novas formas inéditas de comunidade humana que servirão à evolução futura da humanidade.

Veja a biografia de **William Keepin** na página 12.

> A ecovila Findhorn é reconhecida como uma comunidade pioneira por ter conciliado, de forma bem-sucedida, valores e práticas espirituais, sociais, econômicas e ecológicas, a fim de que as pessoas possam se desenvolver plenamente. Essa entrevista com dois líderes da comunidade Findhhorn explora a riqueza da vida interior e exterior na ecovila.

O silêncio e o sagrado: entrevista com Craig Gibsone, antigo focalizador da Findhorn Foundation, e com Robin Alfred, presidente administrativo

William Keepin

William Keepin: Com base na experiência de 44 anos de Findhorn, quais são as percepções ou lições mais importantes que você destacaria para pessoas que hoje querem implementar uma visão espiritual em uma comunidade?

Craig Gibsone: O motivo pelo qual vim para Findhorn, e pelo qual fiquei, é que aqui sempre existiu um reconhecimento do intuitivo e da importância do silêncio, o silêncio interno de cada um e a criação de um local de silêncio onde você, na verdade, se reúne com seus amigos. Em minha perspectiva de formação budista, isso é prática espiritual.

O que tento passar para as pessoas hoje em dia – em especial para as gerações mais novas, que às vezes reagem de forma negativa à ideia de meditação ou espiritualidade – é que você precisa praticar o silêncio, ou ficar quieto, na mesma medida em que precisa usar um *skate*. Independentemente das atividades ou dos interesses escolhidos na vida, é preciso dedicar energia e tempo para ficar em silêncio e reconhecer que isso é importante. Isso é central em Findhorn: "Fique tranquilo e saiba que 'Eu sou..'". É como Eillen Caddy, uma de nossas fundadoras, diria: "Deus é a pequena e tranquila voz interior". Findhorn também ensinou: "Fique tranquilo e ache sua relação única com o mistério mais amplo da criação" e, se quiser realmente descobrir isso, dedique tempo para fazê-lo.

WK: Há técnicas específicas para a meditação silenciosa em Findhorn?
CG: Há várias técnicas para se manter em silêncio. Se quiser ser um bom alpinista, precisa sair por aí em terreno íngreme e praticar alpinismo, mas, se quiser permanecer tranquilo e escutar, então tem de trabalhar a respiração. É a melhor forma. Simples. Nesse contexto, ensinamos ritmos de respiração bem simples, como o ritmo de uma dança.

É impressionante como em Findhorn nunca se desenvolveu nenhum dogma nem nenhuma técnica específica; a prática básica é apenas "permanecer tranquilo". Cada pessoa descobre seu próprio e único caminho para esse propósito. E é importante que exista um espectro de métodos para se escolher, porque pessoas diferentes precisam de caminhos diferentes, a fim de descobrir o seu silêncio interno. Apesar de adorar meditar sentado, percebi que outros, na verdade, adoram fazê-lo caminhando, andando de bicicleta ou praticando montanhismo. Mas, independentemente do método, é importante que o seu método o leve aos chamados "momentos zen". Sempre que ensino, tento perguntar: "Qual é a melhor ferramenta para cada um de vocês?" Incentivo cada pessoa a se perguntar: "Qual é o meu caminho pessoal?" A longevidade de Findhorn foi possível, eu acho, porque se trata de um lugar incrivelmente flexível, sendo capaz de manter as pessoas e de apoiá-las a fim de que encontrem os seus ritmos e espaços particulares. Em Findhorn, um propósito silencioso e profundo se estabeleceu: nada de dogmas ou regras claramente registradas. Quando se entra no santuário, por exemplo, você percebe e sente que precisa se sentar e se manter em silêncio ali.

Um fator essencial para o sucesso de Findhorn é que a comunidade se predispõe a adotar algumas técnicas muito poderosas para o trabalho interior, incluindo métodos para entrar nos chamados estados alterados ou estados transpessoais de consciência, ou estados de receptividade ou intuição visionária. Apesar de utilizarmos esses métodos, Findhorn nunca se tornou um veículo para a expressão única dos mesmos. Por exemplo, a Escola Arcana (de Alice Bailey e Djwhal Khul) teve um papel importante aqui, mas nunca foi predominante. No entanto, sempre há um grupo que pratica essa forma particular, mantendo foco interior e disciplina fortes. Há também grupos empenhados em outros caminhos, como o budismo, o que tem sido outro componente essencial aqui.

Essa diversidade espiritual em Findhorn se mostra como um dos pontos fortes da comunidade, e ela é intencional. Findhorn mostra um caminho para o futuro que é inclusivo, eclético, aberto a novas ideias e muito tolerante. Por exemplo, isso está bem presente na prática de harmonização, que acontece todas as manhãs em todos os departamentos de trabalho. As pessoas se reúnem e passam alguns momentos apenas permanecendo juntas. E, mais importante, elas compartilham seus sentimentos e suas necessidades particulares.

A prática da harmonização, que se destacou muito nos anos 1970, permite que as pessoas convivam umas com as outras e compartilhem o que acontece com elas em diferentes níveis. Pode ser que alguém diga, por exemplo: "Eu tive um confronto significativo com essas pessoas esta manhã, e estou muito incomodado". Quem sabe isso surgirá antes mesmo de começarmos a preparar a refeição, estando a aflição dessa pessoa sensivelmente "presa" no departamento de trabalho daquele dia. Então, em Findhorn, todas as necessidades humanas estão sendo atendidas o tempo todo. Por isso, em alguns momentos, tudo é deixado de lado e há apenas espaço aberto. Somos bem parecidos com os *quakers* nesse sentido, e, na verdade, muitos deles se sentem atraídos para cá, porque eles também reconhecem a importância do silêncio compartilhado.

Findhorn também possui vários elementos do budismo. Por exemplo, trabalho é amor em ação, é estar consciente de suas responsabilidades. Além disso, há uma forte ênfase no serviço: doar e compartilhar sem pensar em recompensa financeira, ou qualquer tipo de retribuição, nem mesmo um simples "parabéns".

WK: Qual é a posição da autoridade espiritual em Findhorn? Eillen ou Peter atuavam como "gurus" ou líderes espirituais? Como a liderança espiritual evoluiu ao longo dos anos aqui?

CG: Uma característica básica da espiritualidade em Findhorn tem sido o reconhecimento de que não é necessário algo oficial, ou um guru, ou alguém que faça uma mediação entre você e Aquilo. No entanto, é necessário humildade e compaixão para reconhecer que nós não estamos sozinhos e que há inteligência imbuída em tudo – sempre presente, sempre em mudança. Outro aspecto fundamental em Findhorn tem sido o conceito de cocriação com a natureza, que se desenvolveu particularmente nos anos 1970. Os seres humanos são a natureza. Você é a natureza; não há separação entre você e a natureza. Mesmo o som do jato berrando ao cruzar o céu no nosso dia a dia, o tempo todo! [Findhorn fica ao lado de uma base da força aérea]. Eu cheguei ao ponto em que acredito que o jato é o som da natureza, um produto da vida na Terra que está em evolução, e nós somos isso. Assim como outras espécies fazem seus barulhos particulares, nós humanos os fazemos também.

Em Findhorn, estamos constantemente abertos ao invisível – reconhecendo que o visível e o invisível estão sempre presentes. Há pequenos exercícios simples que ainda fazemos, em que você pega a mão de alguém e pede para essa pessoa fechar os olhos, e então você a escolta pelo jardim e lhe oferece algo para tocar, com os olhos fechados, e aprender a "ouvir" com os sentidos. Eu acredito que, por meio dos trabalhos xamânicos e por conta de outros estados transpessoais, detectamos e sentimos que a "natureza" está dentro de nós na mesma medida em que está ao nosso redor e nos atravessa. Então, o invisível está sempre presente.

WK: Findhorn é famosa por trabalhar com os espíritos da natureza, por exemplo, cultivando repolhos de quase 15 quilos no clima desafiador do norte da Escócia. Como essa prática se desenvolveu ao longo dos anos?

CG: A cocriação com a natureza é um dos atributos mais fortes em Findhorn, especialmente agora que as preocupações ambientais se tornaram tão importantes. Para se tornar sustentável, todas as nossas tecnologias "mais duras" precisam se tornar orgânicas e integradas ao ambiente natural. Não temos hoje o repolho de quase 15 quilos dos anos 1960, mas temos uma "máquina viva" que processa nosso esgoto e produz plantas maravilhosas e água limpa ao final do processo. As pessoas podem contestar que é apenas uma coleção de tanques, canos e plantas, e isso é verdade, mas estamos cocriando, uns com os outros, todas essas formas vivas lá. Quando as plantas estão florescendo, pode-se dizer que estão vivendo de nossos excrementos, mas essas formas de vida estão celebrando. Na verdade, estão dizendo: "Ah, sim, que maravilhoso, fantástico, lindo. Por favor, mais!".

Então, mostramos o funcionamento da máquina viva às pessoas e mostramos como ela imita a história da criação. Ao entrar pela primeira porta, é como se fosse a primeira vida na Terra. Nesse momento, temos vida anaeróbica e lama. Ao continuar pela próxima porta, de repente o oxigênio começa a ser produzido e temos a segunda grande onda. Quando você entra por essa porta da máquina viva, você estará na primeira grande onda da extinção. Ao continuar o percurso, ela imitará toda a evolução natural lá dentro, mas sem os dinossauros. Ao seguir em frente, você alcança a sexta grande onda da extinção e pergunta: qual é a espécie envolvida nessa grande onda, que está além de qualquer outra grande onda de extinções passadas? E somos nós! A humanidade! Então a máquina viva toca no que chamo de minha alma biológica. Eu não sei se muitos entendem isso, mas é a minha natureza primordial; é aquele pequeno organismo que sempre foi eu, que evoluiu bem devagar e cresceu até se tornar essa criatura viva extraordinariamente poderosa que chamamos de ser humano. E nós, humanos, podemos escolher esse caminho.

Da máquina viva, partimos para o Universal Hall, que fica no subsolo; ou para o santuário, em um ambiente construído pelo homem; você reduz a luz e está no infinito. Está em um templo. E isso é a minha alma. Então, uma coisa é minha "alma biológica", e outra é a minha alma. Talvez seja isso o que as pessoas sentem quando chegam em Findhorn, porque a natureza oferece sustento. Elas podem não reconhecer isso conscientemente, mas ainda assim sentem-se acalentadas porque há uma atmosfera acolhedora e amorosa. Há uma predisposição ao silêncio, mas também uma predisposição aos relacionamentos e à intimidade.

Outra dinâmica importante do lugar é visível na conferência chamada "Psique e Alma", que se realiza aqui. Nossos aspectos psicológicos também são reconhecidos como sagrados. O Dalai Lama expressou isso da melhor forma: quando mergulhamos fundo na busca espiritual, e especialmente para os ocidentais que praticam a meditação e o silêncio, precisamos de habilidades psicodinâmicas a fim de processar o material que surge e se origina através de nós. Findhorn faz isso de várias maneiras: trabalho respiratório holotrópico, coaconselhamento, o Jogo da Transformação – todas são ferramentas necessárias para a contínua compostagem pessoal.

WK: Do que você mais gosta em Findhorn no momento atual?
CG: Começando por uma perspectiva espiritual, sou fascinado pela constatação de que, quanto mais fundo mergulhei na minha própria natureza espiritual e no mistério da vida, mais fui encaminhado para a natureza e para o meio ambiente. O mistério deve estar aí, assim como dentro de mim. Sou parte da natureza. Como ela é de verdade? Posso senti-la e conhecê-la diretamente? Como um aborígene realmente compreende o tempo e o espaço? Se pedir para crianças aborígenes desenharem autorretratos, elas desenharão o meio ambiente, as árvores e a paisagem.

Sou apaixonado pela forma com que o movimento ambientalista está se aproximando cada vez mais da espiritualidade. Em nosso treinamento de ecovila em Findhorn, por exemplo, vemos pessoas vindas de contextos espirituais e contextos ambientalistas, e elas estão atravessando suas próprias fronteiras e se entendendo muito bem entre si. No movimento das ecovilas, essas pessoas estão trabalhando de formas mais próximas e mais íntimas, oferecendo umas às outras suas respectivas linguagens, sabedoria e sua percepção. Elas podem compartilhar um sentido mais aprofundado do que seja o verdadeiro ouvir. O poder do movimento de ecovila é a criação de um terreno rico para a fertilização cruzada, para as pessoas compartilharem a partir de suas diversas perspectivas, observando-as constantemente. Esse processo é muito forte no treinamento de ecovila aqui. Momentos de silêncio são agendados no programa. Nenhuma tarefa é tão importante a ponto de não haver tempo para o silêncio. Seja qual for o processo educacional, ele deve ser construído em torno da vida e do carinho, do cuidado e do fluxo da comunidade em que estamos. De outra forma, não chegamos a lugar algum.

WK: Como as crianças são criadas e educadas em Findhorn?
CG: Nunca vi essa comunidade tentar educar as crianças impondo maneiras particulares a elas como, por exemplo, "as crianças precisam meditar, ou elas precisam se comunicar com a natureza", ou qualquer outra dessas coisas que nós todos fazemos. Nós apenas permitimos que elas experimentem as coisas, que nos vejam resolvendo nossas diferenças e também que nos vejam celebrando, cantando e dançando – o que, em certos momentos, elas adoram e, em outros, acham constrangedor. Porém, para as crianças e os jovens aqui, Findhorn é sempre um lugar de amor e de solidariedade, que lhes permite circular por todas as experiências. Eles realmente amam e aproveitam essa experiência nos estágios iniciais e, mais tarde, quando ficam maiores, geralmente a rejeitam e partem para descobrir o mundo lá fora. Normalmente elas voltam e consideram essa forma de vida algo muito bom.

WK: Como a força interior de uma comunidade é sustentada ao longo do tempo?
CG: O principal fator em qualquer tentativa de se criar uma comunidade é que você deve alimentar e cuidar da vibração que você quer. Não precisa chamá-la de espiritual. Qual é a presença que quer ali? Você precisa trabalhar constantemente nisso, invocá-la, convidá-la e conscientemente pedir por sua participação. Não precisa fazer isso em termos ou linguagem espirituais, pode fazê-lo a partir de uma forma xamânica, ou mesmo de outras formas simples. É como um processo de "descoberta em grupo" que leva você a um lugar de escuta, e isso não precisa ser completamente silencioso. No entanto, é preciso oferecer alguma forma pela qual as pessoas demonstrem um sinal definitivo de respeito umas pelas outras, e isso envolve sentar-se em silêncio... Ficar de olhos abertos ou fechados, o que for mais agradável.

WK: Quando alguém se torna detestável em seu apego ao ego, ou se comporta de forma indevida, como o processo de autocorreção funciona em Findhorn?
CG: Os fundadores foram muito bons em estabelecer um tipo de processo autorregulatório que nos ajudou a monitorar uns aos outros (e, entre os fundadores, eu incluo aqui alguns menos visíveis, como David Spangler, entre outros). No início, tínhamos o CAD (cuidado amoroso e delicado). Sempre que encontrávamos alguém em um espaço conturbado, ou começando a agir de forma "diferente", em um sentido inapropriado, prestávamos uma atenção especial a ela ou ele. Isso evoluiu ao longo do tempo para o que chamamos de DE&P (desenvolvimento espiritual e pessoal), e envolve um papel de aprendizagem. Uma coisa que Peter realmente realizava bem era a alternância de pessoas em trabalhos e responsabilidades diferentes, de forma que elas nunca faziam apenas uma coisa. Com o passar do tempo, elas experimentavam uma gama variada de funções, incluindo trabalhos simples, como apenas cozinhar. Mas que também podia evoluir, ao longo do tempo, para um foco na cozinha, o que significava cozinhar para 150 pessoas.

Isso criou um processo rico de automonitoramento, que guia e ajuda a pessoa em seu crescimento. O automonitoramento também exige que se trabalhe com os corpos emocional e psicológico; aprender o que eles são, como se manifestam, e como o indivíduo pode identificar as próprias experiências. À medida que as pessoas ganham algum nível de autoconhecimento e percepção, elas podem começar a apoiar as outras, já que transitam por diferentes áreas de responsabilidades na comunidade.

Claro que o monitoramento espiritual é parte disso também. Há muito poder e carisma projetado nas pessoas que podem trabalhar com a chamada questão espiritual ou com as pessoas difíceis. Em Findhorn, uma coisa excelente é que espera-se que todos nós trabalhemos com essas questões. Não é preciso que todos nos especializemos nessa área, mas todos trabalhamos com emergências espirituais. Uma vez ou outra, alguém tem uma crise e há a necessidade de um cuidado mais intensivo.

Ao entrar na Fundação, você é monitorado, e o processo básico é bem direto: você determina seus próprios parâmetros ou metas. O trabalho do monitor é checar o processo com você periodicamente e ver como está indo com relação às suas metas. Então, há ajuda disponível sempre que estiver em alguma transição. Dessa forma, por exemplo, quando alguém se sente completo em alguma área e se considera pronto para seguir em frente, indo em direção a outra coisa, o apoio está lá. A "sala de aula" da comunidade é muito fluida.

Sempre que alguém gravita ao redor de uma posição mais glamourosa, ficando talvez com o ego inflado e começando a dar ordens a todos, imediatamente trazemos essa pessoa de volta à realidade. De onde essa humildade vem? Eu daria o crédito à Eileen, quando ela recebeu instruções para não mais oferecer orientação para a comunidade. Esse foi um passo fundamental, pois foi aí que, por necessidade, a comunidade precisou olhar para dentro de si mesma a fim de buscar suas próprias orientações.

WK: Como a comunidade de Findhorn aprofunda e mantém suas raízes ao longo do tempo?
CG: O que vejo é uma quantidade incrível de dedicação e comprometimento com os princípios fundadores da Fundação – é quase como uma linhagem. Havia um campo vibratório estabelecido e mantido por Peter e Eileen, e as pessoas vieram por meio desse campo e deles. Aos poucos, esse processo cresceu, a ponto de haver uma presença extremamente forte agora, especialmente na Findhorn Foundation como uma entidade, sendo possível perceber e sentir esse corpo de luz bem forte. As pessoas são iniciadas e acolhidas dentro dele por aqueles que, um dia, também já foram; e, às vezes, elas também saem desse campo. Então, há um convite para se entrar em um campo energético mantido pelas pessoas que já foram iniciadas nele.

Tal aprofundamento continua e está sempre presente, mesmo que sua expressão exterior mude. As pessoas geralmente dizem que Findhorn mudou muito ao longo dos anos, o que de um ponto de vista físico é verdade. Mas, com relação ao nível vibratório, é exatamente o mesmo lugar. Eu confio nos companheiros que estão sempre mantendo aquele espaço, que na verdade escolheram dizer sim para essa comunidade, que escolheram mantê-la unida. Cada uma dessas pessoas, para mim, está tão envolvida e conectada, de forma profunda e poderosa, quanto Peter, Eileen e Dorothy.

Anteriormente, havia mais poder e carisma personificado em um indivíduo, em vez de em muitos. Eu acho que ainda é importante termos Eckhart Tolle e outros maravilhosos indivíduos inspiradores, que podem ser como Dorothys e Peters para nós. Mas, ao mesmo tempo, vejo pessoas na comunidade fazendo isso por si mesmas agora. Viajei com Peter, Eileen e Dorothy e vi a forma com que ensinam, trabalham e espalham ensinamentos ao redor do mundo. Hoje em dia, viajo com outras pessoas e as vejo fazendo exatamente as mesmas coisas. Eu mesmo saio por aí e faço isso. A diferença é que agora não são uma ou duas pessoas, mas dezenas. Em Findhorn, entre quarenta e cinquenta pessoas viajam constantemente, oferecendo um vasto leque de habilidades e conhecimentos, como dança sagrada, educação ambientalista, workshops de música, treinamentos de liderança e de resolução de conflitos. Elas oferecem o mesmo nível de trabalho e a mesma qualidade que Peter, Eileen e Dorothy ofereciam tempos atrás.

WK: Mais cedo, você mencionou a Escola Arcana (ensinamentos de Djwhal Khul apresentados nos escritos de Alice Bailey). Qual é a função dessa e de outras tradições esotéricas?
CG: O nível de inteligência e sabedoria incorporados pela Escola Arcana é muito poderoso e há muitas pessoas na comunidade ligadas a esse canal. Algumas delas se dedicam de forma profunda e quase religiosa a uma disseminação particular de energia a partir de fontes esotéricas para o corpo maior da humanidade. Isso era, talvez, parte do trabalho final de Eileen.

WK: Poderia falar da relação entre o masculino e o feminino em Findhorn?
CG: Definitivamente, Findhorn é um lugar onde o feminino e o masculino estão atingindo uma posição de igualdade que, imagino, seja sem precedentes. O equilíbrio entre os gêneros é uma questão fundamental para qualquer ecovila emergente. Trata-se do processo de reconhecimento e percepção genuínos de que a igualdade total é crucial, na qual o masculino e o feminino devem ser vistos como diferentes, mas igualmente vitais e necessários. É aí que ecovilas emergentes diferem muito de vilas tradicionais. As últimas geralmente têm muitos elementos centrais que também buscamos, em termos de sustentabilidade, mas as dinâmicas de gênero em vilas tradicionais estão geralmente longe de ser equilibradas.

E eu sei que as feministas diriam: "Ah, mas ainda há muito o que avançar em Findhorn". É verdade que ainda não chegamos lá, ainda não nos libertamos de forma significativa. No entanto, Findhorn se baseia no intuitivo e no receptivo, e é por isso que o poder do feminino é forte aqui. Praticamente todas as posições importantes em Findhorn são ocupadas por mulheres neste momento. Há um ou dois homens em algumas funções, mas todas as outras posições de liderança são atualmente ocupadas por mulheres. Em Findhorn, o feminino é sempre conscientemente convidado. Queremos essa parte de você, assim como queremos a parte de você que é o homem, a parte "prática". No entanto, o que gostaríamos mesmo de ver é um homem confortável com o lado feminino que existe dentro dele, seja lá de que forma isso se manifeste. Então, em muitas ecovilas, um aspecto central é trazer os sexos para um lugar de cocriatividade, da mesma forma que funcionamos com a cocriatividade com a natureza. Precisamos dessa integração em nossas identidades sexuais.

WK: Há muitos integrantes que são gays, lésbicas ou transgêneros em Findhorn?
CG: Muitos. As mulheres gays são particularmente fortes e presentes aqui. O que eu também vejo, com as novas gerações chegando, é que elas não se identificam com uma única orientação sexual. Elas são sexuais e ponto, e querem acabar com esse negócio de rotular a sexualidade (tal como hétero, gay, lésbica, transgênero, bissexual).

WK: Há algo mais que queira falar como conclusão ou percepção final?
CG: Sim. Sempre que uma iniciativa nova começa, seja lá como se chame, é vital que os iniciadores ou líderes do projeto estejam conscientes da alma e das tradições da terra, que devem, de algum modo, dar forma e inspirar a evolução do projeto. A partir de uma perspectiva de Findhorn, não é coincidência que a nossa comunidade tenha nascido em uma terra e uma tradição celta, embora boa parte dessa herança tenha sido perdida. Os celtas tinham uma espiritualidade fortemente baseada na terra e na natureza. As ecovilas estão aqui para restaurar e cultivar o equilíbrio entre os quatro elementos – terra, ar, fogo e água – e entre a natureza e os humanos. Esse é um aspecto central, e as pessoas se conscientizam de que a terra e as coisas que aconteceram estão sempre falando através delas. Isso me leva ao cacique Seattle: "Tudo é sagrado para o meu povo". Não apenas o ambiente natural é sagrado. Minhas emoções são sagradas. Tudo que acontece é visto como um aspecto do sagrado. Perceber isso é a essência de Findhorn.

Robin Alfred, presidente dos administradores da Fundação Findhorn, acrescenta alguns pontos ao que foi dito acima, em conversa com William Keepin.

William Keepin: Poderia traçar, resumidamente, um esboço da filosofia espiritual de Findhorn, como foi no início e como é agora?
Robin Alfred: Findhorn foi fundada há 44 anos, e os três fundadores – Eileen Caddy, Peter Caddy e Dorothy Maclean – vieram de linhagens e contextos

espirituais fortes. Eileen era uma mediadora, fazia parte do movimento de "rearmamento moral". O foco dela era a escuta interna: escute o seu Deus interno para achar respostas e peça orientação a ele – "permaneça tranquilo e saiba que eu sou Deus". Ela passou muito tempo em santuários, criando espaços para meditar e receber orientações, escutando a "pequena e tranquila voz" interior, o que é a sua prática. Peter era um homem de intuição, vinha de um contexto Rosa-Cruz, e também tinha servido na Força Aérea Real Britânica. Ele era alpinista e montanhista; era um intuitivo que colocou as coisas em ação. Seu princípio era o da determinação e da ação, mas Peter se baseava no conhecimento intuitivo e era orientado por Eileen. Dorothy seguia o sufismo quando chegou aqui, e sua prática era a de ouvir a natureza e cooperar com a inteligência da natureza. Essas três práticas – meditação silenciosa e escuta interna em busca de orientação, sintonia e cooperação com os elementais e os *devas*, e a colocação em prática dessas coisas, no plano humano – ainda são o fundamento da espiritualidade em Findhorn.

Já que Peter partiu no início dos anos 1970 e Dorothy também partiu na mesma década, a prática mais forte hoje em dia em Findhorn é a da meditação silenciosa e da escuta interna. Isso acontece porque Eileen foi a única fundadora que permaneceu aqui. Ela morreu aos 88 anos, no outono de 2007. Os outros dois princípios – o mais masculino, da determinação, e o da cocriação com a natureza –, estão mais fracos na comunidade. Dorothy tem ensinado bastante recentemente, visitando a comunidade para nos ajudar a examinar o quão vigorosamente estamos focados hoje na cocriação com a natureza. O princípio de liderança de Peter era mais hierárquico e é mais difícil que isso se manifeste agora na Findhorn contemporânea, porque as pessoas misturam o princípio de determinação e ação interna com a experiência "masculina" externa de liderança e hierarquia. Então há alguma resistência a isso, acredito. Dos três princípios fundadores, trata-se do princípio mais fraco atualmente.

WK: Quais são as práticas espirituais contemporâneas em Findhorn?
RA: Há um espectro imenso. Temos um diretório de práticas espirituais que lista cerca de 45 grupos espirituais diferentes estabelecidos aqui, abrangendo uma grande gama de práticas. O budismo é forte, incluindo as formas tibetanas e a prática *vipassana*. E daí temos yoga, duas práticas sufis diferentes, um curso em milagres, assim como práticas psicológicas como as de Comunicação Não Violenta. Os Cinco Ritmos são como uma forma de dança, e há ainda muitas outras modalidades. Além dessas formas mais específicas, temos várias

práticas essenciais que estão abertas a todos e são praticadas diariamente na comunidade. Essas práticas incluem: meditação às 6h30 durante uma hora, meditação coletiva das 8h35 às 8h55, cantos de Taizé das 8h00 às 8h30, todas as manhãs, a bênção da comida antes de todas as refeições e a harmonização. É claro que nem todos participam de todas as práticas – isso é considerado uma escolha individual.

A prática de harmonização é central no início de eventos e conferências, assim como diariamente, nos trabalhos de grupo. Ela é usada para marcar o começo e o fim de praticamente tudo aqui. Eu trabalho com um processo de treinamento de liderança chamado mito-drama, o qual se baseia na sabedoria das peças de Shakespeare. Elas servem de modelo para a criação de seminários de treinamento de liderança. Organizamos esses seminários para executivos, que geralmente dizem sentir falta das práticas de harmonização cheias de emotividade quando voltam para a sua vida e seu escritório. Em outro contexto, em nosso programa introdutório da Semana de Experiência, eu, às vezes, atuo como facilitador no processo de troca sobre transformação pessoal e planetária, e mesmo coisas simples assim fazem uma grande diferença. Na maioria dos lugares, é inédito que se comece um encontro com um *check-in* em que sinceramente se explore como as pessoas estão se sentindo pessoalmente, emocionalmente e, quando permitido, espiritualmente. Isso leva as pessoas a estabelecerem relações antes de partirem apressadamente para seus próprios afazeres, o que faz uma grande diferença. Traz ligações tangíveis, ou conexões de coração, e o afeto começa a circular no ambiente de trabalho. Essa é a prática central de Findhorn.

WK: Considerando as mais de duas décadas de experiência comunitária de Findhorn, quais são as principais lições e percepções que você enfatizaria para os que procuram implementar uma visão espiritual em comunidade?

RA: Não se pode fazer isso sozinho. A experiência de construir grupos e meditar coletivamente, assim como sozinho, ajuda muito. Peter Hawkins veio recentemente aqui como um consultor do despertar espiritual, e ele identifica quatro tipos de práticas meditativas: 1) meditação por conta própria e para você mesmo; 2) meditação por conta própria para a coletividade; 3) meditação coletiva para você mesmo; 4) meditação coletiva para o grupo. É muito útil distingui-las porque, por exemplo, sentar-se junto a um grupo e meditar para si mesmo e sentar-se com esse mesmo grupo e meditar para o coletivo são experiências qualitativamente muito diferentes.

Então, há a necessidade de se oferecer espaço para a prática pessoal de cada um, seja ela qual for – como passar um tempo na natureza, acessar a intuição ou meditar. E é preciso que se ofereça tempo para a prática espiritual em nome do coletivo (seja ela feita individualmente ou coletivamente). As duas dimensões são necessárias e eu acho que esse é um grande aprendizado em Findhorn. Não apenas nos desenvolvemos espiritualmente, fazemos trabalho espiritual em nome do coletivo. A alma do grupo ou o ser do grupo é cultivado através de alguma prática coletiva.

Viver em comunidade e criar espaço para *feedbacks* e reflexões honestas no que percebemos em cada um de nós é outra coisa fundamental. Na ausência de uma figura de autoridade espiritual, que "chamaria a sua atenção" para questões quando elas surgissem, nós mesmos precisamos nos vigiar quanto a isso. Porque é muito difícil distinguir a "pequena e tranquila voz interna", que é Deus, da "pequena e tranquila voz interna" que é o seu desejo mais persistente e arraigado. Podemos fazer nosso melhor para distinguir essas coisas, mas é sempre muito útil receber *feedback* e reflexão honestos de pessoas ao nosso redor e de colegas da comunidade. Estabelecer sistemas em que possamos ser transparentes sobre os processos, compartilhar o que estamos experimentando e receber um *feedback* substancial é realmente útil.

WK: Findhorn tem feito isso bem?
RA: Acho que temos feito isso muito bem. Cada departamento de trabalho executa uma harmonização uma vez por semana durante meio dia. É quando meditamos coletivamente, dividimos nossos afazeres, etc. Em sua forma mais elevada, essa é uma oportunidade para compartilhar as jornadas pessoais de cada um e receber o *feedback* de outras pessoas sobre o que elas percebem em você. Em sua forma menos elevada, pode ser apenas um compartilhamento pessoal, e as pessoas respondem "obrigada por compartilhar", não havendo muitos desafios ou *feedback*. Porque *feedback* é essencial: *feedback* honesto, robusto, amoroso, rígido e solidário. É muito vantajoso para o crescimento espiritual, especialmente em um lugar como Findhorn, onde não há um mestre espiritual ou guru reconhecido. Recentemente, também importamos o "Fórum" da ZEGG (ecovila na Alemanha), que é um processo forte para transparência e *feedback* na comunidade.

Em 1973, Eileen recebeu instruções de que não deveria mais oferecer orientação na comunidade (inclusive a Peter) – as pessoas deveriam poder ser suas próprias guias. Ela continuou a receber orientação, mas foi instruída a não mais compartilhá-la. Foi uma mudança radical. Antes disso, as pessoas se reuniam no santuário e Eileen compartilhava suas orientações para o dia. Algumas eram muito abrangentes, algumas bem específicas, e ela geralmente coletava essas instruções ao ficar acordada por horas no meio da noite. Seja lá o que fosse, Peter traduzia os conselhos em ações para aquele dia, e Dorothy integrava os espíritos naturais e a inteligência. Quando Eileen parou de oferecer instruções à comunidade, todos precisaram crescer em sua habilidade de se sintonizar internamente e de se orientar por conta própria.

WK: Antes desse momento, Eileen tinha a função de um guru espiritual que oferecia *feedback* às pessoas?
RA: Não, Peter estava mais na função de ser aquele que, por exemplo, arrancava alguém da cama e dizia: "Você precisa ir ao santuário – é uma exigência aqui". Ele expulsava pessoas da comunidade se achasse que elas não eram as pessoas certas, e direcionava membros para diferentes funções e departamentos. Ele era do tipo que desafiava e fazia um trabalho espetacular ao comandar a comunidade. Acho que quando Peter foi embora, um certo grau de desafio também se foi com ele. É claro que algumas pessoas o enfrentavam. Achavam que estava na hora de a comunidade se transformar mais em uma democracia cujo processo de decisões fosse baseado no consenso.

WK: Qual é a atual estrutura de decisão em Findhorn?
RA: Acho que podemos dizer que essa estrutura é formada por uma série de círculos concêntricos. No centro, há os administradores de Findhorn e, em torno disso, há a equipe de gerenciamento, com cerca de 12 pessoas, selecionadas por colegas. Mais para fora, há um Conselho, composto por cerca de quarenta pessoas, que se autosselecionam e se encontram regularmente, mantendo-se informadas, lendo todos os documentos relevantes e tomando decisões baseadas nos interesses de longo prazo da comunidade. Além disso, temos um corpo mais abrangente de colegas que não fazem parte do Conselho, e depois há a comunidade mais ampla de Findhorn, que não faz parte da Findhorn Foundation, mas que está conectada ao mesmo impulso. É importante fazer uma distinção entre a Findhorn Foundation e a comunidade de Findhorn em sua totalidade. A primeira inclui cerca de duzentos membros, e a comunidade satélite maior tem cerca de quinhentas pessoas.

WK: Qual é a relação entre o trabalho de Findhorn e as tradições esotéricas como refletidas, digamos, na obra da Alice Bailey, ou nos antigos Mestres da Sabedoria?
RA: Eu não estava aqui no início, mas minha impressão é que esse elemento era bem vivo naquela época. A obra da Alice Bailey, as tradições de mistério ocidentais e de Saint-Germain eram ensinadas conscientemente no início. Isso não está mais tão presente agora. Nos dez anos em que estou aqui, nunca participei de nenhum ensinamento sobre isso, apesar de ouvir falar do assunto. Os ensinamentos que recebi aqui eram muito mais sobre como meditar, como se ouvir internamente. Eileen não se dedicava muito ao material esotérico, honestamente. Peter lhe dava vários tipos de livros para ler, mas ela dizia que nunca tinha lido aquilo.

WK: Na ausência de um líder espiritual ou guru reconhecido, onde reside a autoridade espiritual em Findhorn? E como a comunidade de Findhorn aborda as inevitáveis dinâmicas e questões que são de certa forma negadas, escondidas ou suprimidas?
RA: Em Findhorn, abarcamos a sombra e trabalhamos na sua transformação ao empregar algumas práticas mais psicoespirituais, como a Psicologia Orientada por Processos (Arnie Mindell), a Psicossíntese (Roberto Assiogiolli), o Fórum (ZEGG), o Jogo da Transformação, entre outros. Às vezes, fazemos esse tipo de trabalho com a comunidade inteira.

A questão da autoridade espiritual é muito profunda. Como administradores, há alguns anos escrevemos resoluções pedindo à filial de desenvolvimento pessoal e espiritual da Findhorn Foundation para que conduzisse uma consulta de seis meses sobre "autoridade espiritual" na comunidade. A resposta da maioria dos membros da comunidade de Findhorn foi a seguinte: eles estão sendo treinados para receber suas próprias orientações e relutam em colocar a autoridade espiritual em uma figura externa. Essa resposta generalizada é, em parte, consequência do treinamento particular oferecido aqui, pois ele enfatiza as necessidades pessoais na busca das próprias orientações. E é por isso que o *feedback* é tão importante: ele é uma forma de se resguardar das armadilhas que surgem quando se depende unicamente de orientação interna. No que diz respeito aos mestres espirituais, eles não estão completamente ausentes. Pelas 45 práticas espirituais diferentes que acontecem em Findhorn, temos acesso a verdadeiros mestres espirituais. Por exemplo, Marshall Rosenberg esteve aqui recentemente para ensinar comunicação não violenta. As pessoas que assistiram à sua palestra me disseram que se sentiram na presença de um mestre espiritual. O mesmo acontece com Eckhart Tolle, que nos visita e ensina aqui, assim como com Carolyn Myss e outros. Enfim, mestres reconhecidos vêm até aqui periodicamente. Treinamos para ser capazes de desenvolver essa maestria em nós mesmos.

No entanto, questões de autoridade espiritual e responsabilização precisam ser mantidas vivas sempre. Há muitas respostas fáceis como: "Eu presto contas a Deus". O que isso quer dizer, na prática? Quem vai questioná-lo para ver se você está realmente assumindo as responsabilidades de seu próprio ego? Porque o ego é algo muito escorregadio, e ele pode se colocar, bastante feliz, na posição interior de autoridade espiritual e guia! Dessa forma, essa pergunta é inerentemente desafiadora, e nós a mantemos viva em Findhorn, ainda mais porque não temos um guru espiritual reconhecido aqui.

Outra perspectiva importante nessa questão vem da "espiritualidade encarnada" de David Spangler, que foi um dos primeiros líderes pioneiros na comunidade de Findhorn. David também voltou a se conectar com a comunidade recentemente, e fiz um workshop com ele. Em um dado momento, ele desenhou dois círculos grandes no chão, um representando "o círculo de nossa alma" e o outro representando "o círculo de nossa humanidade". Disse que a falácia da vida espiritual é que as pessoas acham que precisam viver no círculo da alma. Mas, na verdade, o que precisamos é viver na fusão de nossa alma com a nossa humanidade. No círculo da humanidade, todo nosso "material" mundano nos é oferecido: nosso condicionamento social, nossos sentimentos e emoções, nossas doenças e nosso envelhecimento, pois somos seres encarnados. E isso é parte de quem somos, da mesma forma que a nossa essência espiritual ou alma. Acredito que o David diria que a batalha proverbial entre "o *self* superior e o *self* inferior" é concebida de forma errada, porque considera que precisamos nos livrar das coisas mundanas, o que não é a natureza de nossa tarefa. Nossa missão não é abandonar o círculo da humanidade para viver no círculo da alma. Em vez disso, precisamos fundir os dois, unindo a alma à humanidade. E é assim que a comunidade de Findhorn funciona.

Aqui, há cerca de 45 pessoas engajadas com David Spangler em cursos de estudo on-line. David diz que temos uma personalidade, e que não devemos tentar transcendê-la, pois ela é uma realidade determinada por Deus. Perguntei a ele sobre mestres espirituais: "Na ausência de mestres espirituais, como você desmantela seu próprio ego?" Ele respondeu que isso é uma forma antiga de pensar. A noção de que há um universo centrado no Sol, com discípulos orbitando ao redor de um guru como se fossem satélites, está ultrapassada. A nova forma – da qual Findhorn é vista como a avó exemplar de comunidades de uma nova época – é que todos mantêm relacionamentos com todos. Todos estão aprendendo, doando e recebendo, já não se trata mais de um universo centrado em um Sol. Nós todos somos sóis. Isso é muito mais próximo da forma de se pensar em Findhorn. Não é sobre gurus, é sobre o nosso Deus interior, a consciência coletiva, nos chamando para o que em cada um de nós há de mais elevado, nos convocando a nos responsabilizarmos uns pelos outros e pelo nosso "material". Estamos entrando agora na Era do Grupo, em vez da Era do Mestre. O novo "Buda" será um grupo e não um indivíduo. Esse é o paradigma de Findhorn, e nós atraímos pessoas que ressoam com essa ideia.

WK: Mas é claro que essas duas perspectivas não se excluem mutuamente. Por exemplo, o tibetano Djwhal Khul diz exatamente o que você está falando sobre grupos e comunidades, mas, ao mesmo tempo, apoia plenamente a função central dos mestres iluminados. E se há 45 pessoas em Findhorn estudando com David Spangler, além de muitas outras nos Estados Unidos, isso não o transforma em um Sol de verdade, ao redor do qual os alunos orbitam? Dessa forma, o fato de estarmos na Era do Grupo não significa o desaparecimento do Mestre, certo?
RA: Não, eu não acho. Talvez a função do Mestre mude. Mas essas são questões complicadas, e David Spangler, junto com William Bloom e outros, é o principal expoente dessa forma sem gurus defendida em Findhorn. Aqui, não falamos da aniquilação ou da dissolução do ego. Exploramos como trazer nossas características humanas e nossa personalidade para a relação espiritual. Tentamos casar a alma com a personalidade.

WK: Ao mesmo tempo, é difícil negar que existam alguns mestres espirituais avançados cujas intensidades de percepção e conscientização excedem em muito o da maioria dos que buscam aprimoramento espiritual. Na verdade, David Spangler é um deles!
RA: Sim, e talvez a nova forma de pensar complemente, em vez de substituir, o velho modo de pensar.

WK: Há algo mais que queira acrescentar para concluir?
RA: Sim. Correndo o risco de ser reducionista, eu diria que a comunidade é a resposta. A comunidade é a forma de se caminhar para frente, e acredito que

o emergente paradigma das ecovilas é um dos desenvolvimentos mais importantes para se salvar o planeta.

WK: Obrigada, Robin. Foi uma conversa muito rica e esclarecedora.

Craig Gibsone nasceu em uma fazenda isolada na Austrália. Ele é um construtor de estruturas orgânicas práticas, especializado em adaptar casas para utilizar energia solar passiva. Vivendo, há duas décadas, na ecovila Findhorn, já participou da construção de muitas edificações comunitárias, incluindo o centro comunitário e as *barrel houses*. Ele é artista plástico e músico e ensina na International Holistic University. Craig trabalha internacionalmente como consultor de construções de ecovilas.

Robin Alfred trabalhou como instrutor, educador e diretor de assistência social por 15 anos em Londres, antes de vir para a Findhorn Foundation, na Escócia, em 1995, onde já serviu como presidente de gestão e presidente administrativo. Robin é um docente na Foundation's Ecovillage Training e já lecionou nos cursos de Ecovillage Design Education (EDE), no Reino Unido, na Alemanha e na Índia. Ele é coeditor de *Beyond You and Me*, a Dimensão Social do currículo EDE.
www.findhornconsultancy.com

> Situado em um vale, nas montanhas do Piemonte está Damanhur, uma "eco-sociedade" com mil residentes. Macaco Tamerice explica como essa sociedade inovadora está organizada para expressar seus valores espirituais.

Espiritualidade em Damanhur

Macaco Tamerice

Fundada em 1975, Damanhur é uma eco-sociedade composta por mil cidadãos: uma federação de comunidades e ecovilas com sua própria estrutura social e política em evolução contínua. Damanhur é um centro para pesquisa espiritual, artística e social. Sua filosofia se baseia em ação, otimismo e na ideia de que cada ser humano vive para deixar algo de si às futuras gerações e para contribuir com o crescimento e com a evolução de toda a humanidade.

Em Damanhur, o respeito pela vida em todas as suas formas é um princípio filosófico básico. Damanhur foi criada como um lugar onde é possível viver espiritualmente 24 horas por dia, harmonizar a matéria e a espiritualidade. O conceito de espiritualidade de Damanhur é bem amplo: dar sentido às coisas e usar o pensamento positivo para direcionar o melhor de nossas energias. A partir desse ponto de vista, os damanhurianos consideram tudo que alguém faz como espiritual: quer eles meditem ou rezem, estejam no trabalho ou ajudando aos outros, cuidando das crianças ou simplesmente cozinhando ou limpando a casa.

Esse respeito pela vida fomenta o desejo de compartilhar profundamente com outros seres humanos e de alcançar uma comunhão. Ao achar novas maneiras de conviver e usar os outros como espelho, os indivíduos são encorajados a desenvolver talentos herdados; cada pessoa aprende a entender e expressar quem ela é graças a uma profunda interconectividade com as outras.

Entender que essa diversidade é expressão das diferentes facetas da vida que todos representamos, ajuda-nos a ver as diferenças como enriquecedoras em vez de encará-las como um elemento de separação. Desse modo, conviver é um exercício diário de espiritualidade porque significa incrementar a qualidade de nossos relacionamentos com os outros a fim de melhorar a nós mesmos e a realidade a nossa volta.

Conviver nem sempre é fácil, algumas vezes nossas convicções se chocam com as convicções dos outros. A primeira reação é sempre defensiva, fazendo com que a aceitação da diversidade seja um princípio difícil de pôr em prática. Em Damanhur existe o conceito de "quase realidade", que começa com o pressuposto de que não existe realidade objetiva. Todos têm uma interpretação pessoal da realidade. Então, nossa percepção do que é real está sempre impregnada de nossas experiências e convicções pessoais. Por que isso é importante em momentos de conflito? Significa que, de um lado, "eu estou certo", mas também sei que a outra pessoa está igualmente certa. Não é tão importante saber quem está certo ou errado, o que realmente importa é achar uma solução que funcione para os dois lados.

Organização da comunidade

Hoje, dos aproximadamente mil cidadãos de Damanhur, cerca de seiscentos são residentes em tempo integral, vivendo em comunidades-núcleo que vão de dez a 15 pessoas. Os outros são cidadãos não residentes, que vivem em sua própria casa e participam, em vários níveis, daquilo que escolhem participar. A maneira de organizar a vida comunitária dos residentes mudou muitas vezes ao longo dos anos, como tudo em Damanhur. Uma das poucas constantes damahurianas é que tudo muda.

Quando Damanhur estava sendo criada, a estrutura organizacional da comunidade tinha de apoiar rápidas tomadas de decisão. O fundador e inspirador de Damanhur, Falco – Oberto Airaudi –, tornou-se governador, e em seguida cinco ministros damanhurianos foram nomeados. Após dois anos a comunidade se considerou forte o bastante para mudar de uma organização centralizada para o sistema democrático visto nos dias de hoje.

Os rei/rainha guias, geralmente duas ou três pessoas, são eleitos por todos os damanhurianos a cada seis meses e podem ser reeleitos indefinidamente. Como o nome sugere, eles são as pessoas responsáveis por Damanhur como um todo e são chamados rei/rainha guias para expressar a nobreza espiritual de sua função.

Falco não possui mais nenhum cargo oficial dentro da federação. Hoje, sua pesquisa está focada em "física espiritual", e ele compartilha os resultados do seu trabalho com damanhurianos e convidados por meio de sessões semanais públicas de perguntas e respostas. Uma das qualidades mais fortes de Falco é a habilidade de fazer as pessoas sonharem. Seus ensinamentos têm por objetivo ajudá-las a encontrar seu mestre interior. Ao longo dos anos, ele apresentou muitas propostas que provaram ser muito bem-sucedidas. Por essa razão, suas ideias são bastante consideradas quando ele leva propostas e comentários à comunidade.

Damanhur é uma federação de comunidades na qual cada uma cuida de uma tarefa específica. (Comunidade, núcleo e família são sinônimos). Existem grupos que pesquisam sobre agricultura, outros que atuam nos campos de educação, energias renováveis, silvicultura e assim por diante.

É obvio que os assuntos mais gerais estão presentes em todos ou em quase todos os grupos, mas o grupo responsável por um determinado trabalho é que encabeça a pesquisa em sua área específica. Os resultados são compartilhados por toda a comunidade, permitindo que a federação pesquise vários assuntos simultaneamente.

As pessoas escolhem o grupo familiar que querem morar, de acordo com seus projetos e sinergia com os moradores desse mesmo grupo. Da mesma forma que cada comunidade da federação tem um trabalho específico no todo, cada indivíduo que vive na comunidade tem uma tarefa específica – como em uma grande família.

Todo ano, uma pessoa é eleita como representante da família, e esse processo se baseia no programa proposto durante a eleição, enquanto outra pessoa cuida das finanças, outra faz compras e assim por diante. Os grupos se encontram toda semana para discutir os projetos, a organização da casa, assim como realizações pessoais e desafios. Falam também sobre o que está acontecendo dentro de Damanhur.

Dois ou três grupos formam uma região e elegem, uma vez por ano, baseados em um programa, um representante que é denominado "capitão". Todos os capitães se encontram semanalmente com os rei/rainha guias.

Durante a assembleia entre os capitães e os rei/rainha guias, os capitães trazem ideias e propostas dos seus grupos, enquanto os rei/rainha guias compartilham informações sobre as conquistas, desafios, novidades de Damanhur, além de pedirem opiniões e sugestões das famílias. Isso permite que as informações fluam constantemente da base até o topo e vice-versa. O processo dá às famílias a oportunidade de serem ouvidas e fornece aos rei/rainha guias atualizações constantes sobre o que está acontecendo na comunidade. Esse sistema permite que os guias recebam ideias e *feedbacks* constantes de Damanhur, enquanto os cidadãos são informados sobre o que está acontecendo em toda federação.

Em Damanhur, quanto mais poder você tem, mais você serve. Para cada cargo exercido, no final de cada período, há uma reunião pública para rever a atuação de cada um baseado no programa proposto durante a eleição. Nesta reunião, a pessoa responsável pela tarefa atualiza a posição, comemora as conquistas e avalia os fracassos, explora os próximos passos, o que foi aprendido enquanto organização, enquanto pessoa, e assim por diante. Os membros da comunidade fazem perguntas, comentários e expressam suas opiniões.

Vida criativa

Outro tema muito importante em Damanhur, diretamente ligado à ideia de espiritualidade, é o da arte. Quando você cria qualquer forma de arte, está em contato com a parte criativa dentro de você. Isso significa tirar inspiração de nossa melhor parte e transformar a realidade à nossa volta. Essa ideia inspirou profundamente a comunidade desde o seu começo. A crença de que cada pessoa é uma artista tem encorajado muitos a desenvolver suas habilidades e talentos nessa área, criando algo belo e significativo para os outros.

A arte é expressa em níveis individuais e coletivos. Em nível individual, significa explorar a nós mesmos e dar expressão aos nossos valores e talentos... Atrever-se a usar a imaginação e ir além dos nossos limites e hábitos.

A ideia de arte de Damanhur não está ligada à expressão de sofrimento ou de conflito, mas sim ao processo de nos abrirmos para a vida, de aceitarmos e darmos significado ao que ela coloca diante de nós. Esse tipo de pesquisa abre um canal com o divino, seja ele aquilo que está dentro de cada um ou uma concepção transcendental.

A filosofia damahuriana enfatiza que existe uma centelha divina dentro de cada um e de cada coisa, e que há uma força que abarca toda a existência, sendo cada parte a manifestação de uma força onipresente chamada "Deus" em todas as filosofias. Entre essa centelha divina e a força divina que tudo abarca, há, segundo a filosofia damanhuriana, todo um ecossistema de forças divinas criando diferentes expressões culturais do divino. Dentro do conceito damanhuriano de espiritualidade, há espaço para todas as crenças, desde que estas se manifestem harmoniosamente. Elas são vistas como manifestações culturais do divino em diferentes momentos e, também, como a essência das diferentes pessoas que existiram e existem na terra. O caminho espiritual em Damanhur, chamado "Meditação", busca fazer contato com essa centelha divina interna, assim como despertá-la.

Os templos da humanidade

Em um nível coletivo, a arte significa a expressão dos valores de um grupo de pessoas em direção a algo maior. Grupos humanos parecem ter a necessidade de criar um espaço sagrado para meditar ou rezar, para estar em contato com o senso de divindade, que se encontra dentro de cada ser humano. Isso também é verdade para os damanhurianos. Uma enorme construção subterrânea, um trabalho artístico, dedicado a despertar a essência divina em cada um, foi escavada na montanha e chamada de "Templos da Humanidade". Ela é considerada por muitos a "oitava maravilha do mundo" e celebrou seu 35º aniversário em 2013.

Os Templos da Humanidade se tornaram a expressão do poder criativo dos damanhurianos. Uma das normas da arte damanhuriana é trabalhar em grupo. Para entender essa ideia incomum de criar arte, vejamos a construção de um salão dos templos. Antes de construir uma nova sala, construtores, técnicos e artistas sempre se reuniam para explorar juntos que valores queriam expressar naquele novo espaço. Após conceber a ideia geral, os diferentes laboratórios de arte assumiam uma parte específica. Assim, os valores já eram expressos durante o processo de construção por meio da arquitetura e de refinamentos técnicos, e então eram executados, com mais especificidade, pelos diferentes laboratórios de arte. Por exemplo, os pintores faziam o esboço e depois pintavam a sala juntos; ou então colaboravam com os criadores de mosaicos, fazendo o desenho de um soalho em mosaico, e em seguida os criadores de mosaicos faziam sua parte.

A ideia principal do conceito de arte de Damanhur é, de um lado, realizar a expressão de nós mesmos, e, de outro, a ideia de que podemos transformar a realidade, criando juntos, em diferentes grupos, algo significativo e novo. Cada damanhuriano é artista e espectador, infundindo em seu trabalho um senso de atemporalidade e importância espiritual.

A natureza e a visão espiritual

A abordagem espiritual da vida em Damanhur afeta muitas áreas, especialmente a interação com o meio ambiente: se sua visão de mundo está imbuída de um profundo respeito à vida, como você não será ecológico? Desde o começo, tem havido um impulso em direção à produção orgânica e à vida sustentável. Por mais de 35 anos, os resíduos são reciclados, mesmo quando não havia reciclagem na Itália, porque era importante para Damanhur criar uma conscientização em relação ao desperdício.

Outra maneira de expressar nossa proximidade com a natureza é por meio do nosso nome. Cada damanhuriano escolhe um animal ou criatura mitológica para o primeiro nome, e um nome de planta para o segundo. Mudar o nome é uma grande mudança de vida, uma mudança de identidade, e essa mudança se reflete na profunda transformação que acontece no caminho espiritual de Damanhur.

Mudar o nome muda a frequência da pessoa. Viver em comunidade mostra a importância de se abrir à mudança e à transformação, além de ser um estímulo para descobrirmos novas partes de nós mesmos e nos tornarmos pessoas melhores. Nesse sentido, mudar o seu nome encoraja essa transformação. É claro que você sempre mantém sua essência, mas com o novo nome fica mais fácil se separar de algumas superestruturas que todos temos.

Um nome não é simplesmente dado, ele é conquistado. Aqui, o processo de nomeação evoluiu com o tempo e pode ser muito pessoal. Hoje, geralmente acontece assim: um damanhuriano medita e escolhe um nome de animal (ou planta) baseado em afinidade, características comuns ou no desejo. O processo de *feedback* começa subsequentemente, quando o apoio de membros da comunidade para o nome é solicitado. Isso cria conexão, discussão, debate, participação, risos, memórias e narrativas sobre o nome então escolhido. Cidadãos mostram sua aprovação, oferecendo algo para o bem comum, ou seja, horas de trabalho, uma obra de arte, uma contribuição para a manutenção dos Templos da Humanidade, etc.

Quando há uma massa crítica de apoio, incluindo uma oferta pessoal, a pessoa é convidada para ir ao palco durante uma das assembleias da comunidade, e seu nome é solicitado publicamente. Então o debate é aberto, mediado por um dos oradores da comunidade, e as pessoas da plateia podem sugerir alternativas. Esses momentos são como um jogo e criam adesão entre todas as pessoas. Quando chega o momento da decisão, uma espécie de sistema medidor de aplausos aufere a aprovação da comunidade e determina o nome vencedor. Se a maioria preferir um nome diferente do que foi escolhido, cabe à pessoa aceitar ou não o nome sugerido ou esperar por outra oportunidade para pedir novamente pelo nome originalmente escolhido. Toda pessoa tem uma escolha.

A conexão com o meio ambiente é expressa de muitas maneiras por toda a comunidade. Embora muitos grupos de casas sejam bem velhos, elas são renovadas ao longo do tempo com materiais ecológicos e sustentáveis. Novas casas são construídas usando os mais modernos métodos ecológicos. Quase todas usam fontes de energia alternativas, como a solar e os painéis fotovoltaicos. Algumas têm centrais geotérmicas e turbinas de água e eólicas. Muitas recolhem água da chuva e as casas mais novas têm duplo sistema de água: potável para cozinhar e lavar, e água da chuva para banheiro e irrigação. Quando possível, os grupos pegam água das nascentes e dos poços, e ainda há um sistema de tratamento de efluentes servindo várias casas de uma região.

Em média, 50% da comida consumida é cultivada em Damanhur, com agricultura orgânica, e muitos grupos têm suas próprias hortas e estufas. Os itens adicionais são comprados no mercado orgânico da comunidade, que é aberto a todo o vale.

Pesquisa

O caminho espiritual de Damanhur nasceu a partir da "Escola de Meditação". Existem grupos de pessoas que vivenciam o crescimento pessoal e espiritual por meio de um campo específico de pesquisa. Esses percursos são chamados de "Caminhos". Eles permitem que cada pessoa desenvolva talentos que serão colocados a serviço do aperfeiçoamento do indivíduo e de toda a comunidade. Todo damanhuriano escolhe um caminho, alguns até dois.

O "Caminho do Oráculo" é estreitamente conectado com aspectos rituais, relacionando-se com as forças do ecossistema espiritual.

O "Caminho dos Cavaleiros" é intimamente ligado à construção e à manutenção dos "Templos da Humanidade" e à proteção dos territórios damanhurianos.

O "Caminho dos Monges e dos Casais Esotéricos" está envolvido com a pesquisa da energia vital, individualmente ou em um casal. Essa energia pode ser transformada e usada para o crescimento.

O "Caminho da Saúde" inclui pessoas envolvidas em pesquisas amplas que abrangem todos os aspectos do cuidado com a saúde: pesquisadores, curadores, médicos e operadores holísticos.

O "Caminho da Arte e da Palavra" é o caminho para os que querem pesquisar a espiritualidade através de todas as formas de arte, incluindo a música, a palavra escrita e falada, a política, o ensino e o teatro.

Existem outros grupos menores que se denominam "Indirizzo", palavra que pode ser traduzida como "ramos". São estes:

- um grupo concentrado em todas as áreas ligadas à educação, chamado "Indirizzo Educação";

- um grupo focado no crescimento de seus trabalhos diários, chamado "Indirizzo Trabalho e Arte";

- um grupo concentrado em autossuficiência, ecologia e agricultura, chamado "Indirizzo Olio Caldo" ("Óleo Quente", um nome derivado de um mito damanhuriano).

Em Damanhur, espiritualidade e comunidade estão permanentemente interligados. A comunidade é um fractal da totalidade do ser, fazendo com que cada ação seja uma manifestação da espiritualidade.

Macaco Tamerice (Martina Grosse Burlage) é cidadã em tempo integral da Federação de Damanhur desde 1993. Trabalha, há muitos anos, em relações internacionais para a Federação de Damanhur e é coordenadora de relações da Comunidade Internacional. Em 2008, tornou-se vice-presidente do Global Ecovillage Network Europe, e em 2010 foi eleita presidente.
Macaco é uma oradora internacional, facilitadora e Educadora Geese. Instruída em música e canto, viajou pela Europa, Japão e Canadá como cantora profissional de jazz por mais de vinte anos. Ela também ensina canto e dá aulas e seminários desde 1984. Fluente em cinco línguas, instruída em construção de comunidade e resolução de conflitos durante os últimos 18 anos, Macaco manteve funções de responsabilidade social e artística na comunidade de Damanhur. Em 1992, ela se formou na Escola de Curadores Espirituais de Damanhur.

> Auroville é uma comunidade internacional localizada no sul da Índia e foi fundada como um centro para a unificação humana. Foi inspirada pela visionária francesa A Mãe, e pelo trabalho e presença viva do grande filósofo, yogue e revolucionário indiano Sri Aurobindo.

Um breve retrato de Auroville, Índia

Marti

AUROVILLE É UM LUGAR para *karma yoga*, a transformação da consciência pela ação. Toda vida é vista como yoga. Pelo trabalho consciente e coletivo, tentamos trazer à tona o divino na matéria. No livro *The Mind of the Cells*, a Mãe descreve como as células em nosso corpo irão carregar a luz e o amor da transformação quando tivermos verdadeiramente aprendido a acalmar nossa mente e viver como um único corpo. Sri Aurobindo descreve uma mutação física coletiva real da espécie humana, que irá acontecer quando a humanidade alcançar um ponto crítico de consciência. Ele diz que esse salto quântico só pode ocorrer por meio da consciência coletiva.

Auroville é um laboratório vivo de evolução que nos fornece a oportunidade de manifestar concretamente essas ideias. O estatuto de Auroville, que tem guiado a comunidade desde o seu início, em 1968, diz o seguinte: "Auroville não pertence a ninguém em particular, mas à humanidade como um todo, e para viver em Auroville é preciso ser um servidor voluntário do divino". Auroville tem sido descrita como um laboratório vivo de evolução, um lugar de ensino interminável e de uma juventude que nunca envelhece.

Corresponder a esses ideais é particularmente desafiador, especialmente levando em conta que nossa pequena ecocidade é uma entidade cultural altamente diversificada, e que mesmo os conceitos mais simples como casa e amor podem evocar ideias diferentes em pessoas diferentes. Mas esse é o nosso desafio. Auroville é, de muitas maneiras, um microcosmo do mundo em geral. Acreditamos que se pudermos fazer uma mudança significativa em nós mesmos, o mundo mudará também. Temos todos os elementos para tornar isso possível. Somos um cruzamento entre o Oriente e o Ocidente, bebendo de sabedorias antigas e tradições modernas. Somos uma ponte entre o Norte e o Sul, servindo-nos da mais moderna tecnologia e localizados em uma área rural onde, por milhares de anos, as pessoas têm vivido com um nível de consciência ecológica altamente desenvolvido. Os trabalhos dos pioneiros de Auroville transformaram o estéril deserto vermelho, seco e empoeirado em exuberantes florestas verdes. Essa foi a primeira *sadhana*.

Auroville é a maior comunidade intencional multicultural do mundo. Em um extraordinário projeto de restauração, mais de 3 milhões de plantas foram plantadas lá ao longo dos anos. O ensino experimental é altamente enfatizado e as crianças têm a experiência única de nutrir a mente e o espírito em comunidade e na natureza.

Em 30 de dezembro de 2011, o ciclone Thane deixou um rastro de devastação ao passar por Auroville. Várias centenas de milhares de árvores tombaram, fazendas e plantações foram severamente danificadas, e 150 postes de eletricidade caíram. Aproximadamente duzentas casas, oficinas e prédios públicos foram danificados, mas o santuário de meditação Matrimindir não foi atingido. Milagrosamente, ninguém se feriu, apesar de alguns terem ficado presos em sua casa. A comunidade está trabalhando arduamente para se reconstruir, e ajuda humanitária tem sido enviada por pessoas e organizações generosas ao redor do mundo.

O espírito indomável da comunidade de Auroville pode ser apreciado em sua rápida resposta à crise e na contínua determinação das pessoas em reconstruir sua comunidade. Essa vibrante reação tem sido uma inspiração para todos, e a comunidade está florescendo ao mesmo tempo que continua sua restauração em longo prazo.

Veja a biografia de **Marti** na página 118.

> Marti apresenta os preceitos para uma vida espiritual coletiva, de Thich Nhat Hanh, por meio da descrição da Plum Village, comunidade que fundou no sul da França.

Plum Village: uma perspectiva espiritual da vida em comunidade

Marti

A Plum Village é uma comunidade intencional budista localizada em uma área agrícola no sul da França. Também é um centro de retiros, onde pessoas de diversas tradições podem vivenciar o silêncio e a disciplina interior diária, práticas que as conduzem a uma compreensão mais aprofundada de si mesmas. A Plum Village é baseada no conceito budista de *sangha* ou vida espiritual coletiva. A meditação, a atenção plena e o respeito consciente pelo meio ambiente são fundamentais. Os participantes dizem que "quando praticamos a respiração, o sorriso e a vida consciente com nossa família, eles se tornam nossa *sangha*". Em *A Joyful Path*, o monge budista Thich Nhat Hanh, fundador da Plum Village, descreve cinco consciências essenciais:

Temos consciência de que todas as gerações de nossos ancestrais e todas as gerações futuras estão presentes em nós.

Temos consciência das expectativas que nossos ancestrais, nossos filhos e seus filhos têm em relação a nós.

Temos consciência de que nossa alegria, paz, liberdade e harmonia são a alegria, a paz, a liberdade e a harmonia de nossos ancestrais, de nossos filhos e de seus filhos.

Temos consciência de que os atos de culpar e discutir nunca ajudam e só servem para criar uma distância maior entre nós, e de que somente a compreensão, a confiança e o amor podem nos ajudar a mudar e a crescer.

Thich Nhat Hanh disse: "Aqueles que praticam um viver diligente transformarão, inevitavelmente, a si mesmos e seu modo de vida".

Referência:

Hanh, Thich Nhat. *A Joyful Path: Community, Transformation & Peace*. Berkeley: Parallax Press, 1995.

Veja a biografia de **Marti** na página 118.

> Hildur Jackson conheceu o fundador da Sarvodaya em 1996. Hildur e a Global Ecovillage Network mantiveram contato estreito com o movimento desde então. Aqui, Hildur apresenta a filosofia e a visão *sarvodaya* do Sri Lanka. Ela explica por que se trata de uma forma totalmente nova de pensar e organizar a sociedade e a política, podendo vir a ser um modelo global.

O despertar da pessoa, da vila, da nação e do mundo: a visão *sarvodaya* para o futuro global

Hildur Jackson

O SARVODAYA SHRAMADANA MOVEMENT é a maior organização popular do Sri Lanka. *Sarvodaya* é uma palavra em sânscrito que significa "despertar de tudo". Já *shramadana* quer dizer "doar esforço". O movimento iniciou-se em uma vila e hoje já é formado por mais de 15 mil pessoas. Tudo começou em 1958, quando um professor de ciências do Sri Lanka, Dr. Ari Ariyaratne, levou seus alunos para campos de trabalho nas áreas rurais mais pobres. O foco central do processo foi a vila e seu programa de desenvolvimento. Por volta dos anos 1970, o Sarvodaya Movement começava a chamar a atenção de acadêmicos e agências doadoras, que o reconheceram como exemplo de um "apropriado" desenvolvimento centrado no indivíduo, constituindo-se em uma alternativa aos intensos esquemas de capital favorecidos pelo Banco Mundial. A segunda geração de trabalhadores humanitários ocidentais mostrou-se menos disposta a ajudar o Sarvodaya, o que permitiu que o movimento desenvolvesse, de forma independente, seu próprio sistema de governança. Hoje, quase 16 mil vilas estão ligadas em um sistema de desenvolvimento local, e suas filosofia e prática estão se espalhando pelo mundo.

O objetivo é o empoderamento político da vila

Para o Sarvodaya Movement, o desenvolvimento é um processo de despertar pessoal e social contínuo por parte do indivíduo, da família, da comunidade e das sociedades nacional e global. Desde sua fase inicial, o Sarvodaya tentou oferecer uma alternativa ao desenvolvimento descendente. O modelo de desenvolvimento do Sarvodaya abrange seis dimensões: espiritual, moral, cultural, social, econômica e política.

O filho de Ariyaratne, Vinya, explica como o Sarvodaya funciona: "Fincamos três alicerces em uma vila. O primeiro é a infraestrutura psicológica na comunidade, que consiste em unir os moradores através de ação comunitária voluntária. Isso é essencial na criação de uma infraestrutura social que traga um pouco mais de organização à comunidade. A infraestrutura social se baseia em organizar os moradores da vila em grupos (mães, jovens, fazendeiros, idosos, crianças em fase pré-escolar). É a partir deles que as pessoas discutem seus problemas.

> Então temos todos unidos em uma sociedade de vila, dando-lhes reconhecimento legal: eles se tornam uma pequena unidade democrática autônoma. Introduzimos elementos básicos de organização social: regras, eleições, manutenção de contas. O terceiro alicerce, baseado nas infraestruturas social e psicológica, é a infraestrutura econômica: desenvolvemos um esquema bancário, um esquema de crédito e coisas afins.

A dimensão espiritual corre por entre todas essas partes do desenvolvimento. Moradores da vila se encontram para meditar e compartilhar suas práticas espirituais. É um processo integrado.

Meditação, marchas pela paz e budismo engajado

O Sarvodaya Movement representa uma das mais recentes expressões do que veio a se tornar conhecido como um budismo socialmente engajado. George Bond escreve sobre a base para o pensamento *sarvodaya* em *Buddhism at Work*. Ele descreve o Sarvodaya Movement como uma instituição que quebrou o estereótipo de que o budismo nega o mundo, de que "toda vida é sofrimento". A filosofia *sarvodaya* ensina às pessoas como se engajar no mundo e ao mesmo tempo se desapegar dos resultados. O desapego espiritual, combinado com o ativismo social, é a síntese dos princípios budista e gandhiano. Da herança budista, o Sarvodaya Movement adotou a visão de que o sofrimento representa a condição humana básica. Do legado de Gandhi, adotou a visão de que o sofrimento tem causas sociais e estruturais que precisam ser discutidas, se o objetivo é alcançar a libertação. A visão *sarvodaya* requer o despertar de indivíduos e comunidades para trazer à tona uma revolução não violenta. Ari foi buscar esta revolução a fim de "criar uma sociedade cujo sistema de valores esteja baseado em Verdade, Não Violência e Abnegação... Uma sociedade sem pobreza, sem opulência". Em relação às vidas social e econômica, esses objetivos representam tanto uma interpretação do ideal gandhiano quanto uma aplicação do Caminho do Meio budista.

Dr. Ariyaratne observa que, enquanto os modelos econômicos ocidentais dependem da criação do desejo, o objetivo do Sarvodaya Movement é eliminar o desejo e o sofrimento. Esse é um processo radical, que desperta o indivíduo, a comunidade e, finalmente, a humanidade. Como a filosofia *sarvodaya* respalda esse processo?

O despertar pessoal/ individual

Cada ser humano tem a possibilidade de alcançar a iluminação suprema. O homem comum, contudo, não pode atingir esse tipo de despertar em uma única vida, e sua trajetória se dá em várias vidas. Portanto, o Sarvodaya ensina que, antes que as pessoas possam despertar para a dimensão suprema e supramundana da verdade, elas devem despertar para as dimensões mundanas da verdade que as cercam em sua sociedade. O Sarvodaya oferece interpretações sociais das Quatro Nobres Verdades da filosofia budista. As pessoas devem despertar para a verdade mundana que as cerca na sociedade, antes de poderem ver o sentido das Quatro Nobres Verdades.

A Primeira Nobre Verdade

Dukkha (sofrimento ou descontentamento) é traduzido no Sarvodaya como: "Há uma vila decadente". Essa forma concreta de sofrimento torna-se o foco do despertar mundano. Os moradores da vila são encorajados a reconhecer problemas como pobreza, enfermidade, opressão e desunião em seu ambiente imediato.

A Segunda Nobre Verdade

Samudaya (a origem do sofrimento) no Sarvodaya significa que a condição decadente da vila tem uma ou mais causas. Ensina que as causas residem em fatores como egoísmo, competição, ignorância e desunião.

A Terceira Nobre Verdade

Norodha (interrupção). No budismo tradicional, um indicador do Nirvana é a interrupção do sofrimento. O Sarvodaya entende que o sofrimento dos moradores da vila pode cessar e sugere que o caminho para o fim do sofrimento reside no ativismo social.

A Quarta Nobre Verdade

O Nobre Caminho Óctuplo. Joanna Macy oferece um excelente exemplo de explicação mundana do Nobre Caminho Óctuplo quando cita a explicação de um professor *sarvodaya* sobre *sati* (atenção plena). "Atenção Plena... significa estar aberto e alerta às necessidades da vila... Observe o que é preciso: latrinas, água, estradas..."

Libertação interna e externa ao mesmo tempo

Se as pessoas podem despertar para as verdades mundanas quanto às condições à sua volta e perceber a necessidade de mudança, podem trabalhar em sociedade para a libertação social e espiritual. Ao mudar a sociedade, o indivíduo muda. Aquele que aborda os problemas mundanos com compaixão vê o mundo se tornando mais compassivo. Em um mundo mais solidário, é mais fácil para o indivíduo desenvolver a sabedoria. Dr. Ariyaratne explicou a interligação da dupla libertação quando disse: "A luta pela libertação externa é, ao mesmo tempo, uma batalha para libertar-se internamente da ganância, do ódio e da ignorância". Então, a manifestação externa de harmonia por meio do ativismo social e da moradia em ecovilas nutre a transformação espiritual interna dos indivíduos da comunidade. A partir dessa perspectiva, a moradia em ecovilas se torna um caminho para o desenvolvimento espiritual.

O despertar da vila

Como uma vila desperta por se tornar membro do Sarvodaya? Em 1967, o Sarvodaya Movement lançava seu plano de desenvolvimento "Cem Vilas", a fim de marcar o centenário de nascimento de Mahatma Gandhi. Dr. Ariyaratne selecionou cem vilas ao redor do mundo e organizou campos de trabalho (*shramadanas*) e o despertar da vila (*gramodaya*). Isso serviu de laboratório para que se refinassem as técnicas de desenvolvimento da vila. Agora o Sarvodaya Movement as aplica em 16 mil vilas. Isso constitui 1/3 das vilas no Sri Lanka.

O trabalho físico no projeto das vilas é combinado com reuniões das famílias da vila. Tais reuniões ajudam os moradores a superar sua sensação de desamparo, realizando seu vasto potencial para o autodesenvolvimento baseado em autossuficiência, cooperação mútua e aproveitamento de recursos locais. Ao acompanhar um campo de trabalho, o Sarvodaya Movement prepara a infraestrutura social para o desenvolvimento da vila organizando vários grupos. Esses processos incluem grupos para crianças no ensino pré-escolar, crianças em idade escolar, jovens, mães, fazendeiros e idosos. Esses grupos constituem comunidades entre pares, o que facilita o despertar dos membros e serve para estabelecer alguns dos serviços básicos do Sarvodaya para a vila. Neste contexto, os moradores podem chegar e discutir seus problemas. Todos se envolvem, e o fato de que o grupo jovem é motivado a trabalhar pelo melhoramento da vila, em vez de ficar descontente, é importante. O envolvimento dos grupos de pré-escolares e mães também é importante na medida em que empoderou as mães para assumir um papel de liderança no movimento. Hoje, muitos dos grupos do Sarvodaya Movement são liderados por mulheres. Todos esses grupos são, subsequentemente, organizados em sociedades de vila que obtêm reconhecimento legal.

No próximo nível do desenvolvimento, o Sarvodaya Movement introduz elementos básicos de liderança comunitária com regras simples, um processo eleitoral e a manutenção de contas. O terceiro nível é a introdução de um esquema bancário e de crédito: o objetivo é o desenvolvimento da vila, sem permitir que ela entre no mercado global.

Espiritualidade ecumênica

Em uma entrevista no livro *Ecovillage Living*, Vinya Ariyaratne descreve a função expansiva da prática espiritual no movimento. "A dimensão espiritual permeia todas as partes. As pessoas se reúnem e meditam, e seguem essa prática espiritual até o fim. Um acampamento pode durar de três dias a uma semana. Nós o iniciamos com meditação combinada às atividades culturais tradicionais e práticas nativas. Em uma comunidade hindu trazemos a filosofia hindu para despertar a personalidade interior. Treinamos pessoas de todos os grupos étnicos nesse trabalho, a fim de que nosso ponto de partida seja o desenvolvimento, não uma religião em particular, e para que o desenvolvimento espiritual seja inserido como uma parte do desenvolvimento da vila. Todos os dias, cerca de duas horas são dedicadas a atividades espirituais e culturais. A técnica básica de meditação que seguimos se baseia em inspirar e expirar (respiração consciente). Pessoas de qualquer religião podem participar disso. Meditamos juntos, e então cada religião tem cinco minutos para suas práticas. Cantos hindus seguidos de orações cristãs, e assim por diante. Isso promove uma harmonia inter-religiosa de forma muito marcante. Nunca tivemos problemas integrando desenvolvimento espiritual para pessoas de religiões diferentes. A mídia promove equívocos quanto a religiões".

Ari Ariyaratne também diz que "o mais importante é a essência da religião, a espiritualidade. Seja qual for o nome dado a isso, consciência cósmica ou consciência universal...". Bond explica: "A hipótese de uma unidade espiritual subjacente ajusta-se ao uso *sarvodaya* da filosofia budista, pois Ari acredita que os conceitos budistas representam valores universais. Como ele disse, 'bondade amorosa é bondade amorosa. Compaixão é compaixão'. Assim que aplicamos certos termos como budista, hindu, islâmico, cristão e assim por diante, a essas qualidades, elas perdem todo sentido. O que acontece, a partir daí, é o rótulo espiritual ganhar proteção".

O despertar da nação e do mundo

Com o crescimento do trabalho de desenvolvimento de vilas, em 1978, o Sarvodaya precisou construir enormes centros de infraestrutura administrativa e de treinamento para dar suporte aos trabalhos em curso. Um exemplo foi a construção do renomado Instituto e Fazenda de Desenvolvimento Educacional em Tanamalwila. Atualmente, esses lugares atendem a quatrocentos alunos.

O Sarvodaya descobriu que os monges, frequentemente, tinham um papel vital na organização e no desenvolvimento, mas que eles precisavam de mais treinamento para se tornarem efetivamente bem-sucedidos. O Sarvodaya recebeu então fundos para construir um instituto de treinamento em liderança para monges budistas, inaugurando-o em 1974. Outros programas nacionais de sucesso foram os direcionados a órfãos e crianças indigentes, o movimento Sarvodaya Women, e as brigadas da paz, todos implantados para ajudar as sociedades de vila.

Em 1978, o Sarvodaya construiu uma sede em Moratowa. Trata-se de um grande complexo no formato de octógono, representando a roda de oito faces do *dharma*, símbolo do Nobre Caminho Óctuplo. O complexo abriga centros de treinamento, uma biblioteca, um centro de mídia, salas de conferência, alojamentos para estudantes e escritórios administrativos. Uma placa na fachada diz: "Essa morada se chama Damsak Mandira e foi construída no formato de *dhamma chakka* (roda da doutrina). Destina-se a homens e mulheres jovens, que se empenham em estabelecer uma ordem social *sarvodaya* no Sri Lanka e no mundo, mantendo-se no Nobre Caminho Óctuplo da filosofia budista".

Política nacional e global

Sob um ponto de vista político *sarvodaya*, as recentes ondas de globalização e modernização reforçaram ainda mais as estruturas hierárquicas da sociedade. Elas impuseram uma camada de opressão econômica e consumista, algo que se somou à subjugação de indivíduos por parte da hierarquia governamental. Assim, pessoas no nível local se encontram encurraladas entre as opressivas forças de estado e de mercado. O Sarvodaya Movement busca libertar as pessoas do controle tanto do estado quanto do mercado. O Sarvodaya Movement quer que elas construam, ou reconstruam, uma sociedade civil *dharmica*, reconstruindo um eixo horizontal de vila ou de poder popular. Ao fazer isso, as pessoas poderão se libertar de tais forças hierárquicas e tomar posse de sua própria governança, criando um sistema político e econômico alternativo. Isso não é uma ideia recente, mas faz parte da visão do processo de despertar, articulado anteriormente.

Meditações de paz e um novo centro de paz

O Sri Lanka atravessou muitos conflitos étnicos por 26 anos, até 2009. Em contraposição à lógica de "guerra pela paz", o Sarvodaya iniciou uma nova proposta de paz na forma de meditações pela paz. A primeira meditação pela paz aconteceu em 1999 e reuniu 200 mil pessoas de vários grupos étnicos e bases religiosas. Isso é um evento regular agora. Durante as meditações de paz, as pessoas se sentam em silêncio e se dedicam a uma meditação pela paz durante uma hora. Pede-se a elas que limpem sua mente de quaisquer elementos desagregadores em sua sociedade e, em vez disso, olhem para a humanidade e a natureza de modo interligado. Todos estendem sua bondade amorosa a todos os seres vivos e direcionam sua energia espiritual para a elevação de sua consciência espiritual, rezando para a união de todas as pessoas, para que a guerra tenha fim. A paz não virá a não ser que se adote uma abordagem sintomática. O controle de porte de armas e a dispersão de grupos violentos não funcionarão se ainda houver guerra na mente das pessoas. Trazer a paz às mentes é o método de paz *sarvodaya*. Em 2002, houve a maior meditação para a paz de todos os tempos, com mais de 600 mil pessoas presentes, em grande parte mulheres. Muitas pessoas pediram dinheiro emprestado para pegar um ônibus e ir ao local da meditação. A guerra terminou em 2009.

O tsunami e a ecovila de Lagosawatte

O desastre do tsunami atingiu o Sri Lanka em 24 de dezembro de 2004. Mais de 40 mil pessoas morreram e mais de 500 mil perderam sua casa. O Sarvodaya Movement teve um papel fundamental, desde aliviar o sofrimento imediato até a recuperação em longo prazo, com a construção da primeira ecovila pós-tsunami de Lagosawatte, na parte sudeste do Sri Lanka, no Distrito de Kalutara.

Os consultores de *design* de ecovilas Max Lindegger e Lloyd Williams comentaram que "Lagoswatta fornece ao Sarvodaya uma oportunidade importante de criar um modelo de vila que demonstre os melhores princípios de práticas de *design* em seus elementos ambientais, ecológicos e sociais. É um local ideal para introduzir inovações em *design* de casas que sejam práticas, além de econômica e ambientalmente responsáveis. A introdução de técnicas de muros de terra como a taipa, a coleta de água da chuva potável, o melhor tratamento das águas residuais, e casas mais arejadas e frescas são candidatas preferenciais".

A configuração dessa ecovila consiste em um campo de oito acres, com 55 casas localizadas a cerca de cinco quilômetros da rua principal, em um dos distritos mais afetados pelo tsunami. Além dessas casas de baixo consumo de energia, o *design* inclui um centro comunitário multiuso, uma horta e ambiente recreativo. O centro comunitário é usado para:

- exposições sobre natureza e meio ambiente;
- treinamento em permacultura;
- treinamento para jovens arquitetos;
- revitalização dos valores espirituais, culturais e sociais;
- manutenção da coesão em uma comunidade diversa.

O planejamento foi finalizado com os futuros residentes e a construção foi completada em 12 meses.

Os resultados promissores de Lagoswatte encorajaram outras vilas a seguirem seu exemplo, adotando princípios de ecovila. Eles também foram usados como modelo em reconstrução pós-conflito, fomentando assim a construção de ecovilas no Sri Lanka. O Sarvodaya Movement também tem se mostrado ativo no Japão, ajudando a população a reconstruir-se depois do terremoto de 2011.

O Sarvodaya oferece um modelo de desenvolvimento às nações e ao mundo como um todo. Esse modelo combina o desenvolvimento das ecovilas com o despertar espiritual. O Sarvodaya demonstrou, de forma prática, como isso pode ser realizado, de que forma construir uma organização social baseando-se nesse modelo e como conectar o desenvolvimento ao processo de despertar espiritual, que pode ser aceito por todas as crenças. Os partidos políticos são substituídos por diferentes níveis de representação na vila.

O Sarvodaya Movement está determinado a seguir adiante e a tornar real sua visão em níveis nacional e internacional. O movimento espera transcender forças governamentais e globais, que em sua visão geram pobreza e sofrimento e levam a sociedade para uma direção errada. Há muitas semelhanças entre o Sarvodaya Movement e o movimento ecovilas.

Não vejo diferença entre o que eles vêm praticando e construindo ao longo de décadas e a visão das ecovilas. Nós, portanto, temos bastante a aprender com os muitos anos de experiência do Sarvodaya.

Referências:

Ariyaratne, Ari. *Collected Works* I-VII.
D. Bond, George. *Buddhism at Work, Community Development, Social Empowerment and the Sarvodaya Movement*. Boulder: Kumarian Press, 2004.
Macy, Joanna. *Dharma and Development: Religion as Resource in the Sarvodaya Self Help Movement*. Boulder: Kumarian Press, 1991.
Jackson, Hildur e Svensson, Karen. "Entrevistas com Vinya and Ariyaratne". *Ecovillage Living*. Cambridge: Green Books, 2002.

Para mais informações sobre o Savodaya Movement, visite: www.sarvodaya.org

Veja a biografia de **HILDUR JACKSON** na página 74.

Um ancião Hopi fala

Vocês andaram dizendo às pessoas que essa é a Décima Primeira Hora,
Agora, devem voltar e dizer a elas que é a Hora
E há coisas a serem consideradas.

Onde estão morando?
O que estão fazendo?
Quais são seus relacionamentos?
Vocês se relacionam bem?
Onde está sua água?
Conheçam seu jardim.
É a hora de falar sua Verdade.
Criem sua comunidade.
Sejam bons uns com os outros.
E não busquem o líder fora de si mesmos.
Este pode ser um bom momento!

Há um rio correndo muito rapidamente agora
É tão maravilhoso e ligeiro que há aqueles que dele terão medo.
Tentarão se agarrar à margem.
Sentirão que estão sendo destroçados e sofrerão muito.
Saibam que o rio tem um destino.
Os anciãos dizem que devemos largar a margem,
Tomar impulso para o meio do rio,
Manter nossos olhos abertos e a cabeça sobre a água.

O tempo do lobo solitário acabou. Juntem-se.
Expulsem a palavra esforço de sua atitude e de seu vocabulário.
Tudo o que fizermos agora deve ser realizado de forma sagrada, em celebração.

Somos aqueles por quem esperávamos.

Atribuído a um ancião Hopi anônimo, Nação Hopi, Oraibi, Arizona.

A publicação deste livro foi realizada por meio de financiamento coletivo, na plataforma Benfeitoria, nos meses de julho e agosto de 2016.

Foram adquiridos 1.139 exemplares por leitores e empresas, e 76 exemplares foram distribuídos para instituições indicadas por colaboradores da campanha – como previsto em uma das modalidades de recompensa.

A todos que colaboraram nossa imensa GRATIDÃO!!!

Ádil Bulkool Bernstein • Adriana Mesquita Rigueira • Adriana Orosco • Águas de Micael - Luz Líquida • Ailaine Vieira • Alessandra Lopes Calvao • Alessandra Moura • Alexandra Witte Cruz Machado • Alexandre Norberto Resmini • Aline Andrade de Carvalho • Aline Moreira • Alvaro R S Dantas • Amanda Barral • Amanda Hallak • Ana Aluska da Silva • Ana Carolina Apolinário • Ana Carolina Monteiro Kucera • Ana Carolina Schultz Araujo • Ana Laura Macedo Gonçalves • Ana Lucia Batista Sies • Ana Luisa • Ana Monteiro Carsalade • Ana Motta • Ana Paula Asper • Ana Paula Dantas Passos • Ana Rabelo • Ana Stein • Andre Andrade Pereira • André Carvalhal • André Luiz Chiavegatto Pereira • Andre Helal • André Perlingeiro Régula • Andrea Iensen Mazza • Andréa Lewkovitch • Andréa Mendes • Andrea Nino Marcal • Andrea Santana • Andrea Silva Bindel • Andrei Polessi • Andreia Gama • Andressa Reis • Angela Conde • Anita Pascali • Argus Caruso Saturnino • Ariadne Spontone • Arnaldo Chain Richa • Ateliê Volante • Auber Bettinelli • Baobba | Academia da Natureza • Barbara Schelble • Barbara Calabria • Beatriz Castro Alves • Bel Albornoz • Beliza Coelho • Bernardo Clarkson • Bernardo do Amaral • Bernardo Pinheiro • Beth Monteiro Buri • Beth Seyer • Betina Fishkel • Bia Machado • Bianca Yurhi • Branca Marie Dardot Prates • Brechó da Yayá • Bri Freitas • Bruna Avelar • Bruna Souza • Bruno S. Rodrigues • Bruno Silva • Camila Carvalho Vilela de Moraes • Camila Mendes Maia • Camila Rossi • Camila Torres • Carine Morrot • Carine Szneczuk de Lacerda • Carla Maria Pereira Rodrigues Valle • Carlos Henrique Magalhaes Horta • Carlos Roberto Paiva Junior • Carolina Fernandes • Caroline Moraes • Caroline Tavares • Caru Schultz • Célia Maria Abreu Nogueira • Celia Regina Moraes Leme • Cibeli Reynaud • Chirles Oliveira • Cintia Raquel Siemann • Clara Annarumma • Clara Luz • Clara Prata Gomes • Clara Rodrigues • Clara Trevia • Claudio Casaccia • Cláudio Vinícius Spínola de Andrade • Coletivo Nós • Conceição de Souza • Cristiana Baptista Gomes Calarge • Cristina Monteiro • Cristiano Vieira Rosa • Cristina Cantergiani • Cristina Cadore • Cristina Ferrari • Cristina Jasbinschek Haguenauer • Cynthia Zanotto Salvador • Dani Malzoni • Daniel Monteiro • Daniel Tonacci • Daniel Vb • Daniela Berquó Grandi • Daniela Leite • Daniela Ferro • Daniela Redondo • Dario Andrade Tinoco de Souza • Débora Rocha • Débora Sigaud Vianna Costa • Deborah Chamovitz • Déborah Cimini • Denise de Mattos Lourenço • Dezesseis Produções Culturais • Diana de Pedro Cavalcanti • Diego Centelhas • Diego Dantas Barcelos • Diogo Majerowicz Maneschy • Dolores Schroeder • Dolyca Rocha • Dora Sigaud Vianna Costa • Dragon Dreaming Brasil • Drica Paiva •

Dulce Campos de Medeiros • Ecovilas Brasil • Edna Lilás M Fonseca • Eduarda Di Pietro • Eduardo Cunha • Eduardo Weaver • Elia Urzedo de Paiva • Elis Rigoni • Elisângela Aparecida Pereira • Ellen Jou Untone • Emmanuel Khodja • Eraldo El Nagual • Erian Ozório • Erika Souza Leme • Eucir de Souza • Evelyn Zajdenwerg • Fabiana Prudente • Fabiana Rabello • Fábio Otuzi Brotto • Fábio Paris Barata de Oliveira • Fabiola Renata Mariani David • Felipe de Sá Pereira • Felipe de Souza • Felipe Simas • Fernanda Bastos • Fernanda Bezerra • Fernanda Borges de Godoy • Fernanda Cardoso • Fernanda da Silva Oliveira • Fernanda Felix • Fernanda Leite Ribeiro • Fernanda Sanches • Fernanda Vilela Ferreira • Fernando Salvio • Festa Junina n'aCasa • Filipe Freitas • Filipe Jeronimo • Flavia Arantes • Flavia Brito • Flavia Mange • Flávia Mattar • Flavia Monti Aroni • Flavia Pascowitch • Flavia Torunsky • Francis Albacete • Franklin Costa • Gabriel Casaroli • Gabriel Figueira • Gabriel Picinin Velloso Buzollo • Gabriel Siqueira • Gabriela da Silva Azevedo • Gabriela Pereira Monteiro • Gabriella Morena • Gaianos de Terra Una - Turma 2016 • Georgina Mendes • Gian S C Martinez • Gleise S. O. Teixeira • Guga Cerqueira • Guga Pirá Carvalho • Guido F. Vasconcelos Jr. • Guilherme Pacheco • Guilherme S A Lito • Gustavo Xavier Martins • Gustavo Chicaybam • Gustavo Godoy Pereira Neto • Gustavo Grasso • Gustavo Joppert Massena • Gustavo Machado de Souza • Gustavo Triani • Helena Bittencourt Varella • Helena Stewart • Heloísa Job • Henrique Band • Henrique Katahira • Hygor Mendes • Iara Sigaud Vianna Barros • Igo Mayama Kramarz • Ilana Majerowicz • Ilton Majerowicz • Iolanda Chiavegatto • Isabela Maria Gomez de Menezes • Isabela Monteiro Guida Sundfeld • Isabele Delgado • Isack Ryuji Minowa • Isha Campos • Isis Gaona • Isis Monteiro de Barros • Instituto Nhandecy • Ivanilde Namasté • Jacqueline Gagliardi • Jana Carvalho • Janine Fragoso • Joana Bergman • Joana Garcia • João Daniel de Carvalho • João Marcelo Costa • Jordão Silva • Jorge de Oliveira • Jorge Koho Mello • Jorge Leite • Jose Renato Campos Monteiro • Josi Silva • Joyce Damy Mobley • Julia Abreu • Júlia Coelho de Castro • Julia Goldman de Queiroz Grillo • Julia Queima • Júlia Sette • Julia Thompson-Flores • Julia Varella Nemirovsky • Juliana de Carvalho Sardinha • Juliana Faber • Juliana Lina bezerra • Juliana Nery Lopes • Juliana Pimentel Pestana • Juliana Prado Teixeira • Juliana Rodrigues • Juliano Costa • Julio Pinhel • Junior Miranda • Kala Debora Navarro • Kamala Aymara Mourão • Karen Aragão • Karin von Brandenburg • Kelly Lissandra Bruch • Kelly Saturno Martins • Lais Cauduro • Lais Monteiro • Lara Cristina B Freitas • Lêdo Barroso Bittencourt Filho • Leonardo Adler • Leonardo Chicaybam Peixoto • Lia Rezende • Liana Santos Alves Peixoto • Ligia Maria Tavares • Lilian Klinger • Lilian Kotviski Fiala • Lilian Santos Carvalho • Lívia Buxbaum Orlandi • Loecci Pires • Lohraine Fagundes • Louise Pereira Rodrigues Valle • Lucas Martins • Lucas Milanez Leuzinger • Lucia A. S. Nascimento • Lúcia Sampaio Botelho • Luciana Duarte Rangel de Abreu • Luciana Santini da Silva Pereira • Luciana Silva Telles • Lucianna Marques • Lucimara Silva • Ludmila Maria Majerowicz • Lu Fernandes • Luis A Miracco • Luis Carlos Rocha • Luis F Magalhaes • Luísa Arruzzo • Luiz Barros • Luiz Felipe de Andrade Figueira • Luiz Ricardo Brito • Luiza Chamma • Luiza da Rocha Barretto Maneschy • Luiza Graça M. P. Felman • Luiza Mendes de Almeida Portella • Luiza Pereira • Luiza Portella • Luiza Sarmento • Luiza Vianna •

Lygia Franklin • Magnólia Barros • Manuela Santana Ferreira • Mara Pinha • Marc Ferran • Marcela Zaroni • Marcella Cereja Leal • Marcelle Gonçalves de Valença • Marco Aurélio Bilibio • Marcos Alexandre Schwingel • Marcos Gambi • Marcos Guilherme Belchior de Araújo • Marcos Palmeira • Marcus Francisco Rodrigues Valle • Margaret Pinto da Silva Portella • Margareth Fischer • Margareth McQuade OSullivan • Margarida de Avellar Fernandes Pinheiro Mota • Margot Soliani • Margrid Souza • Maria Aldano • Maria Aparecida Pinto • Maria Clara Di Pietro Lewkovitch • Maria Claudia Arruda Grillo Ache • Maria Cristina Nishi • Maria Elaine Altoe • María Eugenia Salcedo Repolês • Maria Isabel Clark • Maria José Nascimento Peixoto • Maria Manuela Mendonça • Maria Nilza Assunção Bittencourt • Maria Regina Oliveira Silva • Maria Teresa Bandeira Maia • Maria Teresa Peixoto Werneck • Maria Uchoa • Maria Valéria de Garcia Martins • Maria Virginia Fonseca Guimarães • Mariana Bracks • Mariana Chicaybam • Mariana de Souza Ferreira • Mariana Fleury • Mariana Guimaraes • Mariana Handofsky • Mariana Kulnig Pinto Ferreira • Mariana Mayumi Pereira de Souza • Marici Abreu Bonafe • Marilene de Souza • Marília Carvalho • Marília Nogueira Carvalho • Marina Esteves • Marina Mascarenhas • Mateus Lazarini Bon Arueira • Matheus Vieira de Luca • Matthias Schneider • Mauricio Haddad • Mauro Zag • Mayan Maharish • Melissa Bivar Pereira • Miguel Carvalho • Miriam Chiavegatto Pereira • Monica Rosales • Nádia Regina Assunção Bittencourt • Najla Raja • Nany Bilate • Natale Papa Junior • Natalia Costa Carneiro • Natália Carcione • Natália Santini • Natan Mobley Bertolini • Nathalia da Silva Portella • Nathália Freitas De Oliveira • Nathalia Portella • Nely Silvestre • Nina Abigail Caligiorne Cruz • Noêmi Chiavegatto Pereira • Paloma Heringer • Pasqualita Jerônimo dos Santos • Patrícia Alves Junqueira • Paula Brito • Paula Cordeiro • Paula Lagrotta • Paula Milani Pragmácio Telles • Paula Tomie • Paulo Cesar Araujo • Paulo Klinghoefer de Sá • Pedro Araujo de Castro Mendes • Pedro Campos • Pedro Barros Chagas de Oliveira • Pedro Esteves Moreira de Carvalho Ayres • Pedro Henrique Cunha • Pedro Moreira Grillo • Peter Cordenonsi • Plinio da Silva Telles • Prem Magan Tarcísio Brito • Priscila Accioly • Priscila Caligiorne • Priscila Cristini dos Santos • Priscila Pessamilio • Priscylla Lins Leal • Rafael Andreoni • Rafael Furstenau Togashi • Raissa Theberge • Ramon Bezerra Costa • Raphaela Curty • Raquel Pinheiro • Raquel Siqueira Muller • Ravi Barreto • Réa Sílvia Ramos Montagner • Rebecca Rodrigues • Regina Carmela • Rejane Vargas Pimenta • Renata Frignani • Renata Pinheiro • Reynaldo Bruck • Ricardo Corrêa Maciel • Ricardo Henrique Cottini • Ricardo Pessoa Gomes • Rick Barradas • Roberto Chagas • Roberto Paulo Benjamin Oliveira • Roberto Willians Santana • Robson Lunardi • Rodrigo Benvenutti Schutz • Rodrigo Borges • Rodrigo Codevila Palma • Rodrigo de La Rocha • Roice Vilela Mello • Rosalia Romão • Rosa Vento • Rose Marie Inojosa • Rosi Leandro • Samara Lazarini • Sandro Langer • Sara Kawasaki • Seloy Ferreira Brandão • Sergio Seixas • Silvia Otharan • Simone de Oliveira Pino • Sonia Maria de Albuquerque Vergne • SOWSIM Diálogos Estratégico • Stephanie Kinyaniari Gauss • Sueli Aparecida Mascarenhas • Suely Aparecida Nardi • Suzi Guimarães • Taci De Paula • Taciana Abreu • Tagore Penna Mendes de Almeida • Taiana Trajano • Tainá Simões • Tapéporã Turismo • Tarsila de Andrade Ribeiro Lima • Tatiana Almeida Machado • Tatiana Kowarski •

Tatiana Leite • Tatiana Maia • Tatty Moraes • Tayra Leitão Ferreira • Telma Borba Penteado • Telma Toledo • Teresa Taquechel • Tereza Cristina Xavier • Terra Una • Thais Gonçalves Stutzel • Thaiza Pontes Portella • Thalita Gelenske Cunha • Thiago Augusto Cordeiro • Thiago Caitanya • Thiago Saldanha Pereira • Tonia Casarin • Valentina Seabra • Valéria Burke • Valeria Resende Faria • Vanessa Ruiz • Vania Cristina Azamor Pinto • Vera Regina Loureiro • Vera Severolli • Vicente de Paulo Nascimento Peixoto • Victor Leon Ades • Victória Lira • Viglio Schneider • Vinicius Ribau Mendes • Vitor Damasceno Duarte Teixeira • Wellington G. Santos • Wellington Well Silva • William Ribeiro • Yael Hoffenreich • Yara Alencar • Yasmim Leite • Yug Werneck • Zofija E. Fonda

Acupuntura Center | Marceli Dalla Palma • Comunidade Inkiri | Maíra Sagnori de Mattos • É Coisa Bio | Aline Ramos • Fracta | Ana Caporrino • Gaia Art Café | Flávia Torga • Gaia Jovem Rio • Gaia Jovem Serrano • Instituto Nhandecy • RVA - Rede de Valor Aberta | Guilherme Tiezzi, Designer de Transição e Co-fundador • Terra Una • Yunus Negócios Sociais

Este livro foi composto nas famílias Alegreya
e Flamenco e impresso em papel Pólen Soft
80g/m² pela Imos Gráfica e Editora Ltda.